"课程思政+核心素养+分层教学"立体化新理念教材

图形图像处理
（Photoshop）（第 2 版）

主　编　◎　贺　欣

副主编　◎　邵海燕　万兰平　李晓丹

电子工业出版社

Publishing House of Electronics Industry

北京·BEIJING

内 容 简 介

本书共9章，主要介绍Photoshop CS6的基本操作、选择区域的创建与编辑、图层应用、图像的编辑与修饰、路径与形状工具、滤镜特效、企业VI设计、宣传图设计、广告设计等内容。本书中图形图像处理的相关知识系统、全面，任务案例丰富，操作性强，既可以提高读者的图形图像处理能力，又可以提升读者使用Photoshop进行图形绘制、图文编辑的应用操作技能。

本书内容翔实、条理清晰、通俗易懂、简单实用，以增强职业素养为中心，以满足应用需求为导向，完善教学环节中思想与技能教育，强化德技并修的育人途径，将思想性、技术性、人文性、趣味性与实用性有机结合，既是一本专业课教材，又是一本职业工作手册。

本书对接多个专业与Photoshop应用的相关课程标准，衔接对应的职业岗位要求，可以作为职业院校计算机类平面设计专业的授课教材，也可以作为Photoshop培训班的培训资料及广大用户的参考工具书。

未经许可，不得以任何方式复制或抄袭本书的部分或全部内容。
版权所有，侵权必究。

图书在版编目（CIP）数据

图形图像处理：Photoshop / 贺欣主编. —2版. —北京：电子工业出版社，2023.11

ISBN 978-7-121-46540-6

Ⅰ．①图… Ⅱ．①贺… Ⅲ．①图像处理软件－中等专业学校－教材 Ⅳ．①TP391.413

中国国家版本馆 CIP 数据核字（2023）第 196775 号

责任编辑：杨　波
印　　刷：天津千鹤文化传播有限公司
装　　订：天津千鹤文化传播有限公司
出版发行：电子工业出版社
　　　　　北京市海淀区万寿路173信箱　　邮编　100036
开　　本：880×1 230　1/16　印张：15.25　字数：352千字
版　　次：2015年7月第1版
　　　　　2023年11月第2版
印　　次：2025年6月第4次印刷
定　　价：49.80元

凡所购买电子工业出版社图书有缺损问题，请向购买书店调换。若书店售缺，请与本社发行部联系，联系及邮购电话：（010）88254888，88258888。

质量投诉请发邮件至zlts@phei.com.cn，盗版侵权举报请发邮件至dbqq@phei.com.cn。

本书咨询联系方式：（010）88254584，yangbo@phei.com.cn。

PREFACE

本书以党的二十大精神为统领,全面贯彻党的教育方针,落实立德树人根本任务,践行社会主义核心价值观,铸魂育人,坚定理想信念,坚定"四个自信",为以中国式现代化全面推进中华民族伟大复兴而培育技能型人才。本书中图形图像处理的相关知识系统、全面,任务案例丰富,操作性强,既可以提高读者的图形图像处理能力,又可以提升读者使用Photoshop进行图形绘制、图文编辑的应用操作技能。

Photoshop CS6是Photoshop CS系列的最后一个版本,该版本可以充分满足平面设计师的设计需求,并且兼容性很好,目前是较稳定的版本。为了兼顾一些职业院校实训室硬件设备及软件的实际配套情况,本书案例涉及的软件界面截图主要基于Photoshop CS6版本,力求满足不同Photoshop软件版本的教学需求。

本书内容翔实、条理清晰、通俗易懂、简单实用,以增强职业素养为中心,以满足应用需求为导向,将Photoshop图形图像处理与平面设计的相关知识精心设计在教学案例中,符合学生从接受知识、消化知识到应用和转化知识的认知发展规律。

本书对接多个专业与Photoshop应用的相关课程标准,衔接对应的职业岗位要求,可以作为职业院校计算机类平面设计专业的授课教材,也可以作为Photoshop培训班的培训资料及广大用户的参考工具书。本书在整体规划与内容编排方面独具匠心,形成了具有鲜明特色的知识框架,具体如下。

1. 内容覆盖全面,结构清晰、合理

本书按照Photoshop图形图像处理与平面设计的主要流程安排内容结构,全面介绍了Photoshop软件在广告招贴设计、包装设计、书籍装帧设计、数码照片处理、插画设计、室内设计效果图制作、网店装修设计、企事业单位VI(Visual Identity)设计等领域的常规工作任务的整体流程,不仅有利于学生学习平面设计的相关知识,还可以拓宽学生的知识视野。

2. 思政教育、职业素养与技能相融合

本书在精心设计的教学案例中巧妙地融入了思政内容,启发学生进行正面思考,帮助学生树立民族自豪感与忧患意识。此外,通过制作"文明乘车""节约用水""最美身影""我们长大了""劳动节快乐""美丽家园""光盘行动""重阳敬老节""致妈妈""梦幻雪乡"

"宣传图设计""手中有粮 心中不慌""我们是未来的大国工匠""全民反电诈"等精彩案例，在培养学生职业技能的同时，加强对学生的职业素养训练，将思政教育有机地融入职业技能的培养过程。

3．知识点精练，学习更轻松，实用性更强

本书既注重课程内容的全面性，又注重学习效果与实用性，在全面介绍 Photoshop 软件在各领域应用的基础上，精心提炼相关知识点，用通俗易懂的语言描述专业性的概念、命令及操作过程，并且将其融入大量实用的精彩案例，激发学生学习 Photoshop 图形图像处理与平面设计的浓厚兴趣，对学生的职业技能进行强化训练，使学生的学习更轻松，掌握的技能更实用。

4．可以灵活安排日常教学和自主学习

本书的设计宗旨之一是便于各类不同层次的读者开展自主学习与自主探索。由于 Photoshop 软件本身的特点，本书建议的教学课时为 64～96 学时，建议的知识讲解课时与实训课时的比例为 1：2，教师和学生可以根据培养需要和自身情况，灵活安排课时。例如，教师可以重点讲解书中的知识要点，学生可以参考书本或教学视频，对实训内容开展自主学习，同时教师进行必要的辅导，并且根据章节习题安排必要的巩固训练、随堂测试与考核评价，从而培养学生自主学习和解决问题的能力。本书建议的课时分配表见本书配套教学资料包中的教学指南。

5．适合中、高职融通化教学

本书根据实践应用的难易程度和学生的心理接受过程，努力将"知"与"行"进行融合和交替展开，兼顾中等及高等职业学校的计算机专业人才培养需求，使本书不仅适合中专、中职、技工学校开展计算机软件课程教学，还可以作为高职、高专学校的计算机专业教材。

6．提供丰富的配套教学资源

本书配有电子教学参考资料包，包括 PPT 课件、电子教案、部分案例的操作录屏、案例素材及案例效果，以便教师开展日常教学。如果有需要，可以登录华信教育资源网免费下载。

本书由贺欣担任主编，由邵海燕、万兰平、李晓丹担任副主编。本书主编有丰富的授课及教研经验，并且曾作为东西部扶贫协作人才被派往青海省西宁市湟中县支教；主编在教材编写过程中，力求将工作经验有机地融入课程内容，并且使本书适用于大部分中等职业学校的教学实际情况。

在本书的规划设计和编写过程中，编者虽然倾注了大量的精力与心血，但由于能力有限，书中难免存在错漏和缺陷之处，恳请广大读者不吝提出批评建议，以便编者进行改正和完善。编者的 E-mail：349833642@qq.com。

编　者

CONTENTS

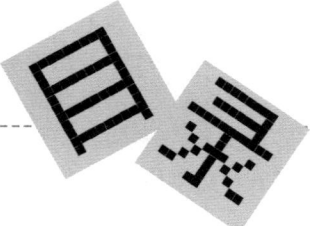

第 1 章	初识 Photoshop CS6	1
1.1	入门知识	1
	1.1.1 点阵图的基本概念	1
	1.1.2 像素与分辨率	1
	1.1.3 常用的图像文件格式	3
1.2	了解 Photoshop 的应用领域	4
	1.2.1 广告招贴设计	4
	1.2.2 包装设计	5
	1.2.3 书籍装帧设计	5
	1.2.4 数码照片处理	5
	1.2.5 插画设计	6
	1.2.6 室内设计效果图制作	6
	1.2.7 网店装修设计	7
	1.2.8 企事业单位 VI 设计	7
1.3	Photoshop CS6 的工作界面和文件管理	7
	1.3.1 Photoshop CS6 的工作界面	7
	1.3.2 Photoshop CS6 的文件管理	13
1.4	习题	17
第 2 章	选择区域的创建与编辑	18
2.1	关于抠图	18
2.2	什么是选区	18
2.3	规则选区的创建与应用	19
	2.3.1 "选择工具"	19
	2.3.2 "矩形选框工具"	19
	2.3.3 "椭圆选框工具"	20
	2.3.4 "单行选框工具"和"单列选框工具"	21
	2.3.5 标尺、参考线和网格	21
	2.3.6 移动选区	22
2.4	不规则选区的创建与应用	25
	2.4.1 "套索工具"	25
	2.4.2 "多边形套索工具"	25
	2.4.3 "磁性套索工具"	25
	2.4.4 "魔术棒工具"	26
	2.4.5 "快速选择工具"	27
2.5	选区的编辑	31
	2.5.1 选区的反选	31
	2.5.2 选区的扩展与收缩	31
	2.5.3 产生边界选区	32
	2.5.4 选区的变换	32
	2.5.5 选区的羽化	33
	2.5.6 选区的平滑	34
	2.5.7 选区的描边	34
2.6	创建选区的其他方法	37
	2.6.1 使用"选取相似"命令创建选区	37
	2.6.2 使用"色彩范围"命令创建选区	38
	2.6.3 使用"调整边缘"命令创建选区	39
	2.6.4 使用通道创建选区	40
	2.6.5 使用路径工具创建选区	41
2.7	习题	44
第 3 章	图层应用	46
3.1	关于图层	46
3.2	关于"图层"面板	47
3.3	图层的基本操作	48
	3.3.1 图层的新建	48
	3.3.2 图层的复制	48
	3.3.3 图层的删除	49
	3.3.4 图层的显示和隐藏	50
	3.3.5 图层的链接与合并	51
	3.3.6 图像的不透明度	51
	3.3.7 图层的锁定	52
	3.3.8 图层的对齐与分布	53
	3.3.9 图层的转换与顺序调整	53
	3.3.10 图层混合模式	54
3.4	图层蒙版	61
	3.4.1 关于蒙版	61

3.4.2	关于图层蒙版	62
3.5	图层样式	65
3.5.1	"样式"面板	65
3.5.2	添加图层样式	66
3.5.3	给图层组添加图层样式	72
3.5.4	显示或隐藏图层样式	73
3.5.5	复制、粘贴和删除图层样式	73
3.6	文字图层	77
3.6.1	文字工具	77
3.6.2	文字特效	80
3.6.3	路径文字	81
3.7	特殊图层	86
3.7.1	智能对象图层	87
3.7.2	3D 图层	88
3.8	习题	91

第 4 章 图像的编辑与修饰 93

4.1	图像的基本编辑	93
4.2	图像的变换	94
4.2.1	"变换"命令	94
4.2.2	"再次"命令	95
4.2.3	图像的立体效果	96
4.3	图像的填充	98
4.3.1	"油漆桶工具"	98
4.3.2	"填充"命令	98
4.3.3	"渐变工具"	100
4.4	图像的颜色调整	103
4.4.1	图像的颜色模式	103
4.4.2	图像颜色模式的转换	105
4.4.3	图像的颜色调整方法	105
4.5	图像的修饰	111
4.5.1	"污点修复画笔工具"	111
4.5.2	"修复画笔工具"	112
4.5.3	"修补工具"	112
4.5.4	"内容感知移动工具"	113
4.5.5	"红眼工具"	113
4.5.6	"仿制图章工具"	114
4.5.7	"橡皮擦工具"	115
4.5.8	"背景橡皮擦工具"	115
4.5.9	"魔术橡皮擦工具"	116
4.5.10	"模糊"工具 和"锐化"工具	116
4.5.11	"涂抹工具"	116
4.6	图像的裁剪与尺寸调整	119
4.6.1	图像的裁剪	119
4.6.2	图像的尺寸调整	119

4.7	习题	120

第 5 章 路径与形状工具 123

5.1	关于路径	123
5.2	创建路径	124
5.2.1	"钢笔工具"	124
5.2.2	"自由钢笔工具"	126
5.3	编辑路径	127
5.3.1	路径编辑工具	127
5.3.2	"路径"面板的使用	128
5.4	形状工具	132
5.4.1	"矩形工具"	133
5.4.2	"圆角矩形工具"	134
5.4.3	"椭圆工具"	134
5.4.4	"多边形工具"	134
5.4.5	"直线工具"	135
5.4.6	"自定形状工具"	136
5.5	画笔与路径	140
5.5.1	"画笔工具"	140
5.5.2	"画笔"面板	140
5.5.3	自定义画笔	142
5.5.4	"画笔工具"与路径	142
5.6	习题	146

第 6 章 滤镜特效 148

6.1	关于滤镜	148
6.2	独立滤镜	149
6.2.1	滤镜库	149
6.2.2	"液化"滤镜	150
6.2.3	智能滤镜	152
6.2.4	"油画"滤镜	152
6.2.5	"自适应广角"滤镜	152
6.2.6	"消失点"滤镜	153
6.3	滤镜组	157
6.3.1	"风格化"滤镜组	157
6.3.2	"模糊"滤镜组	158
6.3.3	"扭曲"滤镜组	159
6.3.4	"像素化"滤镜组	160
6.3.5	"渲染"滤镜组	160
6.3.6	"纹理"滤镜组	162
6.4	习题	164

第 7 章 企业 VI 设计 167

第 8 章 宣传设计 200

第 9 章 广告设计 215

初识 Photoshop CS6

第 1 章

本章学习要点

- 了解点阵图的基本概念。
- 了解图像的像素和分辨率。
- 掌握常用的图像文件格式及其特性。
- 了解 Photoshop 的应用领域。
- 掌握 Photoshop CS6 界面的基本操作方法。
- 掌握 Photoshop 文件的管理方法。

重点和难点

- 了解图像的像素和分辨率。
- 掌握 Photoshop CS6 界面的基本操作方法。

达成目标

- 理解像素和分辨率之间的关系。
- 了解常用的图像文件格式及其特性。
- 掌握 Photoshop CS6 界面的基本操作方法，能够对图像进行不同格式的保存管理。

1.1 入门知识

1.1.1 点阵图的基本概念

点阵图又称为位图或像素图，顾名思义，就是以像素最小单位的方式记录图像。点阵图中的每个像素都有自己的颜色信息，在对点阵图进行编辑操作时，可操作的对象可以是每个像素。此外，以点阵方式记录图像的最大优点是保存容易、不褪色，并且容易复制、传送等。

1.1.2 像素与分辨率

▶ 像素

我们在计算机上看到的图像，其实是由许多细微的小方块构成的，这些小方块称为像素（pixel）。每个像素中都包含颜色信息。我们可以将每个像素都看作一个填满某种颜色的小方块。许多不同颜色的像素紧密地排列在一起，就会构成我们在计算机上看到的图像。由于点阵图包含的像素数量是一定的，因此使用缩放工具将图像放大到足够大，就可以看到类似马赛克的效果，每个小方块都是一个像素，此时图像会失真，边缘会出现锯齿。显示器上 100%

显示的图像如图 1-1 所示，将图像放大到 800% 后看到的图像如图 1-2 所示。

图 1-1　100% 显示的图像

图 1-2　800% 显示的图像

 分辨率

　　分辨率是图像处理中非常重要的概念，常用的单位是像素/英寸和点/英寸，分别表示图像在单位面积内包含的像素数量和点数量。例如，在图像设计中，常用的 72 像素/英寸表示每英寸图像包含 72 像素。其中，像素/英寸主要应用于计算机显示领域，点/英寸主要应用于打印、印刷领域。

　　在图像尺寸相同的情况下，图像的分辨率越高，其单位面积内包含的像素越多，图像就越清晰。如果图像的分辨率太低，或者将图像放得太大，就会造成图像产生锯齿边缘和色调不连续的情况。但如果为了追求清晰的图像质感而大幅度提高图像的分辨率，则会增加计算机硬件系统的负担，包括文档容量、计算机内存所占空间及图像输出所需的时间等。

　　设置图像分辨率的参考因素主要有以下两点。

- 计算机硬件系统，包括硬盘的容量及运行速度等。
- 图像分辨率的输出要求。例如，将运用在网络上的图像分辨率设置为 72 像素/英寸，将在喷墨打印机上打印的图像分辨率设置为 150 点/英寸，将要印刷的图像分辨率设置为 300 点/英寸左右。

　　因此，如何有效运用计算机系统与输出设备的资源，并且兼顾图像输出的品质，成为决定图像分辨率的主要参考因素。

知识链接：点阵图与矢量图

　　在计算机绘图的世界中，图像可以分为点阵图和矢量图。点阵图是由像素组成的，可以呈现图像色彩的细微变化，因此能较真实地表现图像的原貌，但由于点阵图的像素数量是一定的，因此在将其放大后，其像素也会随之被放大，使图像产生色调不连续及锯齿边缘的失真现象，表现为图像变得模糊。

　　矢量图是由一连串的直线和曲线组成的，它与分辨率的关系不是很密切。因为矢量图中的每个物体都是独立的，在缩放矢量图时，会根据物体本身的属性重新计算，所以即使将矢量图放大到非常高的倍数，图像也不会失真，依然很清晰，如图 1-3 和图 1-4 所示。

图 1-3　原矢量图　　　　　　　图 1-4　放大至 300%的矢量图

1.1.3　常用的图像文件格式

　　Photoshop 是一款用于处理点阵图的绘图软件，理解图像文件格式的重要性不亚于掌握 Photoshop 中的重要工具或命令,因为使用 Photoshop 制作的图像最终是要发布到各个领域的，所以如果不能在各应用领域选择正确的文件格式，那么得到的图像效果会大打折扣，甚至可能无法打开。例如，如果要用于进行印刷，则建议将图像文件存储为 TIFF 格式；如果要用于进行网络传输，则需要较小的图像文件，建议将图像文件存储为 GIF 格式或 JPEG 格式。

　　下面介绍常用的图像文件格式。

 PSD（*.psd）

　　PSD 格式是 Photoshop 专用的图像文件格式，它不仅支持位图、灰度、索引颜色、Lab 颜色、RGB 颜色、CMYK 颜色等颜色模式，还可以将图层、通道等属性信息一起存储起来，使用户可以在再次打开图像时继续对图像进行处理。

　　PSD 格式属于大型文件格式，可以支持宽度或高度最大为 300 000 像素的文档。因为是 Photoshop 专用的图像文件格式，所以 PSD 格式的图像文件只能在 Photoshop 软件中打开。

 TIFF（*.tif）

　　TIFF 格式是使用非常广泛的图像文件格式，是一种具有很大弹性的点阵格式，大部分计算机绘图、图像处理和排版应用软件都支持 TIFF 格式。

　　TIFF 格式支持位图、灰度、索引颜色、Lab 颜色、RGB 颜色、CMYK 颜色等颜色模式，可以保存通道、图层、路径。从这一点来看，TIFF 格式似乎与 PSD 格式没什么区别。但如果在其他应用程序中打开 TIFF 格式的图像文件，那么该图像文件中的所有图层都会被合并。也就是说，只有在 Photoshop 软件中打开 TIFF 格式的图像，才有图层显示。

 GIF（*gif）

　　GIF 格式最多只能存储 256 种颜色（索引颜色），因此采用该格式的图像文件通常比采用其他格式的图像文件要小。此外，由于采用 GIF 格式的图像文件非常容易读取，可以在不同的系统之间进行交换，也可以创建具有动画效果的图像，因此非常适合在网络上进行传输。

　　GIF 格式支持的颜色模式只有位图、灰度、索引颜色，不支持 RGB 颜色、CMYK 颜色等颜色模式。

 JPEG（*.jpg）

　　JPEG 格式是一种压缩率很高的图像文件格式，并且采用具有破坏性的压缩方式。在使用

JPEG 格式压缩图像时，可以选择压缩的层级，如果选择高破坏性的压缩方式，那么图像的品质会降低，也就是说，会造成图像的失真；反之，如果选择低破坏性的压缩方式，那么图像的品质会接近原来的图像，甚至有时用肉眼无法分辨出差异。采用 JPEG 格式的图像文件容量较小，因此非常适合在网络上进行传输，是目前互联网上常用的图像文件格式。

JPEG 格式支持位图、灰度、RGB 颜色和 CMYK 颜色模式。

▶ PNG（*png）

PNG 格式结合了 GIF 格式与 JPEG 格式的优点，可以存储非破坏性压缩、全彩的图像文件，也可以支持透明背景的效果，并且非常适合在网络上进行传输。

PNG 格式支持位图、灰度、索引颜色、RGB 颜色等颜色模式。

▶ PDF（*pdf）

PDF 格式是一种灵活、跨平台、跨应用程序的图像文件格式。采用 PDF 格式的图像文件可以精确地显示并保留字体、页面版式、矢量图和点阵图。此外，采用 PDF 格式的图像文件具有电子文档的搜索和导航功能，如电子链接。

由于具有良好的传输及文件信息保留功能，因此 PDF 格式已经成为无纸化办公的首选图像文件格式，为异地协同作业提供了非常大的帮助。

关于颜色模式，我们将在后续章节中进行详细介绍。

1.2 了解 Photoshop 的应用领域

Photoshop 已经被广泛地应用于生活中的多个领域，并且在这些领域中起着举足轻重的作用。

1.2.1 广告招贴设计

广告招贴设计是 Photoshop 应用最广泛的领域之一，无论是大街小巷，还是店堂门厅，上至大酒店，下至小吃部，大到露天广告，小到宣传册页，随处可见的广告招贴、海报、宣传画册，基本上都需要使用 Photoshop 进行合成、处理，示例如图 1-5 所示。

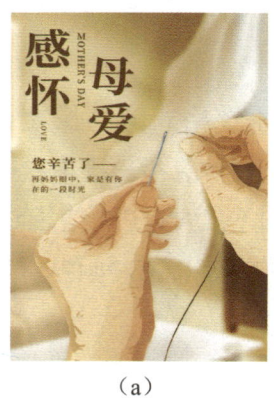
（a）

（b）
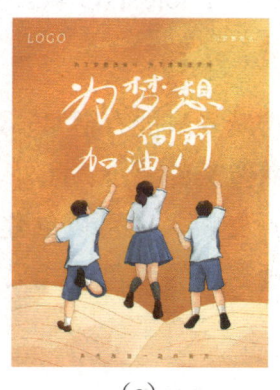
（c）

图 1-5　广告招贴设计示例

1.2.2 包装设计

包装是商品的外观或装饰。包装的形象鲜明、外观精美,才能引起消费者对商品的注意,从而提高商品的知名度,达到提升销售额的效果。我们在日常生活中见到的各种精美包装,大部分是在 Photoshop 中设计的,示例如图 1-6 所示。

（a）　　　　　　　　　　　　　　　　　　（b）

图 1-6　包装设计示例

1.2.3 书籍装帧设计

书籍装帧设计包含书籍的开本、装帧形式、封面、腰封、字体、版面、色彩、插图、纸张材料、印刷、装订及工艺等环节的艺术设计。这里所说的书籍装帧设计是指对书籍的封面（包括书脊及封底）进行的设计,又称为封面设计或版式设计,示例如图 1-7 所示。

图 1-7　书籍装帧设计示例

1.2.4 数码照片处理

随着计算机、数码设备的普及与性能提升,许多摄影爱好者已经不满足于拍摄的乐趣,他们还会自己动手处理拍摄的照片。Photoshop 作为比较专业的图形图像处理软件,在数码照片处理方面的表现出众,可以对照片进行美化与修饰,并且可以借助强大的图层与通道功能合成模拟照片,示例如图 1-8 所示。

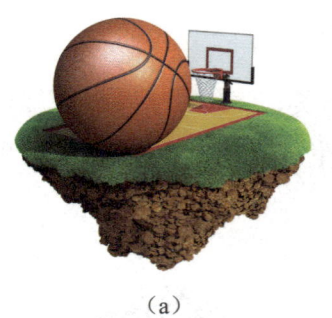

图 1-8　数码照片处理示例

1.2.5　插画设计

插画又称为插图，通常应用于广告、杂志、说明书、海报、书籍等平面作品中，凡是用作解释说明的图片都可以算在插画的范畴内。在进行插画设计时，应该遵循审美与实用相统一的原则，尽量使用线条，可以使形态清晰明快，并且制作方便，示例如图 1-9 所示。

图 1-9　插画设计示例

1.2.6　室内设计效果图制作

室内设计是指人们有意识地对室内进行安排、布置、美化、装饰，从而创造所需的室内环境。室内设计师在根据用户的要求在三维软件中完成建筑模型的效果图制作后，一般要在 Photoshop 中对输出的设计图进行视觉效果和内容的细节优化处理，如改善灯光效果、添加适当的装饰物等，从而更逼真地模拟室内设计的实际效果，制作更完善的室内设计效果图，给用户提供更全面的设计方案，示例如图 1-10 所示。

图 1-10　室内设计效果图制作示例

1.2.7 网店装修设计

网店装修与实体店装修的目的相同，都是让店铺变得更美、更吸引人。在网店装修设计中，Photoshop 是必不可少的应用软件，因为网店的客户只能通过文字和图片了解商品，所以优秀的网店装修设计可以增强用户对网店的信任感，甚至对网店的品牌树立起到关键作用，示例如图 1-11 所示。

图 1-11　网店装修设计示例

1.2.8 企事业单位 VI 设计

企事业单位 VI（Visual Identity，视觉识别）设计可以将企事业单位的理念、文化、服务内容、单位规范等抽象概念转换为具体、可识别的形象符号，从而塑造出排他性的单位形象，示例如图 1-12 所示。

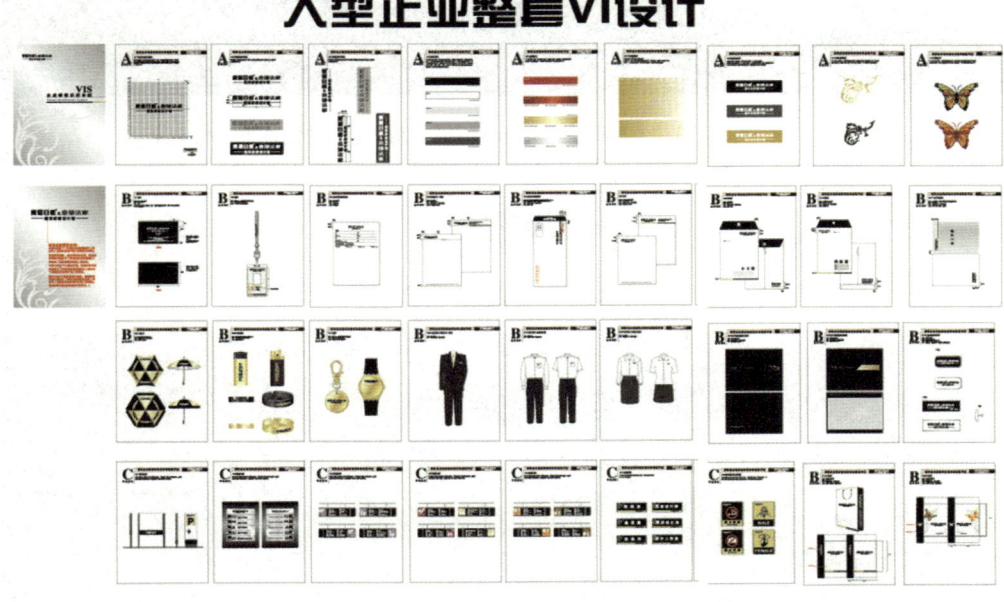

图 1-12　企事业单位 VI 设计示例

1.3 Photoshop CS6 的工作界面和文件管理

1.3.1 Photoshop CS6 的工作界面

Photoshop 是美国 Adobe 公司的产品，是一款图形图像处理软件，它提供了图像合成、色彩调整及滤镜特效等功能。我们可以使用 Photoshop 对图像进行处理，也可以使用 Photoshop 绘制个人作品。

图形图像处理（Photoshop）（第 2 版）

  在启动 Photoshop CS6 后，打开任意一个图像，可以看到默认的 Photoshop CS6 工作界面，如图 1-13 所示。如果觉得默认的 Photoshop CS6 工作界面过于黑暗，则可以执行"编辑"→"首选项"→"界面"命令，更改 Photoshop CS6 工作界面的颜色，共有 4 种颜色方案可供选择，如图 1-14 所示。更改颜色后的 Photoshop CS6 工作界面如图 1-15 所示。

图 1-13　默认的 Photoshop CS6 工作界面

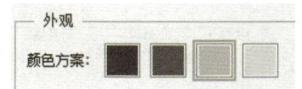

图 1-14　更改颜色选项

图 1-15　更改颜色后的 Photoshop CS6 工作界面

008

初识 Photoshop CS6 第 1 章

Photoshop CS6 工作界面的组成部分如图 1-16 所示。

图 1-16 Photoshop CS6 工作界面的组成部分

1. 菜单栏

Photoshop 的菜单栏中共有 11 个主菜单，这些菜单都具有各自不同的特点，包含上百条子命令，可以帮助我们完成各种操作。

2. 属性栏

属性栏又称为工具选项栏，当选择不同的工具时，会显示相应的工具选项栏，因此可以利用属性栏很方便地设置相应工具的各种属性。

渐变工具的属性栏如图 1-17 所示。

图 1-17 渐变工具的属性栏

执行"窗口"→"选项"命令，可以显示或隐藏工具的属性栏。单击属性栏中的工具按钮，然后在弹出的对话框中选择"复位工具"或"复位所有工具"选项，可以使当前工具或所有工具恢复为默认设置。

📖 **小知识**

在默认情况下，属性栏位于菜单栏的下面，如果要改变它的位置，那么拖动属性栏左侧的灰色虚线，即可将属性栏拖动到工作界面中的任何位置。

3. 工具箱

工具箱默认显示在工作界面的左侧，也可以像属性栏一样随意拖动，共有 65 个工具，其

009

中显示的有 20 个，如图 1-18 所示。单击某个工具按钮，即可选中该工具，将鼠标指针停留在工具按钮上，即可显示该工具的名称。有的工具按钮右下角带有黑色的小三角，表示这些工具有隐藏的同类工具，在这些工具按钮上长按鼠标左键或右击，即可看到隐藏的工具按钮。

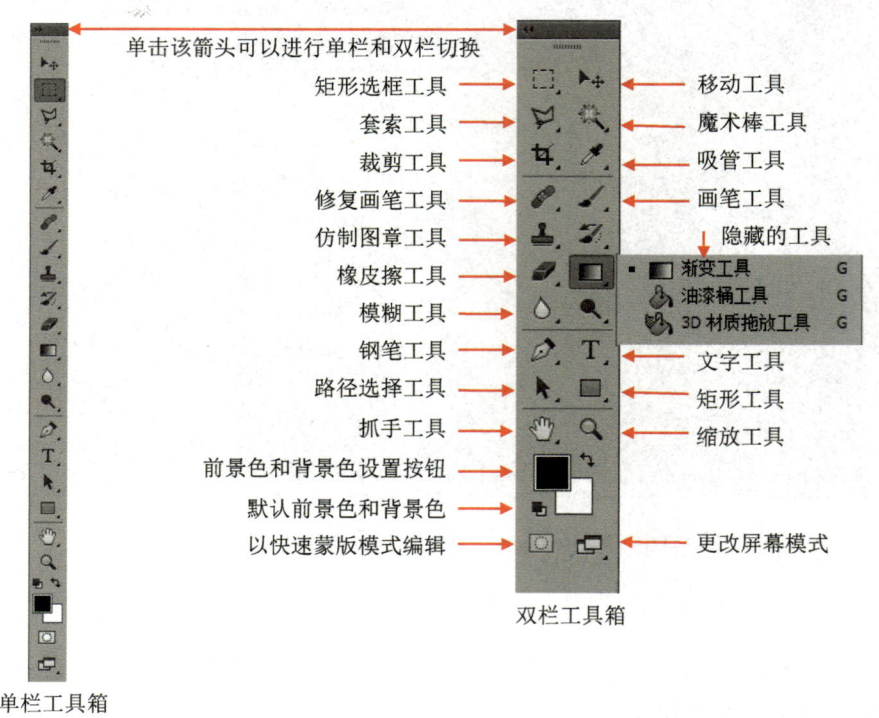

图 1-18　工具箱

单击不同的工具按钮，可以切换不同的工具；按住 Alt 键，单击工具按钮，可以切换工具组中的不同工具。

工具箱中除了工具按钮，还有下列按钮。

在 Photoshop 工具箱的底部有一组前景色和背景色设置按钮。在默认情况下，前景色为黑色，背景色为白色。

前景色：单击该按钮，可以在弹出的"拾色器"对话框中选取一种颜色作为前景色。

背景色：单击该按钮，可以在弹出的"拾色器"对话框中选取一种颜色作为背景色。

切换前景色和背景色：单击该按钮，可以切换所设置的前景色和背景色。

默认前景色和背景色：单击该按钮，可以恢复默认的前景色和背景色。

以快速蒙版模式编辑：单击该按钮，可以进入快速蒙版编辑模式；再次单击该按钮，可以还原为普通编辑模式。

更改屏幕模式：单击该按钮，可以更改当前的屏幕模式，其中包含标准屏幕模式、带有菜单的全屏模式和全屏模式。根据需要，可以单击该按钮，在这 3 种模式中循环更改。

📖 小知识

选择不同的工具，鼠标指针会变成相应的样式，如果无论选择哪种工具，鼠标指针都是一个样式的，则可以按几次空格键进行解救。

4. 图像窗口

对图像的各种编辑操作是在图像窗口中进行的。Photoshop CS6 的图像窗口如图 1-19 所示。

图 1-19　Photoshop CS6 的图像窗口

图像窗口的顶部是标题栏，标题栏中会显示当前文件的名称、格式、显示比例、颜色模式、所属通道和图层状态。

Photoshop CS6 采用选项卡的形式显示打开的图像窗口，也就是说，在打开多个图像时，图像窗口以选项卡的形式显示，如图 1-20 所示。

图 1-20　以选项卡的形式显示多个打开的图像窗口

通过拖动图像窗口的标题栏，可以将图像分离，使其成为浮动的图像窗口，并且可以随意调整该图像窗口的大小和位置，如图 1-21 所示。

图 1-21　被拖动后的浮动图像窗口

图形图像处理（Photoshop）（第2版）

在 Photoshop CS6 中，被最小化放置的图像窗口隐藏在界面的底部，将鼠标指针放置在下方的  图标上，即可显示被最小化的图像窗口，单击所需的图像窗口，即可将该图像窗口显示在工作界面中，如图 1-22 所示。

图 1-22　显示最小化的图像窗口

5. 状态栏

状态栏位于工作界面的底部，主要用于显示图像处理的各种信息。状态栏由显示比例栏和文档信息栏两部分组成。在显示比例栏中直接输入数值，可以改变图像的显示比例。单击状态栏右侧的三角形按钮，会弹出文档信息分类菜单。

6. 控制面板

控制面板是 Photoshop 中必不可少的组成部分，它可以增强 Photoshop 的功能，并且使 Photoshop 的操作更加灵活、多样。这些控制面板可以根据使用者的需要显示或隐藏，所以又称为浮动控制面板。所有的控制面板都可以通过执行"窗口"命令的子命令打开。

与工具箱一样，控制面板也可以伸缩，单击控制面板上方的伸缩栏，可以自由地将控制面板收缩、展开和关闭。

单击控制面板右上角的小三角，即可弹出相应的命令菜单，如图 1-23 所示。利用弹出的命令菜单，可以增强控制面板的功能。

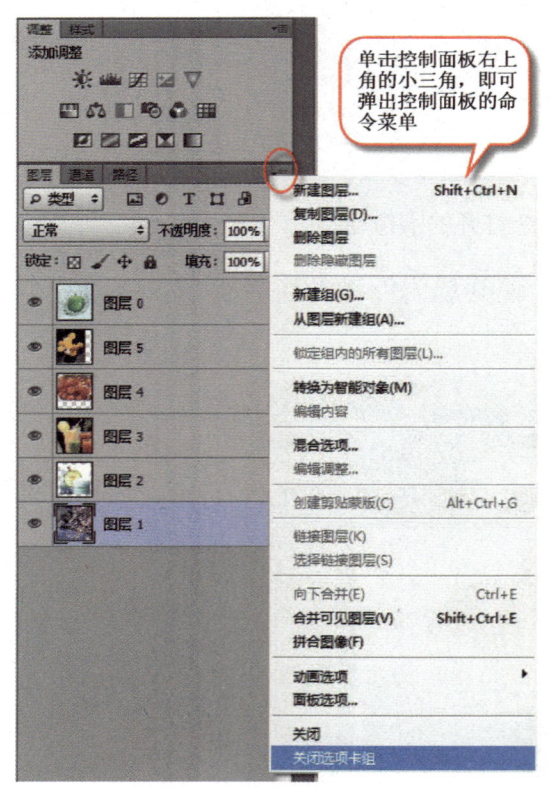

图 1-23　控制面板的命令菜单

1.3.2 Photoshop CS6 的文件管理

文件是 Photoshop 在计算机中的存储形式。目前，大部分软件资源都是以文件的形式存储、管理和利用的。在 Photoshop 中，产生和存储图像文件的方法有多种，我们可以直接建立一个新的空白图像文件进行创作，也可以打开已有的图像文件进行处理，或者使用扫描仪将图像扫描进来。接下来我们分别介绍产生图像文件和存储图像文件的方法。

1. 图像文件的新建与开启

▶ 新建图像文件

执行"文件"→"新建"命令，或者按 Ctrl+N 快捷键，即可弹出"新建"对话框，参数设置如图 1-24 所示。

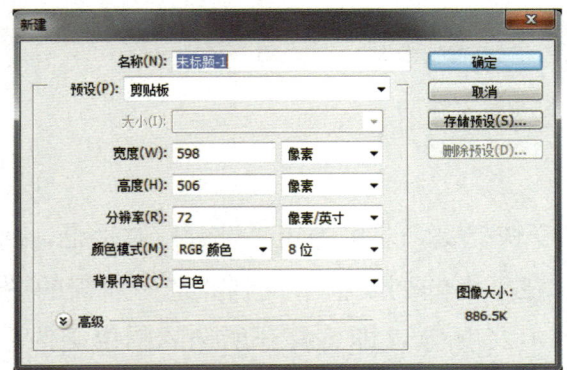 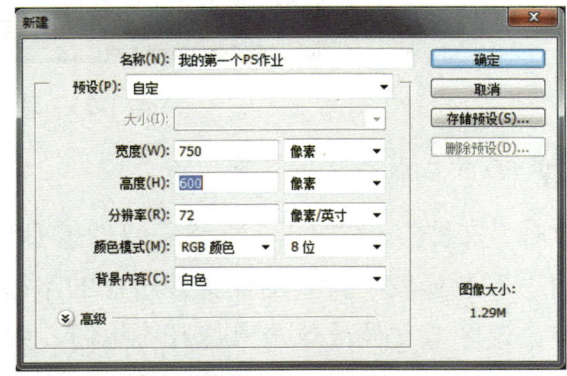

图 1-24　"新建"对话框

"新建"对话框中的各项参数说明如下。

- 名称：所建图像文件的名称。新建的图像文件名称默认为"未标题-1"，如果再新建一个图像文件，则默认以"未标题-2"命名，以此类推。在给新建的图像文件命名时，最好可以"见名知意"，以便查找。
- 预设：系统预设的图像文件尺寸，如果选择"标准纸张"选项，那么在其下方的"大小"下拉列表中会有标准尺寸的纸张选项；如果选择"照片"选项，那么在其下方的"大小"下拉列表中会有相应的照片选项。
- 宽度、高度：主要用于设置图像文件的尺寸，单位有"像素""厘米""英寸""点"等，通常使用"像素"或"厘米"作单位。
- 分辨率：图像文件的分辨率。
- 颜色模式：图像文件的颜色模式，有"位图""灰度""RGB 颜色""CMYK 颜色"等选项，其中 RGB 颜色是我们在设计时使用的屏幕色，因此，通常将新图像文件的"颜色模式"设置为"RGB 颜色"。
- 背景内容：图像文件的背景色，有"白色"、"背景色"和"透明"共 3 个选项。

在"新建"对话框中的参数设置完毕后，单击"确定"按钮，即可按照参数设置新建一个空白的图像文件，如图1-25所示。

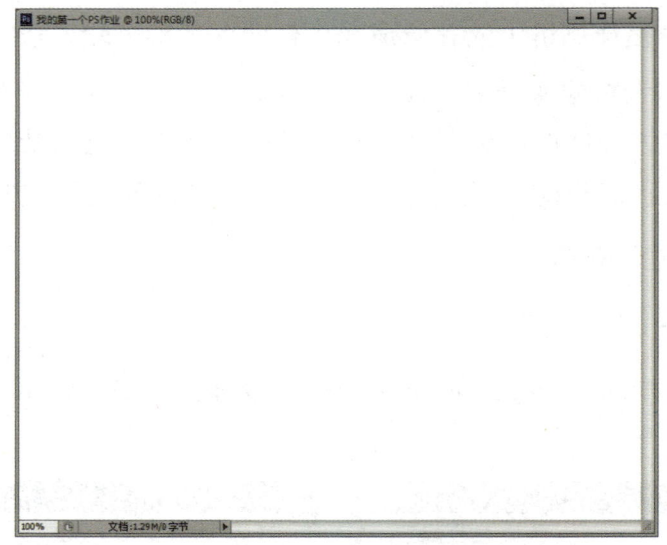

图1-25　新建的图像文件

● 打开已有的图像文件

执行"文件"→"打开"命令，或者按Ctrl+O快捷键，即可弹出"打开"对话框，在"查找范围"下拉列表中找到图像文件所在的路径，在下面的列表框中找到并选中所需的图像文件，双击该图像文件或单击"打开"按钮，如图1-26所示，即可打开所选的图像文件。

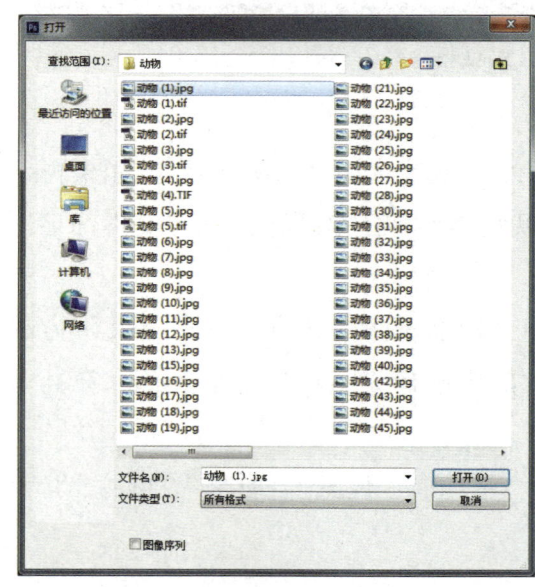
以"列表"的形式显示

以"大图标"的形式显示

图1-26　"打开"对话框

2. 图像文件的存储

在图像文件编辑完成后，需要将其存储起来。在Photoshop中，除了PSD图像文件格式，还可以将图像文件存储为JPEG、GIF、PNG等网页常用的图像文件格式。执行"文件"→"存储"命令，或者按 Ctrl+S 快捷键，即可存储图像文件。

如果对一个图像文件进行了编辑，但尚未保存，那么在关闭该图像文件时，系统会弹出一个提示框，如图 1-27 所示，如果单击"是"按钮，那么系统会保存该图像文件；如果单击"否"按钮，那么系统会丢弃该图像文件的编辑信息，直接关闭该图像文件。如果第一次保存图像文件，那么系统会打开"存储为"对话框，如图 1-28 所示。在"存储为"对话框的地址栏中指定图像文件的存储路径，如果单击"保存"按钮，那么系统会将图像文件存储于指定的路径下，然后弹出"打开"对话框，用于预览存储的图像文件，如图 1-29 所示；如果单击"取消"按钮，那么系统会取消本次操作。

图 1-27 是否保存文件提示框

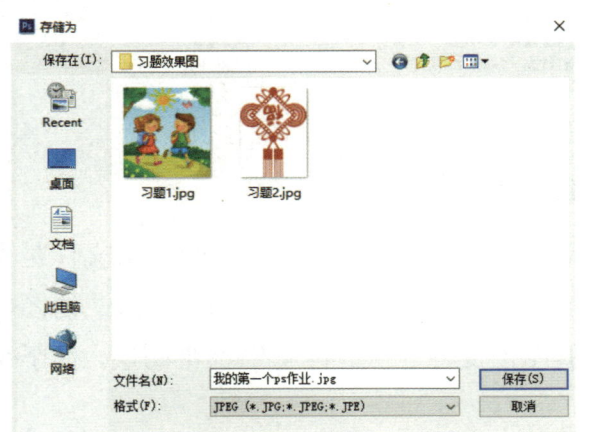

图 1-28 "存储为"对话框

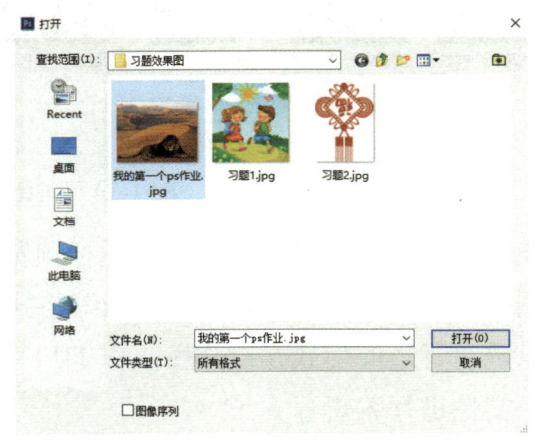

图 1-29 预览存储的图像文件

小试牛刀

新建图像文件，将其存储为不同的格式。

（1）新建一个空白的图像文件，设置其尺寸为 750 像素×600 像素、"分辨率"为 72 像素/英寸、"颜色模式"为"RGB 颜色"、"背景内容"为"白色"。

（2）打开素材图像文件"沙漠"和"狮子"，使用"移动工具"将"狮子"图像拖动到"沙漠"图像中，由于"狮子"图像比较大，如图 1-30 所示，因此需要对其进行调整。按 Ctrl+T 快捷键，出现控制框，单击属性栏中的"宽度"和"高度"选项之间的锁链标志，保持宽高比，如图 1-31 所示。将鼠标指针放置在其中的一个选项上，然后滚动鼠标中轮，即可使图像在水平和垂直方向上等比例缩放，如图 1-32 所示；如果图片不大，则可以将鼠标指针放置在控制框的某个角上，当鼠标指针变成斜箭头时，按住 Shift 键并拖曳鼠标指针，也可以使图像在水平和垂直方向上等比例缩放。调整后的图像如图 1-33 所示。

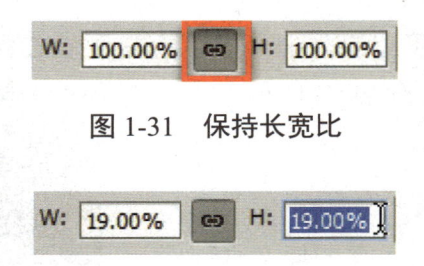

图 1-31　保持长宽比

图 1-30　需要调整的图像　　图 1-32　使"狮子"图像在水平和　　图 1-33　调整后的图像
　　　　　　　　　　　　　　　　垂直方向上等比例缩放

（3）将调整后的图像存储为不同格式的图像文件并进行对比，如图 1-34 所示，观察、分析不同的格式对图像的影响。

以大图标预览的形式进行对比　　　　　　　　　　以列表的形式进行对比

图 1-34　对比不同格式的图像文件

我们可以清楚地看到，在以大图标预览的形式进行对比时，PSD 格式的图像文件是不能看到图像面貌的；JPEG 和 PNG 是压缩格式，图像文件相对小很多，而且 PNG 格式的图像文件能以透明背景的形式存储；PSD 和 TIFF 格式的图像文件较大，但它们都带图层，便于重新对图像文件进行编辑。

结论：建议以 JPEG 格式存储图像文件，如果需要对图像文件进行编辑，则再存储一个 TIFF 格式的图像文件作为备份；如果需要透明背景，则存储为 PNG 格式的图像文件（注意：要先将图像背景设置为透明背景）。

小知识

在编辑图像的过程中，为了防止停电或其他意外情况发生，要经常按 Ctrl+S 快捷键进行保存，以免辛苦成果前功尽弃。

熟记以下快捷键。
- Ctrl+N：新建文件。
- Ctrl+O：打开文件。
- Ctrl+S：保存文件。
- Ctrl+T：图像变换。
- Ctrl+Z：撤销上一步操作。

● Ctrl+Alt+Z：撤销多步操作。

1.4 习题

一、选择题

1．我们在计算机屏幕上看到的图像，其实是由许多细微的小方块组成的，这些小方块称为什么？（　　）

  A．像素　　　　　　　B．马赛克　　　　　　C．色彩方格

2．下列哪种图像文件格式是 Photoshop 专用的？（　　）

  A．TIFF 格式　　　　 B．PSD 格式　　　　　C．JPEG 格式

3．按下列哪个快捷键，可以新建一个图像文件？（　　）

  A．Ctrl+O　　　　　　B．Ctrl+N　　　　　　C．Ctrl+S

4．下列哪种图像文件格式具有高破坏性的压缩功能？（　　）

  A．GIF 格式　　　　　B．PNG 格式　　　　　C．JPEG 格式

5．使用下列哪个工具可以缩放显示图像的比例？（　　）

  A．手形工具　　　　　B．裁剪工具　　　　　C．放大镜工具

二、简答与练习

1．什么是图像的分辨率？

2．简述 JPEG 格式的特征。

3．点阵图的特点是什么？

4．熟记本章中的几个常用快捷键。

5．新建一个尺寸为 500 像素×500 像素、名称为"我的第一个 PS 作业"、"分辨率"为 72 像素/英寸、"背景内容"为"红色"、"颜色模式"为"RGB 颜色"的图像文件。

6．合成素材 06 和 07，效果如图 1-35 所示。

7．合成素材 08 和 09，效果如图 1-36 所示。

图 1-35　合成效果（1）

图 1-36　合成效果（2）

选择区域的创建与编辑

第 2 章

本章学习要点

- 选区的基本概念。
- 选区的作用。
- 了解并掌握规则选区的创建方法。
- 了解并掌握不规则选区的创建方法。
- 掌握对不同选区的编辑技巧。
- 选区的应用。

重点和难点

- 掌握使用不同工具创建选区的方法。
- 对选区进行编辑。

达成目标

- 了解选区及其重要性。
- 掌握多种选区的创建方法。
- 能够对选区进行编辑,并且实现不同的图像效果。

2.1 关于抠图

抠图是指将图形(图像)或图形(图像)中的一部分从原有的图形(图像)中提取出来,以便后续使用。因为要提取所需的部分,所以会有一个选择的范围,这个范围在 Photoshop 中称为选区。如何创建选区,是本章要阐述的主要内容。

2.2 什么是选区

顾名思义,选区就是选择区域。在 Photoshop 中,选区就是用各种选择工具选取的图像范围。当用户需要在一个界定的范围内对图像进行编辑时,通常会根据需要建立一个选区,以便用户更加精确地编辑图像。选区可以是连续的,也可以是不连续的。可以对选区内的图像执行各种操作,而不会影响选区外的图像。由于选区的边框像多个连续爬动的蚂蚁,因此又称为蚂蚁线。

在 Photoshop 中编辑图像时,如果没有选区,则表示对整个图像进行编辑,如果需要对局部区域进行编辑，则需要创建一个选区，用于指明操作的范围。例如，如图 2-1 所示，要将"小象"图像拖动到"树林"图像中，如果直接将小象图像拖动到树林图像中，那么"小象"图像的背景色也会被一并移入；如果在"小象"图像上创建一个选区，然后将选区中的"小象"图像拖动到树林图像中，那么只有"小象"图像会被移入"树林"图像，其背景色不在操作范围内。

原来的"小象"图像　　直接拖动到"树林"图像中　　创建"小象"选区　　创建选区后移入的"小象"图像

图 2-1　将"小象"图像放置于"树林"图像中

Photoshop 中创建选区的方法有多种，按照形状可以分为规则选区和不规则选区。
- 规则选区是指用工具箱中的"矩形选框工具"、"椭圆形状工具"、"单行选框工具"和"单列选框工具"等创建的选区。
- 不规则选区是指用工具箱中的"套索工具"、"多边形套索工具"、"磁性套索工具"、"魔术棒工具"和"快速选择工具"等创建的选区。

此外，对于比较复杂的图像，需要用通道、蒙版、色彩范围、路径等高级选择方法完成选区的创建。

2.3　规则选区的创建与应用

相关知识

创建规则选区的工具包括"矩形选框工具"、"椭圆形状工具"、"单行选框工具"和"单列选框工具"，使用这些工具，可以创建规则、工整的方形、圆形等基本选区。

2.3.1　"选择工具"

"选择工具"主要用于选择和移动图像。

2.3.2　"矩形选框工具"

"矩形选框工具"主要用于创建矩形选区。"矩形选框工具"的属性栏如图 2-2 所示。

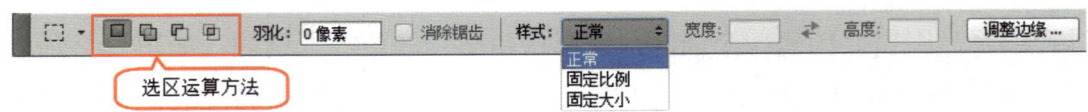

图 2-2 "矩形选框工具"的属性栏

2.3.3 "椭圆选框工具"

"椭圆选框工具"主要用于创建圆形选区。"椭圆选框工具"的属性栏如图 2-3 所示。

图 2-3 "椭圆选框工具"的属性栏

参数说明如下。

选区运算方法：包含 4 个按钮，具体如下。

- "新选区"按钮：主要用于创建新的选区，如图 2-4 所示。
- "添加到选区"按钮：主要用于将新建的选区添加到已有的选区中，通常称为"加选"，如图 2-5 所示。
- "从选区减去"按钮：主要用于从已有的选区中减去新建的选区，通常称为"减选"，如图 2-6 所示。

图 2-4 新选区   图 2-5 添加到选区   图 2-6 从选区减去

- "与选区交叉"按钮：主要用于选择已有选区与新建选区的相交部分，如图 2-7 所示。

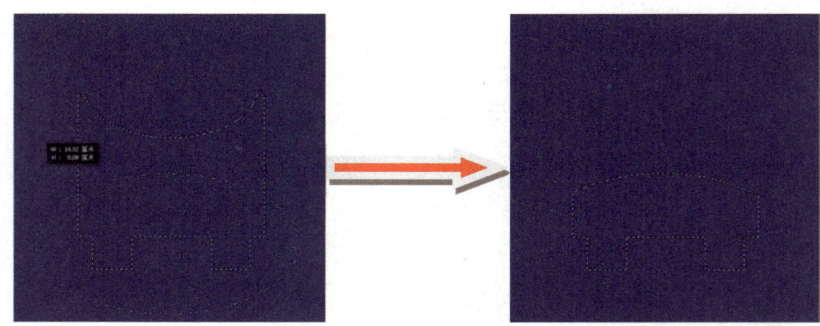

图 2-7 与选区交叉

羽化：主要用于设置新建选区的羽化程度。

消除锯齿：主要用于消除选区边缘的锯齿，这是选区工具中常见的参数。

样式：主要用于设置选区的创建方式。当选择"正常"选项时，选区的大小由鼠标控制；当选择"固定比例"选项时，选区的比例只能是设置好的"宽度"和"高度"的比例，选区的大小由鼠标控制；当选择"固定大小"选项时，只能按照设置的"高度"和"宽度"值创建选区。

在使用"矩形选框工具"或"椭圆选框工具"创建选区时，先按住鼠标左键，再按住 Shift 键，拖曳鼠标指针，即可创建正方形选区或正圆形选区；先按住鼠标左键，再先后按住 Alt 键和 Shift 键，拖曳鼠标指针，即可创建以鼠标落点为中心的正方形选区或正圆形选区，如图 2-8 所示；用同样的方法对正圆形选区进行"减选"，如图 2-9 所示；先按住鼠标左键，再按住 Alt 键，拖曳鼠标指针，即可创建以鼠标落点为中心的任意矩形选区或圆形选区，如图 2-10 所示。需要注意的是，创建这些选区的前提是先按住鼠标左键，再按键盘键，否则不会成功。

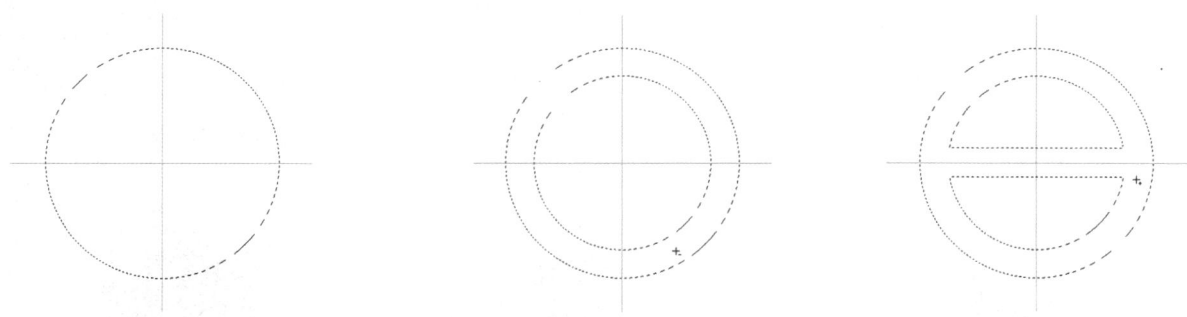

图 2-8　以鼠标落点为中心的正圆形选区　　图 2-9　"减选"正圆形选区　　图 2-10　"加选"矩形选区

2.3.4 "单行选框工具"和"单列选框工具"

"单行选框工具"主要用于创建高度为 1 像素的线状选区，"单列选框工具"主要用于创建宽度为 1 像素的线状选区。这两个工具通常用于制作网格效果，如图 2-8～图 2-10 中的十字交叉图形所示。

2.3.5 标尺、参考线和网格

标尺：主要用于确定图像的具体尺寸和位置。执行"视图"→"标尺"命令，或者按 Ctrl+R 快捷键，图像窗口中会显示标尺，如图 2-11 所示；再次执行该命令，图像窗口中会隐藏标尺。

参考线：在编辑图像时，通常需要一个参照物，使图像能够规范地排列在某个区域内。设置参考线最简便的方法是使用"移动工具"直接拖曳鼠标指针：将鼠标指针移动到水平标尺的上方，当鼠标指针变为空白箭头时，按住鼠标左键并向下拖曳鼠标指针，可以产生水平参考线；将鼠标指针移动到垂直标尺的左方，当鼠标指针变为空白箭头时，按住鼠标左键并向右拖曳鼠标指针，可以产生垂直参考线，如图 2-12 所示。

网格：主要用于对称地布置或绘制图形（图像）。执行"视图"→"显示"→"网格"命令，或者按 Ctrl+'快捷键，可以显示网格，如图 2-13 所示；再次执行该命令，可以隐藏网格。

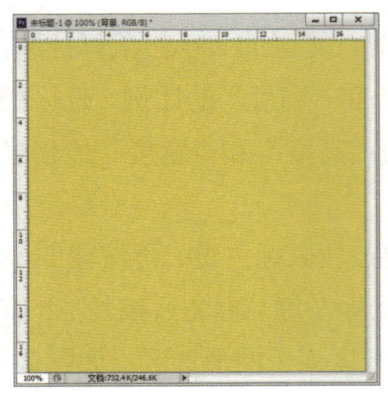 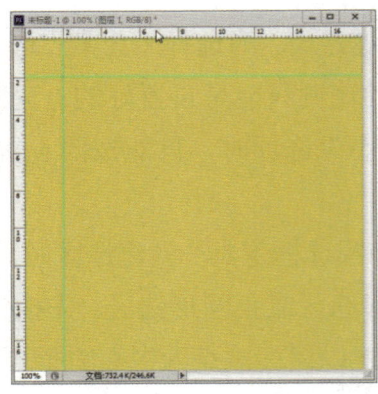 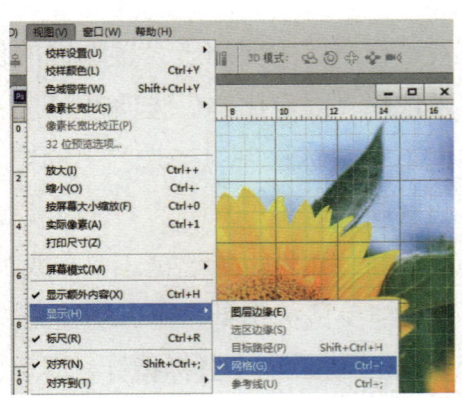

图 2-11　显示标尺　　　　图 2-12　设置参考线　　　　图 2-13　显示网格

2.3.6　移动选区

创建一个选区，如图 2-14 所示；如果需要将选区移动到其他位置，则可以将鼠标指针移动到选区内，在鼠标指针发生变化后，按住鼠标左键并拖曳即可，如图 2-15 所示；如果用"移动工具"进行移动，那么移动的是选区内的图像，而不是选区，如图 2-16 所示。

图 2-14　创建选区　　　　图 2-15　移动选区　　　　图 2-16　移动图像

在移动选区时，有一些使操作更精确的技巧。

- 在拖曳鼠标指针时按住 Shift 键，可以将选区的移动方向限制为 45 度的倍数。
- 按键盘中的方向键，可以精确地移动选区，每按一次，都可以将选区向相应的方向移动 1 像素，如果先按住 Shift 键，再按方向键，则每按一次方向键，都可以将选区向相应的方向移动 1 个像素。

小试牛刀

运用所学知识绘制"文明乘车"图像，如图 2-17 所示。

图 2-17　"文明乘车"图像

步骤解析。

（1）新建一个空白的图像文件，设置其尺寸为 850 像素×450 像素、"分辨率"为 72 像素/英寸、"颜色模式"为"RGB 颜色"、"背景内容"为"白色"。使用"移动工具"拖出 5 条横向辅助线和 4 条竖向辅助线，如图 2-18 所示。

（2）使用"矩形选框工具"沿辅助线创建一个矩形选区，如图 2-19 所示。

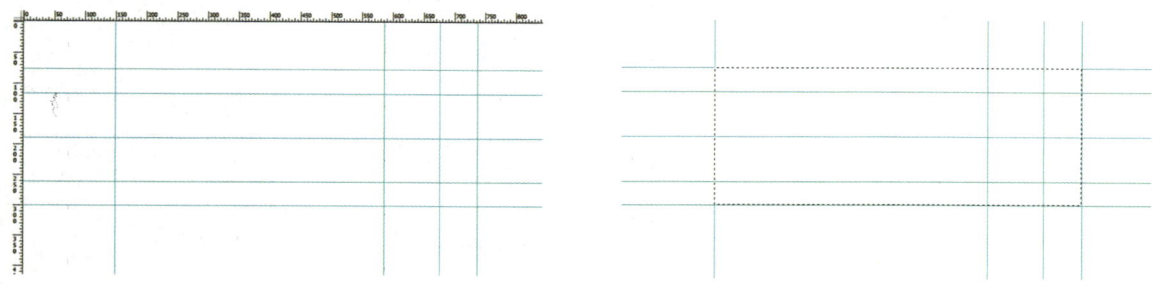

图 2-18 设置辅助线　　　　图 2-19 创建矩形选区

（3）选择"椭圆选框工具"，在其属性栏中单击"添加到选区"按钮，将鼠标指针对准辅助线交点，先按住鼠标左键，再先后按住 Alt 键键和 Shift 键，拖曳鼠标指针，即可绘制以鼠标指针落点为圆心的正圆形选区，得到如图 2-20 所示的选区（本操作的辅助线交点位于图 2-20 中的红色区域内）。

（4）选择"矩形选框工具"，在其属性栏中单击"从选区减去"按钮，将鼠标指针对准辅助线交点，先按住鼠标左键，再按住 Alt 键，拖曳鼠标指针，即可绘制以鼠标指针落点为中心的矩形选区，得到如图 2-21 所示的选区（本操作的辅助线交点位于图 2-21 中的红色区域内）。

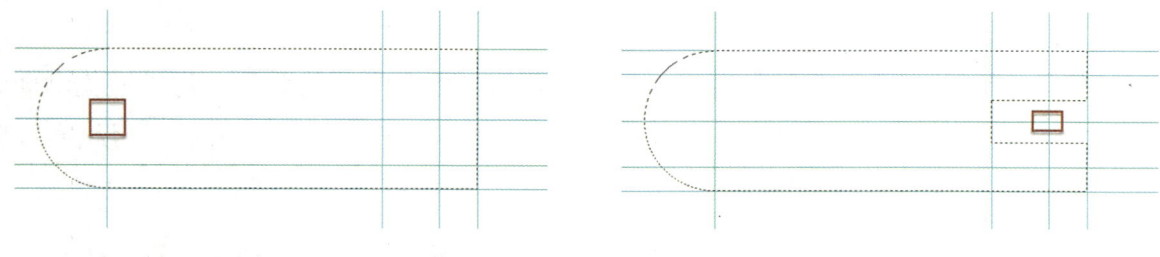

图 2-20 添加正圆形选区（1）　　图 2-21 减去矩形选区（1）

（5）使用"矩形选框工具"减去一个矩形选区，得到如图 2-22 所示的选区。

（6）选择"椭圆选框工具"，在其属性栏中单击"添加到选区"按钮，将鼠标指针对准辅助线交点，先按住鼠标左键，再先后按住 Alt 键和 Shift 键，拖曳鼠标指针，即可绘制以鼠标指针落点为圆心的正圆形选区，得到如图 2-23 所示的选区（本操作的辅助线交点位于图 2-23 中的红色区域内）。

（7）选择"椭圆选框工具"，在其属性栏中单击"从选区减去"按钮，将鼠标指针对准辅助线交点，先按住鼠标左键，再先后按住 Alt 键和 Shift 键，拖曳鼠标指针，即可绘制以鼠标指针落点为圆心的正圆形选区，得到如图 2-24 所示的选区（本操作的辅助线交点位于图 2-24 中的红色区域内）。

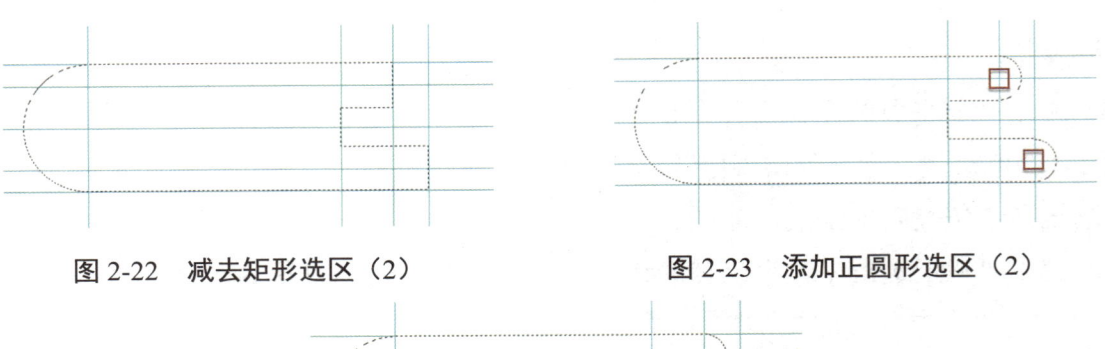

图 2-22　减去矩形选区（2）　　　　图 2-23　添加正圆形选区（2）

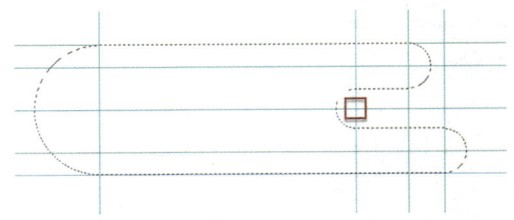

图 2-24　减去正圆形选区

（8）设置前景色为深蓝色，按 Alt + Delete 快捷键，填充前景色，效果如图 2-25 所示。

（9）置入文字素材并调整其位置，效果如图 2-26 所示。

图 2-25　填充前景色　　　　　　　图 2-26　置入文字素材并调整其位置

（10）置入脚印素材，首先使用"多边形套索工具"选取其中的一对脚印，然后按 Ctrl+X 快捷键进行剪切，再按 Ctrl+V 快捷键进行粘贴，最后分别调整两对脚印的大小、位置和方向，效果如图 2-27 所示。

（11）使用"椭圆选框工具"绘制大小不同的圆形，填充不同的颜色（为了避免画面过于花哨，可以使用图像中原有的颜色），将其放置在画面中合适的位置，用于点缀画面，效果如图 2-28 所示。

图 2-27　置入脚印素材　　　　　　图 2-28　添加圆形点缀

（12）使用"移动工具"移除辅助线，完成制作。

　　运用"矩形选框工具"和"椭圆选框工具"，结合"加选"和"减选"方法，绘制"禁烟"标志，如图 2-29 所示。

图 2-29 "禁烟"标志

2.4 不规则选区的创建与应用

▶ 相关知识

创建不规则选区的工具主要有"套索工具"、"多边形套索工具"、"磁性套索工具"、"魔术棒工具"和"快速选择工具",使用这些工具,可以创建任意形状的图像选区。

2.4.1 "套索工具"

"套索工具"主要用于创建不规则形状的选区,可以徒手绘制,选区的形状由鼠标控制,一般在进行大面积选取时使用,其属性栏如图 2-30 所示。

图 2-30 "套索工具"的属性栏

使用"套索工具"创建选区的方法如下:在图像上按住鼠标左键不放,沿着图像的轮廓拖曳鼠标指针,类似于用铅笔手绘,在回到起点附近时,鼠标指针下会出现一个小圆圈,此时松开鼠标左键,会自动形成封闭的选区,如图 2-31 所示。

图 2-31 使用"套索工具"创建选区

2.4.2 "多边形套索工具"

"多边形套索工具"主要用于创建多边形选区。可以通过绘制多条连接的线段创建一个选区,一般用于创建有直边的图像选区。"多边形套索工具"的属性栏与"套索工具"的属性栏类似。

使用"多边形套索工具"创建选区的方法如下:在起始点单击,在图像的第一个拐角处单击,形成一条线段,以此类推,直到末端与起始点重合,单击形成选区,如图 2-32 所示。

2.4.3 "磁性套索工具"

"磁性套索工具"可以自动捕捉图像的边缘,一般用于创建边缘轮廓比较清晰的图像选区,其属性栏如图 2-33 所示。其中,"宽度"是指探测图像边缘的宽度;"对比度"是指对颜色反差的敏感程度,数值越高,敏感度越低,越不容易捕捉到准确的边界点;"频率"是指在

图 2-32 使用"多边形套索工具"创建选区

 **图形图像处理**（Photoshop）（第2版）

定义选择边界线时插入的锚点数量，数值越高，表示插入的锚点越多，得到的选区越精确，但是，锚点越多，文件越大，因此通常取默认值即可。

图 2-33　"磁性套索工具"的属性栏

图 2-34　使用"磁性套索工具"创建选区

使用"磁性套索工具"创建选区的方法如下：在图像上选择起始点并单击，然后沿着图像边缘移动鼠标指针，可以自动捕捉图像的边缘（有时因图像边缘不够清晰，锚点会跑偏，此时需要通过单击控制锚点），在回到起点时，鼠标指针下面会出现一个小圆圈，再次单击，可以形成封闭的选区，也可以在鼠标指针即将回到起点时双击，形成封闭的选区，如图2-34所示。

📖 小知识

> 在使用"多边形套索工具"和"磁性套索工具"创建选区时，如果发现选错锚点，那么按Delete键，可以删除前一个锚点；按Esc键，可以删除所有锚点。

2.4.4　"魔术棒工具"

"魔术棒工具"主要用于选择颜色相同或相近的像素，其属性栏如图2-35所示。

图 2-35　"魔术棒工具"的属性栏

其中有一些与选框工具相同的参数，如"新选区"按钮、"添加到选区"按钮、"从选区减去"按钮、"与选区交叉"按钮、"消除锯齿"复选框。下面介绍一些不同的重要参数。

容差：取值范围为0～255，该值越大，表示可允许的相邻像素之间的近似程度越小，选择的范围就越大，默认值为32。采用默认值创建的选区如图2-36所示。将"容差"值设置为70，创建的选区如图2-37所示。

图 2-36　"容差"值为32时创建的选区　　图 2-37　"容差"值为70时创建的选区

连续：如果勾选该复选框，则表示只可以选择容差范围内颜色相连的单个区域，如图2-38

所示；如果不勾选该复选框，则表示选择整个图像中符合容差值的所有颜色的图像部分，如图 2-39 所示。

图 2-38 勾选"连续"复选框时所选范围　　图 2-39 不勾选"连续"复选框时所选范围

对所有图层取样：如果勾选该复选框，则可以将创建的选区分布于所有可见图层中。

2.4.5 "快速选择工具"

"快速选择工具"可以使用画笔涂抹的方式创建选区，其属性栏如图 2-40 所示。

图 2-40 "快速选择工具"的属性栏

参数说明：

选区运算方法：包含 3 个按钮，分别为"新选区"按钮、"添加到选区"按钮、"从选区减去"按钮。

画笔：单击"画笔"右侧的小三角，可以打开"画笔"的属性面板，如图 2-41 所示。设置画笔的相关属性，可以产生不同的效果。其中，"大小"的值越大，一次操作所获得的选区范围就越大。

对所有图层取样：如果勾选该复选框，则不再区分当前选择了哪个图层，而是将所有看到的图像视为在一个图层上，然后创建选区。

自动增强：勾选该复选框，可以自动增强对边缘的识别。

使用"快速选择工具"创建选区的方法如下：使用设置好的"画笔"在图像窗口中需要选择的区域按住鼠标左键并拖曳鼠标指针，如图 2-42 所示，创建的选区如图 2-43 所示。

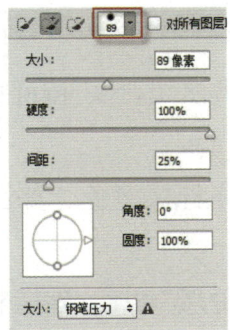  

图 2-41 "画笔"的属性面板　　图 2-42 使用"画笔"涂抹　　图 2-43 使用"快速选择工具"创建的选区

图形图像处理（Photoshop）（第 2 版）

小试牛刀

图像制作：根据提供的素材，运用所学知识制作"节约用水"图像，如图 2-44 所示。

图 2-44 "节约用水"图像

步骤解析。

（1）新建一个空白的图像文件，设置其尺寸为 800 像素×550 像素、"分辨率"为 72 像素/英寸、"颜色模式"为"RGB 颜色"、"背景内容"为"白色"。

（2）按 Alt+R 快捷键打开标尺，使用"移动工具"拖曳辅助线至合适的位置，如图 2-45 所示。

（3）设置前景色为柠檬黄色，新建一个图层，使用"椭圆选框工具"将鼠标指针对准辅助线的交点，按住鼠标左键，再先后按住 Alt 键和 Shift 键，创建以辅助线交点为圆心的正圆形选区，按 Alt+Delete 快捷键，给其填充前景色，如图 2-46 所示，按 Ctrl+D 快捷键取消选区。

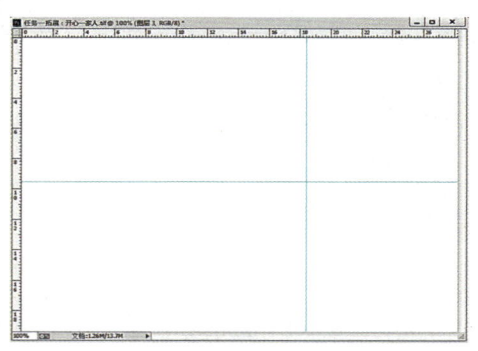 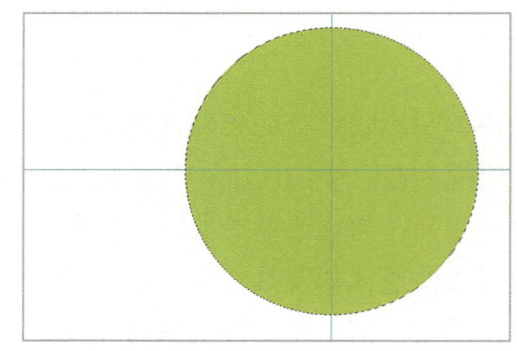

图 2-45　调整辅助线的位置　　图 2-46　创建第一个正圆形选区并给其填充前景色

（4）设置前景色为淡绿色，重复第（3）步操作，创建一个同心正圆形选区，按键盘方向键调整其位置，按 Alt+Delete 快捷键，给其填充前景色，如图 2-47 所示。

（5）再创建一个同心正圆形选区，将其向右上稍做移动，给其填充柠檬黄色，如图 2-48 所示。

（6）执行"选择"→"变换选区"命令，首先在属性栏中锁定选区的宽高比，然后将选区等比例缩小约 2 像素，如图 2-49 所示，最后给选区填充淡绿色，如图 2-50 所示。

（7）再创建一个同心正圆形选区，将其向右上方稍做移动，按 Delete 键删除选区内的图形部分，效果如图 2-51 所示。

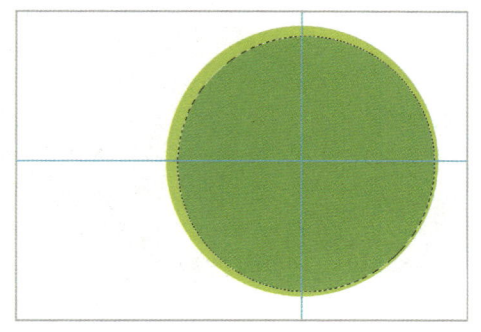

图 2-47　创建第二个正圆形选区并给其填充前景色　　图 2-48　创建第三个正圆形选区并给其填充前景色

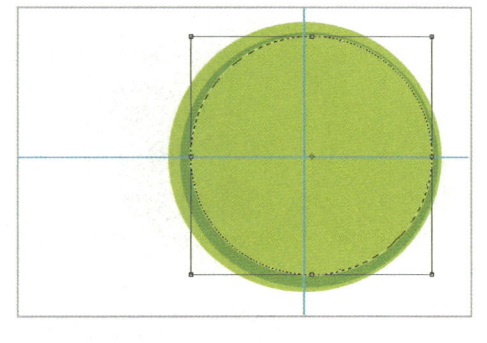
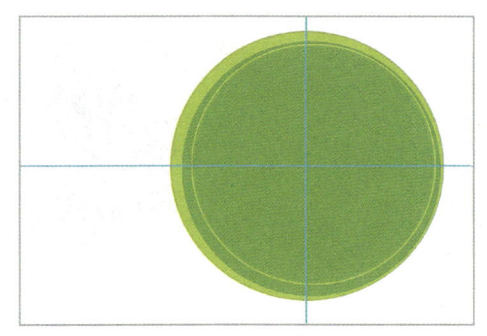

图 2-49　变换选区　　　　　　　　　　　　　图 2-50　填充淡绿色

（8）按 Ctrl+D 快捷键取消选区。选择"矩形选框工具"，框选上一步制作的圆环图形，首先按 Ctrl+C 快捷键复制，然后按 Ctrl+V 快捷键粘贴，最后按 Ctrl+T 快捷键，调整其大小和位置。打开素材 13，用"移动工具"将其拖动到新图像文件中，按 Ctrl+T 快捷键将素材等比例缩小，调整其与小圆环图形的位置，效果如图 2-52 所示。

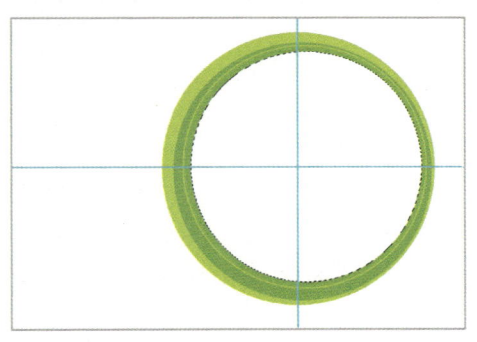
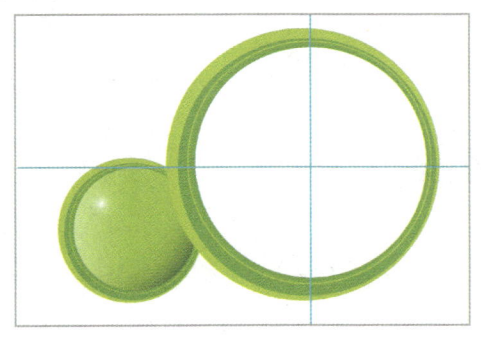

图 2-51　创建正圆形选区并挖空图形　　　　　图 2-52　复制图形并置入素材

（9）打开素材 10，将其拖动到新图像文件中，复制该素材，并且调整其大小和位置，效果如图 2-53 所示。

（10）使用"椭圆选框工具"绘制其他点缀图形，效果如图 2-54 所示。

（11）打开素材 11，将其拖动到新图像文件中，调整其大小和位置，效果如图 2-55 所示。

（12）再创建一个同心正圆形选区，执行"选择"→"反选"命令，按 Delete 键删除选区内的图形部分，将素材中不需要的部分删除，效果如图 2-56 所示。

（13）按 Ctrl+D 快捷键取消选区，使用"移动工具"移除辅助线，最终效果如图 2-57 所示。

图形图像处理（Photoshop）（第2版）

图 2-53　置入素材（1）

图 2-54　绘制其他点缀图形

图 2-55　置入素材（2）

图 2-56　反选并删除多余的图形部分

图 2-57　"节约用水"图像的最终效果

展身手

运用"套索工具"、"多边形套索工具"、"磁性套索工具"和"魔术棒工具"，将素材12、14和15合成"指尖蝴蝶"图像，如图2-58所示。

素材 12　　　　素材 14　　　　素材 15　　　　　　"指尖蝴蝶"图像

图 2-58　合成"指尖蝴蝶"图像

2.5 选区的编辑

▶ 相关知识

我们通常很难一次性得到满意的选区，尤其是比较复杂的选区。在这种情况下，我们必须对选区进行编辑、调整，如改变选区的形状、大小、比例和旋转角度等，从而得到我们需要的选区。我们主要通过以下几种方法对选区进行编辑。

2.5.1 选区的反选

在实际操作中，有时我们需要的图像颜色复杂，直接抠取相对困难，但图像的背景很清晰，此时可以先选取背景部分，然后进行反选，即可得到所需的图像部分。如图 2-59 所示，我们可以使用"魔术棒工具"很容易地选取图像的背景部分，然后执行"选择"→"反向"命令进行反选，或者按 Ctrl+Shift+I 快捷键进行反选，即可得到所需的图像选区，如图 2-60 所示。

图 2-59　选取图像的背景部分 　　　　图 2-60　反选后得到的图像选区

2.5.2 选区的扩展与收缩

在创建好选区后，执行"选择"→"修改"→"扩展"命令（将选区扩展）或"选择"→"修改"→"收缩"命令（将选区收缩），在弹出的对话框中输入要扩展或收缩的像素量，单击"确定"按钮，即可将创建好的选区按照设置进行扩展或收缩。创建一个选区，如图 2-61 所示，分别将其扩展和收缩 8 像素，效果分别如图 2-62 和图 2-63 所示。

图 2-61　创建选区 　　　　图 2-62　扩展选区 　　　　图 2-63　收缩选区

在从原图中抠取图像时，如果直接将选好的图像拖动到新图像文件中，尤其是图像与背景色差较大的图像，如图 2-64 所示，则会发现移入的图像明显有 1 像素的背景色，如图 2-65 所示，对选区进行相应的收缩（在不影响图像形状的前提下），这里我们收缩 2 像素，即可解决这个问题，如图 2-66 所示。

图 2-64　创建图像选区 　　　　图 2-65　直接移入新图像文件 　　　　图 2-66　在收缩 2 像素后移入新图像文件

2.5.3　产生边界选区

在创建好选区后，执行"选择"→"修改"→"边界"命令，在弹出的对话框中输入要扩展的边界大小，单击"确定"按钮，即可对创建的选区进行扩边，形成双层选区（边界选区）的效果。扩边 10 像素的边界选区如图 2-67 所示。

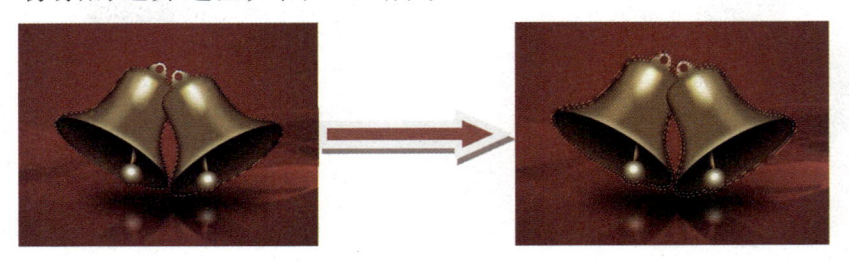

图 2-67　扩边 10 像素的边界选区

2.5.4　选区的变换

选区的变换是指对选区进行缩放和旋转，具体操作如下：创建一个选区，如图 2-68 所示；执行"选择"→"变换选区"命令，会出现选区的控制框，控制框中有 8 个控制点，将鼠标指针放在控制框的某个角上，鼠标指针会变成弯曲的箭头，用于对选区进行旋转，如图 2-69 所示；拖动控制点，可以对选区进行缩放，如图 2-70 所示，按住 Shift 键并拖曳角控制点，可以对选区进行等比例缩放。在调整完成后，双击或按 Enter 键，即可确认操作。

图 2-68　创建选区 　　　　图 2-69　旋转选区 　　　　图 2-70　缩放选区

注意： 在变换选区时，不能习惯性地按 Ctrl+T 快捷键，虽然控制框是一样的，但那是变换的图像而不是选区，如图 2-71 所示，观察变换选区和变换图像的不同之处。

创建选区　　　　　　　变换选区　　　　　　　变换图像

图 2-71　变换选区和变换图像

2.5.5　选区的羽化

羽化是图像编辑软件中常用的操作，它可以使选区边缘的过渡很柔和，从而使图像的边缘柔化，产生模糊效果。

选区羽化的设置方法有两种，下面分别进行介绍。

1. 在创建选区前设置

在工具的属性栏中设置"羽化"值，如图 2-72 所示，然后创建选区，并且给其填充颜色，即可实现边缘模糊的效果。对月亮设置不同的"羽化"值，实现的模糊效果不同，如图 2-73 所示。

图 2-72　在工具的属性栏中设置"羽化"值

"羽化"值为 0 像素　　　　"羽化"值为 10 像素　　　　"羽化"值为 30 像素

图 2-73　不同的"羽化"值实现的不同模糊效果

2. 在创建选区后设置

在抠图时，有时会出现选区已经创建好了，但没有在属性栏中设置"羽化"值的情况，此时再在属性栏中设置"羽化"值是不起作用的，但如果将创建好的选区取消，在设置"羽化"值后重新创建选区，则会重复劳动，增加工作量。在这种情况下，可以使用菜单命令对图像进行羽化，具体方法如下：执行"选择"→"修改"→"羽化"命令，或者按 Shift+F6 快捷键，在弹出的"羽化选区"对话框中设置"羽化半径"的值，如图 2-74 所示，然后将

033

所选的图像拖动到新图像文件中，即可实现羽化效果。设置不同的"羽化半径"值，实现的抠图效果不同，如图 2-75 所示。

图 2-74 "羽化选区"对话框

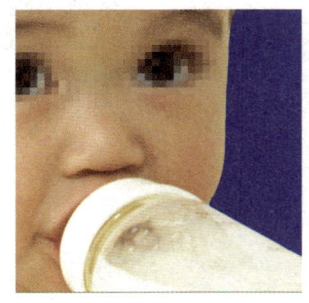

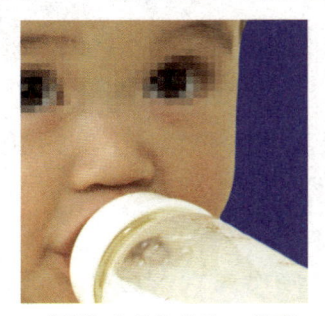

"羽化半径"值为 0 像素　　　　"羽化半径"值为 1 像素　　　　"羽化半径"值为 40 像素

图 2-75 不同的"羽化半径"值实现不同的抠图效果

在抠取人物时，尤其是需要碰到皮肤的，建议设置"羽化"值为 1 像素，使皮肤的边缘更自然、柔和，这样，抠取出来的人物就不会像用剪刀剪出来的那样尖锐、刻板。

2.5.6　选区的平滑

在抠取高清图片中的图像时，会需要非常光滑的边缘，使用"平滑"命令，可以平滑选区中的尖角和去除锯齿，使选区边缘更加流畅、平滑。执行"选择"→"修改"→"平滑"命令，弹出"平滑选区"对话框，如图 2-76 所示。在该对话框中进行参数设置，即可实现对选区的平滑效果。

图 2-76 "平滑选区"对话框

2.5.7　选区的描边

选区的描边功能在实际应用中经常用到。先创建图像的选区，再执行"编辑"→"描边"命令，弹出"描边"对话框，如图 2-77 所示，在设置好相关的参数后，单击"确定"按钮，即可得到图像的描边效果。不同位置的描边效果如图 2-78 所示。

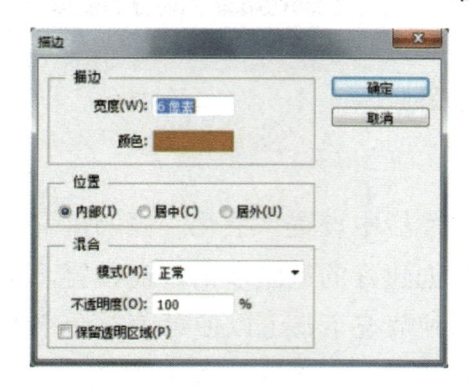

图 2-77 "描边"对话框

"内部"描边　　　　　　　　"居中"描边　　　　　　　　"居外"描边

图 2-78　不同位置的描边效果

小试牛刀

运用所学知识，制作"最美身影"图像，如图 2-79 所示。

步骤解析。

(1) 打开素材 24，执行"图像"→"图像旋转"→"水平翻转画布"命令，对图像进行"水平翻转"变换，效果如图 2-80 所示。

(2) 打开素材 25，选择"魔术棒工具"，单击素材中的军人图像，然后执行"选择"→"选取相似"命令，选取与所选范围相近的其他图像像素，如图 2-81 所示。

图 2-79　"最美身影"图像

图 2-80　水平翻转图像　　　　　　　　图 2-81　选取图像

(3) 使用"移动工具"将选取的图像拖动到背景图像中，按 Ctrl+T 快捷键，在属性栏中锁定宽高比，对图像进行等比例缩小，然后将其移动到画面右侧，效果如图 2-82 所示。

(4) 执行"选择"→"载入选区"命令，载入图像选区，设置前景色为暗红色，按 Alt+Delete 快捷键，给其填充前景色，效果如图 2-83 所示。

(5) 按 Ctrl+C 快捷键复制图像，再按 Ctrl+V 快捷键粘贴图像，复制的图像位置，使其与原图像完全重叠，选择下方的图像，载入下方图像的选区，设置前景色为橘红色（可以用"吸管工具"在背景图像中的太阳附近吸取），按 Alt+Delete 快捷键，给其填充前景色，按 Ctrl+D 快捷键取消选区，然后选择"移动工具"，按键盘方向键中的 ↓ 键，将图像向下移动 1 像素，形成光影效果，如图 2-84 所示。

（6）打开素材 26，使用"移动工具"将其拖动到画面中，并且将其移动至画面的左上方，如图 2-85 所示。

图 2-82　置入图像

图 2-83　给图像填充前景色

图 2-84　制作光影效果

图 2-85　置入文字素材

（7）执行"选择"→"载入选区"命令，载入文字素材选区，然后执行"编辑"→"描边"命令，弹出"描边"对话框，设置描边宽度为 2 像素、颜色为白色、位置为"居外"，如图 2-86 所示，单击"确定"按钮，即可得到如图 2-87 所示的最终效果图。

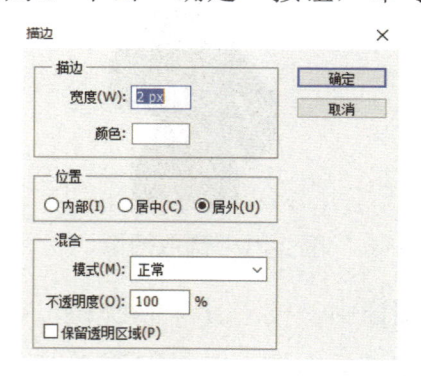

图 2-86　"描边"对话框

图 2-87　最终效果图

展身手

运用选区编辑的相关知识，将素材合成"夜色"图像，如图 2-88 所示。

素材　　　　　　　　　　　　　　　　"夜色"图像

图 2-88　合成"夜色"图像

2.6　创建选区的其他方法

相关知识

在 Photoshop 中，不仅可以使用工具箱中的各种工具创建选区，还可以使用其他方法创建选区。例如，使用"选取相似""色彩范围""调整边缘"等菜单命令创建选区，使用通道、蒙版创建选区，使用路径工具创建任意形状的图形选区。这些方法可以帮助我们快速得到图像的选区、选取边缘复杂的图像（如毛发、草丛等）、创建精确的选区。

2.6.1　使用"选取相似"命令创建选区

在图像中创建好选区后，执行"选择"→"选取相似"命令，可以选取与所选范围颜色相似的像素。

具体操作如下。

（1）选择"魔术棒工具"，设置其"容差"值为 70，在图中的树部分单击，创建一个选区，如图 2-89 所示。

（2）执行"选择"→"选取相似"命令，选取与所选范围颜色相似的像素，如图 2-90 所示，如果下面有些在"容差"值范围内的小山也被选中，那么将其减选即可。

（3）执行"选择"→"反向"命令，或者按 Ctrl+Shift+I 快捷键，将选区反选，给其填充白色背景，如图 2-91 所示，或者将选中的图像拖动到其他文件中，以供图像合成使用。

图 2-89　创建选区　　　　图 2-90　选取相似　　　　图 2-91　抠出的图像

2.6.2 使用"色彩范围"命令创建选区

使用"色彩范围"命令可以利用图像中的颜色变化关系创建选区,首先在图像窗口中指定颜色,用于创建选区;然后通过指定其他颜色,用于增加或减少选区。

本节使用的素材如图 2-92 所示。执行"选择"→"色彩范围"命令,弹出"色彩范围"对话框,如图 2-93 所示。

图 2-92　素材　　　　　　　　图 2-93　"色彩范围"对话框

"色彩范围"对话框中的参数说明如下。

选择:选择所需的色彩范围。

颜色容差:拖动滑块,可以调节色彩的识别范围。

选择范围:在预览窗口中显示选区的状态,白色为所选区域。

图像:在预览窗口中显示当前图像的状态。

选区预览:选择图像窗口中的选区预览方式,共有 5 种,其中,选择"无"选项,表示不在图像窗口中显示选区;选择"白色杂边"选项,表示可以在图像窗口中看到选区,如图 2-94 所示。

反相:勾选该复选框,可以反选选区外的未选图像。

吸管工具:共有 3 个,分别是"吸管工具"、"添加到取样"和"从取样中减去"。

在设置好相关参数后,先使用"吸管工具"单击所要选取的范围,再使用"添加到取样"工具添加选择范围,如果选多了,则可以使用"从取样中减去"工具在图像上单击不要的部分,单击"确定"按钮,即可得到如图 2-95 所示的图像选区。

图 2-94　选区的"白色杂边"预览方式　　　　　图 2-95　得到的图像选区

2.6.3 使用"调整边缘"命令创建选区

使用"调整边缘"命令可以对选区的半径、平滑、羽化、对比度、移动边缘等属性进行调整，从而帮助我们得到更精确的选区。该命令的使用方法如下：创建图像的基本选区（可以使用"魔术棒工具"，也可以使用"磁性套索工具"），如图 2-96 所示，执行"选择"→"调整边缘"命令，弹出"调整边缘"对话框，如图 2-97 所示，在设置好相关参数后，使用"调整半径工具" 对图像边缘进行检测、调整，如图 2-98 所示，最终抠取的图像如图 2-99 所示。

图 2-96　创建图像的基本选区

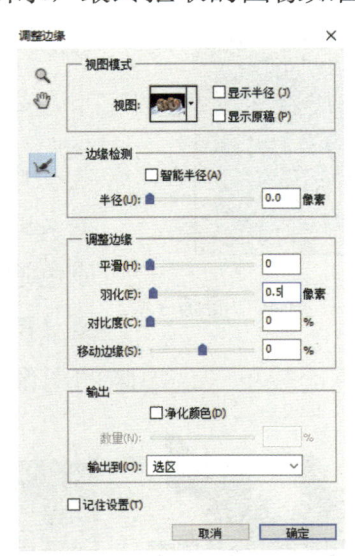

图 2-97　"调整边缘"对话框

图 2-98　对图像边缘进行检测、调整

图 2-99　最终抠取的图像

"调整边缘"对话框中的参数说明如下。

视图模式：生成实时预览效果，在"视图"下拉列表中可以选择所需的预览模式，也可以按 F 键切换预览模式。勾选"显示半径"复选框，可以根据下面设置的"半径"值，仅显示半径范围内的图像。

边缘检测：可以轻松地抠取出细密的毛发。"边缘检测"选区如图 2-100 所示。使用"调整半径工具"可以扩展检测边缘。使用"抹除调整工具"可以恢复原始边缘。勾选"智能半径"复选框，可以自动调整边界中较硬的边缘和柔化边缘的半径。对于较锐的边缘，可以使用较小的半径；对于较柔和的边缘，可以使用较大的半径。

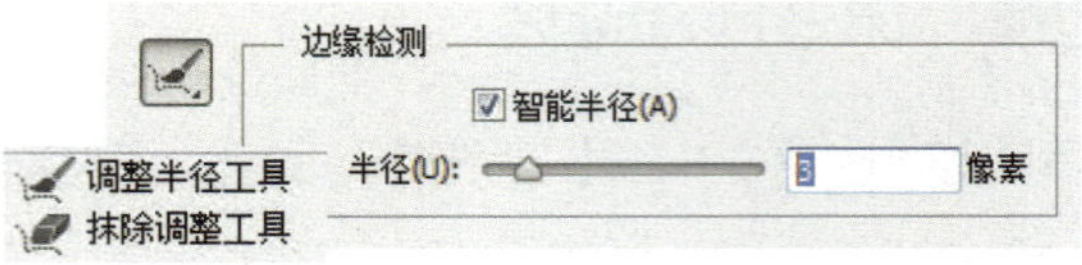

图 2-100 "边缘检测"选区

调整边缘：主要用于对选区进行平滑、羽化和扩展等处理。

输出：勾选"净化颜色"复选框，可以将彩色杂边替换为附近选中的像素颜色，从而达到滤除图像边缘杂色的目的。

2.6.4 使用通道创建选区

在 Photoshop 中，通道主要用于存储图像的颜色信息及自定义的选区，在"通道"面板中，RGB 颜色模式的图像有 3 个原色通道（"红"通道、"绿"通道、"蓝"通道）和一个合成通道（RGB 通道），如图 2-101 所示。

图 2-101 "通道"面板

对于颜色比较单一、清晰的图像，可以使用通道直接创建选区，如图 2-102 所示。

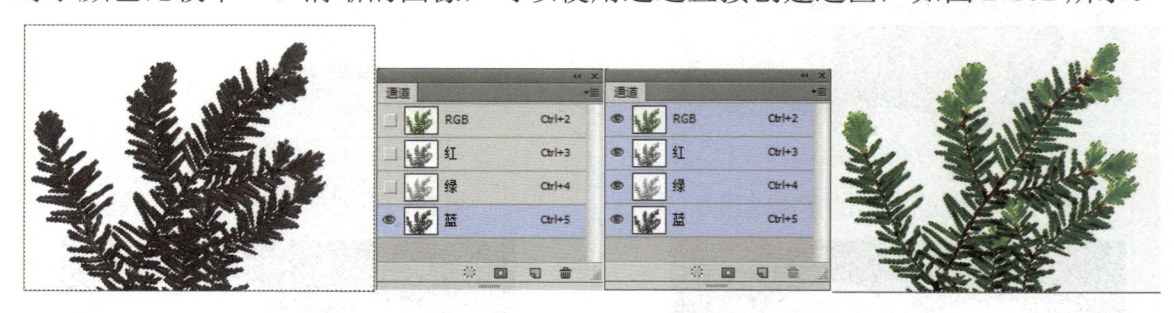

图 2-102 使用通道直接创建选区

对于复杂的图像，如毛发、透明物体、婚纱、玻璃等，也可以使用通道进行抠取。

复杂图像原图及其 3 个原色通道图如图 2-103 所示。如何使用通道将该复杂图像中的人物抠取出来呢？观察 3 个原色通道图，可以发现，"绿"通道图中的头发与背景的亮度对比最明显，所以我们选择"绿"通道作为抠图通道，具体操作如下。

素材原图（RGB）　　"红"通道图　　"绿"通道图　　"蓝"通道图

图 2-103 复杂图像原图及其 3 个原色通道图

（1）复制"绿"通道，按 Ctrl+L 快捷键，弹出"色阶"对话框，如图 2-104 所示。

（2）在"色阶"对话框中拖动"输入色阶"左边的滑块向右，使黑色更黑；拖动"输入色阶"右边的滑块向左，使白色更白。在拖动的过程中，要注意观察发丝的清晰度，调整色阶后的图像黑白更明显，效果如图 2-105 所示。

（3）使用"多边形套索工具"选取人物的白色部分，并且将其填充为黑色；选择"魔术棒工具"，然后单击黑色人影部分，创建人物选区；使用"磁性套索工具"选取背包部分，得到如图 2-106 所示的剪影效果。

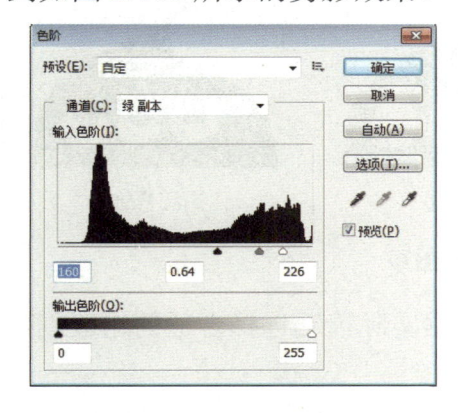

图 2-104　"色阶"对话框　　图 2-105　调整色阶后的图像效果　　图 2-106　剪影效果

（4）单击 RGB 通道，然后返回"图层"面板，得到图像选区，执行"选择"→"反向"命令，或者按 Ctrl+Shift+I 快捷键，对图像选区进行反选，得到背景选区，如图 2-107 所示，按 Delete 键删除背景，如图 2-108 所示。

（5）填充白色背景，得到最终的抠图效果，如图 2-109 所示。

图 2-107　背景选区　　图 2-108　删除背景　　图 2-109　最终的抠图效果

除了使用通道的颜色信息抠取复杂的图像，还可以使用 Alpha 通道存储及编辑选区，具体方法如下：在图像中创建好选区，执行"选择"→"存储选区"命令，即可将选区存储于 Alpha 通道中，该选区随时可以调取，可以长久使用。所有对选区的编辑方法都适用于对 Alpha 通道中选区的编辑。

2.6.5　使用路径工具创建选区

路径工具是 Photoshop 中的重要工具，我们将在后面的章节中对其进行详细讲解，本节简单讲解一下"钢笔工具"的使用方法。

"钢笔工具"主要用于创建自由选区。例如，如果要绘制一个孔雀图案，那么使用前面介绍的选区创建方法显然不能轻易地实现，此时可以借助"钢笔工具"完成，具体操作如下：首先使用"钢笔工具"绘制孔雀图形的路径，然后按 Ctrl+Enter 快捷键，将路径转换为选区，然后给其填充颜色并进行修饰，即可得到美丽的孔雀图案，如图 2-110 所示。

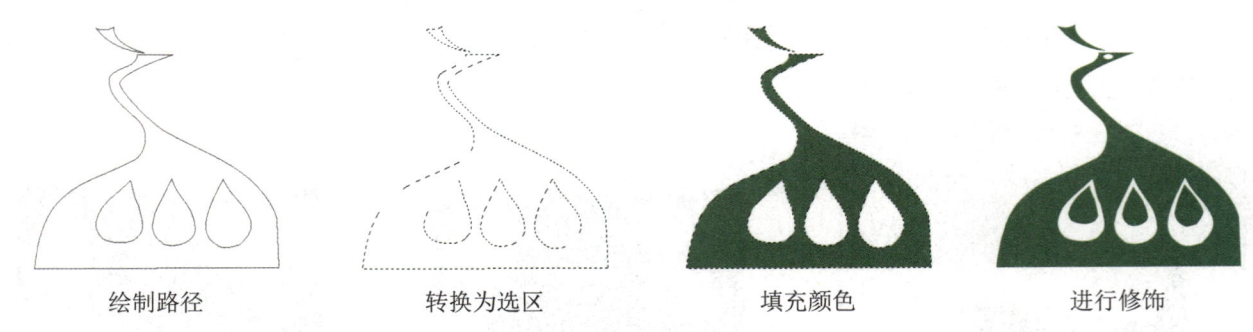

绘制路径　　　　转换为选区　　　　填充颜色　　　　进行修饰

图 2-110　使用"钢笔工具"绘制孔雀图案

总而言之，创建图像选区的方法有很多种，我们需要根据实际情况选择合适的选区创建方法。

小试牛刀

运用所学知识，制作"我们长大了"图像，如图 2-111 所示。

图 2-111　"我们长大了"图像

步骤解析。

（1）打开素材 34，因为素材比较大，所以打开时只显示 33.3%。选择"缩放工具"，在其属性栏中单击"放大"按钮，在画面中单击，将图像的显示比例调整至 50%，如图 2-112 所示。

（2）打开素材 35，首先使用"移动工具"将其拖动到背景素材中，然后使用"多边形套索工具"选取右边的蛋壳，最后选择"移动工具"，按键盘方向键将选中的蛋壳向右下方移动，将蛋壳分离，如图 2-113 所示。

（3）打开素材 36，首先选择"魔术棒工具"，单击选取白色背景；然后执行"选择"→"反向"命令，创建小鸡选区，如图 2-114 所示；最后执行"选择"→"调整边缘"命令，对小鸡图像的边缘进行调整，如图 2-115 所示。

（4）先使用"移动工具"将调整边缘后的小鸡图像拖动到背景文件中，再使用"魔术棒工具"单击小鸡两脚之间的白色杂质，在创建选区后，按 Delete 键将其删除，如图 2-116 所示。

（5）按 Ctrl+D 快捷键取消选区，打开素材 37，使用同样的方法抠取另一只小鸡的图像并将其拖动到背景文件中，调整其大小和位置，如图 2-117 所示。

图 2-112　打开背景素材 　　　　图 2-113　分离蛋壳 　　　　图 2-114　创建小鸡选区

图 2-115　调整小鸡图像的边缘 　　图 2-116　删除杂质 　　　　图 2-117　抠取并置入另一只小鸡的图像

（6）将图像的显示比例放大到 100%（实际像素），使用"磁性套索工具"选取蛋壳图像中的部分小草及部分蛋壳图像，如图 2-118 所示。先按 Ctrl+C 快捷键复制，再按 Ctrl+V 快捷键粘贴，生成新的图像图层。在"图层"面板中将生成的图像图层移动到小鸡图层的上方，用于覆盖小鸡的腿部，完成制作，最终效果如图 2-119 所示。

图 2-118　选取部分小草及部分蛋壳图像 　　　　图 2-119　最终效果

展身手

运用本章所学知识,制作"蝴蝶栖息"图像,如图 2-120 所示。

素材 08 　　　　　　　　　　素材 38 　　　　　　　　　　合成图像

图 2-120　制作"蝴蝶栖息"图像

熟记以下快捷键。

- Ctrl+A:全选。
- Ctrl+C:复制。
- Ctrl+V:粘贴。
- Alt+Delete:填充前景色。
- Ctrl+Delete:填充背景色。
- Ctrl+X:剪切。
- Ctrl+D:取消选区。
- Ctrl+H:隐藏/显示选区。
- Ctrl+R:打开/关闭标尺。
- Ctrl+Alt+D:羽化选区。
- Ctrl+Shift+I:反选选区。
- Shift+F6:打开"羽化选区"对话框。
- Ctrl+Enter:将路径转换为选区。

2.7　习题

一、选择题

1. 创建规则选区的工具主要有(　　)。

    A. 矩形选框工具　　　　　　　　　　　　B. 套索工具
    C. 魔术棒工具　　　　　　　　　　　　　D. 椭圆选框工具

2. 创建不规则选区的工具主要有(　　)。

    A. 磁性套索工具　　　　　　　　　　　　B. 套索工具
    C. 魔术棒工具　　　　　　　　　　　　　D. 多边形套索工具

3. 使用下列哪个工具可以快速创建图像选区?(　　)

A．矩形选框工具　　　　　　　　　　B．套索工具
C．魔术棒工具　　　　　　　　　　D．快速选择工具

4．在使用"磁性套索工具"创建选区时，如果中途发生错误，要取消上一步操作，则需要按哪个键退回一步？（　　）

A．BackSpace 键　　　B．Esc 键　　　C．Delete 键

5．使用下列哪个工具可以选取颜色相近的图像区域？（　　）

A．磁性套索工具　　　B．套索工具　　　C．魔术棒工具

6．在抠取毛发、树杈、杂草等复杂图像时，理想的方法是（　　）。

A．魔术棒工具　　　B．使用"调整边缘"命令　　　C．利用通道抠取

7．要使选区产生边框效果，应该使用下列哪种方法？（　　）

A．执行"选择"→"修改"→"扩展"命令
B．执行"选择"→"修改"→"边界"命令
C．执行"选择"→"变换选区"命令

二、简答与练习

1．简述移动和变换选区的方法。
2．简述什么是"羽化"效果。
3．熟记本章中的常用快捷键。
4．制作如图 2-121 所示的图像效果。
5．利用素材制作"杨桃入水"效果，如图 2-122 所示。
6．利用素材合成"宁静高远"图像，如图 2-123 所示。

图 2-121　图像效果　　　　图 2-122　"杨桃入水"效果　　　　图 2-123　"宁静高远"图像

图层应用

第 3 章

本章学习要点

- 图层的基本概念。
- 了解"图层"面板。
- 了解图层的类型。
- 掌握图层的编辑方法。
- 了解图层图像的混合模式。
- 掌握使用"图层"面板管理图层的方法。
- 了解并掌握图层样式的使用技巧。
- 掌握文字图层的编辑技巧。
- 了解 3D 图层的概念。
- 掌握 3D 图层的应用技巧。

重点和难点

- 掌握图层的管理与编辑方法。
- 图层的综合应用。

达成目标

- 了解图层的重要性。
- 掌握"图层"面板的综合应用方法。
- 能够有效地应用"图层"面板实现实际的图像效果。

3.1 关于图层

相关知识

图层是 Photoshop 应用的重点内容,也是 Photoshop 的核心功能之一。Photoshop 在引入图层概念后,为图像编辑带来了极大的便利,很多原来只能通过复杂的通道操作和通道运算才能实现的效果,通过图层和图层样式就可以轻松完成了。

我们可以将 Photoshop 的图层想象成透明胶片,并且根据需要在一张张透明胶片上绘制图像,这些图像之间是互不干涉的,然后将绘制好的图像重叠在一起,即可生成我们需要的图像。例如,图 3-1 所示为一个被锁定的"背景"图层,但我们可以单独对照片中"人物"图像进行编辑，如将其选中并复制，得到如图 3-2 所示的效果，在编辑过程中并不影响原图层，因为这个"人物"图像已经到了另一个图层中，它们是互不干涉的，在"图层"面板中可以清楚地看到这个变化。

图 3-1　原图层　　　　　　图 3-2　复制"人物"图像后得到新的图层

3.2　关于"图层"面板

▶ 相关知识

"图层"面板是 Photoshop 中的常用面板，如图 3-3 所示。使用"图层"面板可以更方便地控制图层，如添加图层、删除图层、添加图层蒙版、更改图层名称、调整图层不透明度、增加图层样式、调整图层混合模式、合并图层等。

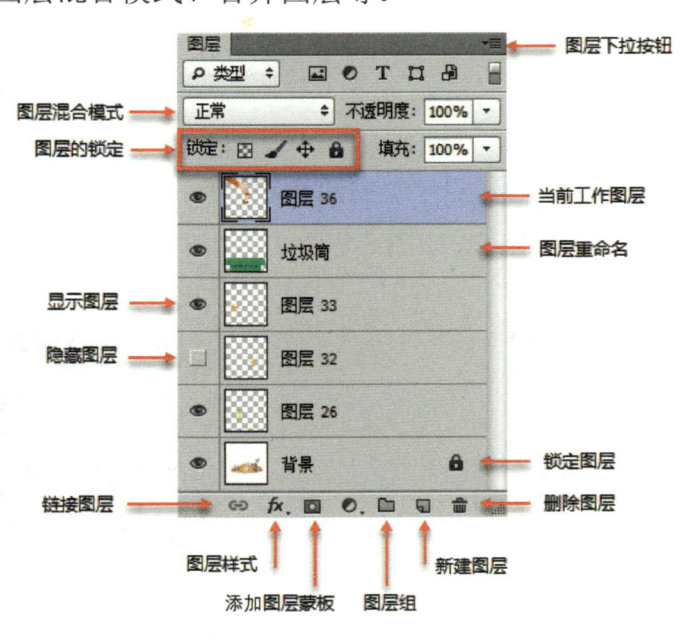

图 3-3　"图层"面板

047

3.3 图层的基本操作

3.3.1 图层的新建

在 Photoshop 中，新建图层的方法有以下几种。

方法一：在"图层"面板中单击下方的"新建图层"按钮 ，可以新建一个空白图层，如图 3-4 所示。在实际操作中，通常使用该方法新建图层。

方法二：在"图层"面板中单击右上角的图层下拉按钮 ，在弹出的下拉菜单中选择"新建图层"命令，弹出"新建图层"对话框，在该对话框中可以对新建的图层进行相关设置，单击"确定"按钮，如图 3-5 所示，即可得到一个新的空白图层。在新建图层后，双击图层名称，可以对图层进行重命名，如图 3-6 所示。

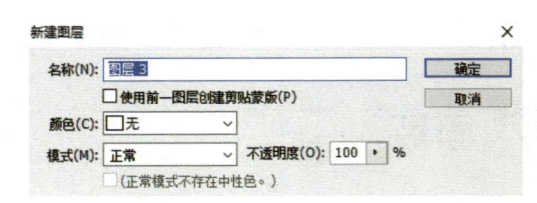

图 3-4　新建图层　　　　图 3-5　"新建图层"对话框　　　　图 3-6　重命名图层

方法三：执行"图层"→"新建"→"图层"命令，可以自动生成新的空白图层。

方法四：按 Shift+Ctrl+N 快捷键，可以新建一个空白图层。

3.3.2 图层的复制

有时需要在同一个图像文件中重复使用多个相同的图像，此时可以使用复制图层的方法达到目的，具体方法有以下几种。

方法一：在"图层"面板中，将要复制的图像图层拖入"新建图层"按钮 ，即可在该图层的上方创建一个相应的图层副本，如图 3-7 所示，其中图像的形状、大小、位置与原图层中的图像完全相同。

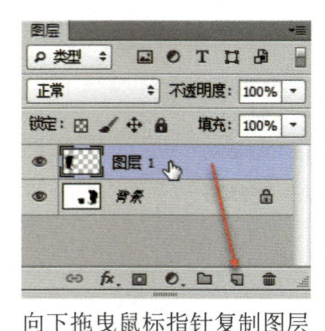

向下拖曳鼠标指针复制图层　　　　得到图层副本

图 3-7　通过"图层"面板复制图层

方法二：使用"移动工具"直接将其他文件中的图像拖曳到当前图像中，可以在"图层"面板中自动生成相应的图像图层，实现复制图像的功能，如图 3-8 所示。

图 3-8　使用"移动工具"拖入其他图像得到复制的图层

方法三：选中要复制的图层，在"图层"面板中单击右上角的图层下拉按钮，在弹出的下拉菜单中选择"复制图层"命令，即可实现图层的复制。

方法四：通过执行"图层"→"复制图层"命令复制图层。

方法五：选中要复制的图像或图像的一部分，先按 Ctrl+C 快捷键复制，再按 Ctrl+V 快捷键粘贴，即可实现图层的复制。

方法六：选中要复制的图层，在按住 Ctrl 键后按 J 键，每按一次都可以对该图层进行一次复制。在复制多个图层时，使用该方法最快捷。

还有两个特别的图层复制方法：执行"图层"→"新建"→"通过拷贝的图层"命令，或者执行"图层"→"新建"→"通过剪切的图层"命令，可以复制所选的图层内容。要使用这两个命令新建图层，必须先在图像上创建选区，如图 3-9 所示。如果执行"通过拷贝的图层"命令，则会新建一个图层，并且将选区内的图像复制到新的图层中，如图 3-10 所示；如果执行"通过剪切的图层"命令，则会新建一个图层，并且将选区内的图像剪切到新的图层中，如图 3-11 所示。

图 3-9　创建选区 　　　图 3-10　执行"通过拷贝的图层"命令 　　　图 3-11　执行"通过剪切的图层"命令

3.3.3　图层的删除

对于不再需要的图层，为了节省存储空间和操作方便，可以将这些图层删除。

删除图层的方法有以下几种。

方法一：在"图层"面板中，选中要删除的图层，将其直接拖入"图层"面板中的"删除图层"按钮 🗑，即可将该图层删除，相应的图像也会被删除，如图 3-12 所示。

图 3-12　删除图层

方法二：选中要删除的图层，然后单击"图层"面板中的"删除图层"按钮 🗑，弹出删除图层提示框，询问是否要删除所选图层，如图 3-13 所示，单击"是"按钮，即可删除所选图层。

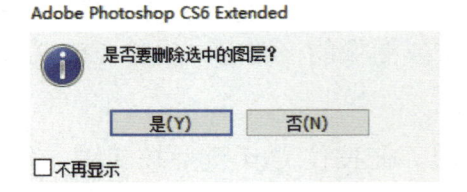

图 3-13　删除图层提示框

方法三：选中要删除的图层，在"图层"面板中单击右上角的图层下拉按钮 ▼≡，在弹出的下拉菜单中选择"删除图层"命令，弹出删除图层提示框，单击"是"按钮，即可删除所选图层。

方法四：选中要删除的图层，执行"图层"→"删除图层"命令，即可删除所选图层。

方法五：选中要删除的图层并右击，在弹出的快捷菜单中选择"删除图层"命令，即可删除所选图层。

3.3.4　图层的显示和隐藏

在图像的编辑过程中，有时因操作需要，需要将一些图层暂时隐藏。可以在"图层"面板中单击图层左侧的眼睛图标，隐藏该图标，表示该图层中的图像不可见；再次单击该图标，使其显示，表示该图层中的图像可见，如图 3-14 所示。

显示图层及图像　　　　　　　　　　　　隐藏图层及图像

图 3-14　图层的显示与隐藏

3.3.5 图层的链接与合并

链接图层：如果要同时移动多个图层中的图像，则可以将这些图像所在的图层链接起来。在建立图层链接后，只要移动其中一个图像，与之链接的其他图像就会跟着一起移动。

建立图层链接的方法如下：按住 Ctrl 键进行间隔选择图层，或者按住 Shift 键进行连选图层，将所有要链接的图层选中，然后单击"图层"面板中的"链接图层"按钮 ⚭，此时，所有被选中的图层的右方都会出现链接图标，表示这些图层之间已经建立了链接关系；再次单击"图层"面板中的"链接图层"按钮 ⚭，所有链接都会被取消（也可以单独取消某个图层的链接），如图 3-15 所示。

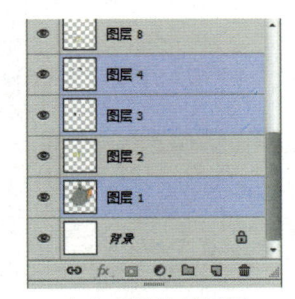

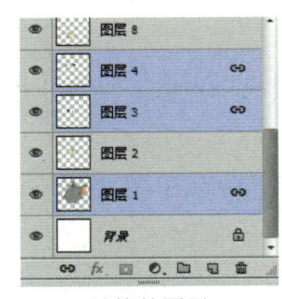

| 选中未链接的图层 | 链接的图层 | 取消某个图层的链接 |

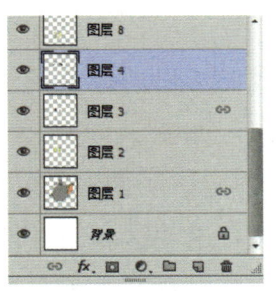

图 3-15 图层的链接

合并图层：图层太多会影响操作的便捷性，在确定某些操作已经完成的情况下，可以将多个图层合并，从而减少图层的数量。

合并图层的方法有以下几种。

方法一：选中要合并的图层，然后执行"图层"→"合并图层"命令。

方法二：选中要合并的图层，然后在"图层"面板中单击右上角的图层下拉按钮 ▼≡，在弹出的下拉菜单中选择合并图层的方法。

方法三：按 Ctrl+E 快捷键。按一次 Ctrl+E 快捷键，可以将所选图层与下方图层合并。选中多个要合并的图层，然后按 Ctrl+E 快捷键，可以将所有选中的图层合并。

3.3.6 图像的不透明度

在 Photoshop 中，可以将每个图层都看作一个独立的图像，因此，我们可以针对每个图层中的图像进行各种编辑操作。设置图像的不透明度，可以使图像产生特别的艺术效果。在选中某个图层后，可以在"图层"面板中看到"不透明度"参数，如图 3-16 所示。该参数主要用于设置图像的不透明度，其取值范围为 0～100%，值越高，表示越不透明。当"不透明度"值等于 100%时，该图层中的图像完全不透明，上面图层中的图像会遮住下面图层中的图像，如图 3-17 所示；当"不透明度"值不是 100%时，下面图层中的图像会有若隐若现的特殊效果，如图 3-18 所示。

051

图 3-16　"图层"面板中的"不透明度"参数
图 3-17　"不透明度"值为100%的效果 
图 3-18　不同"不透明度"值的效果 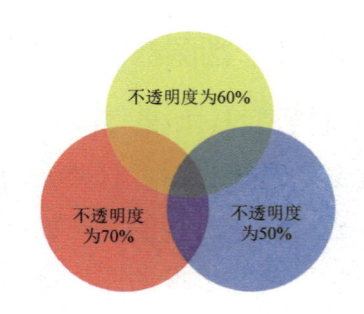

3.3.7　图层的锁定

我们可以通过"图层"面板中的"锁定"功能对图层进行锁定，避免该图层中的图像被误操作，如图 3-19 所示。

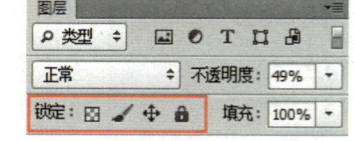

"锁定透明像素"按钮：该按钮只有在图层图像中含有透明区域时才能产生作用。如果在"图层"面板中单击激活"锁定透明像素"按钮，那么编辑范围仅限于工作图层中的非透明区域，而透明区域的部分完全不受影响，如图 3-20 所示；如果未激活"锁定透明像素"按钮，那么编辑范围是工作图层中的全部区域，也就是说，透明区域的部分不受任何保护，可以被填入颜色或图案，如图 3-21 所示。

图 3-19　"图层"面板中的"锁定"功能

图 3-20　锁定透明像素后的填充效果
图 3-21　未锁定透明像素的填充效果 

"锁定图像像素"按钮：在图层中的图像修改完成后，如果担心不小心对该图像进行误操作，则可以单击"图层"面板中的"锁定图像像素"按钮，将该图层锁定，就不会再对其进行任何编辑操作了（但可以移动图层中的图像）；如果要继续编辑该图层中的图像，那么再次单击该按钮，即可取消图层锁定。

"锁定位置"按钮：如果担心在操作中无意移动了图像的位置，则可以单击"图层"面板中的"锁定位置"按钮，使图像的位置不能移动（可以编辑）。

"全部锁定"按钮：单击"图层"面板中的"锁定全部"图标，可以锁定图层中的图像，不能对其进行任何编辑操作（包括移动图像）。

3.3.8 图层的对齐与分布

在 Photoshop 中，我们可以对多个建立了链接关系（或者被选中）的图像进行对齐操作。选中要对齐的图层并将其链接，即可激活"移动工具"属性栏中的"对齐"与"分布"工具组，如图 3-22 所示。

图 3-22 "移动工具"属性栏中的"对齐"与"分布"工具组

下面举例说明图层的对齐与分布操作。

（1）打开素材 06，调整其大小，然后按住 Ctrl 键的同时按 J 键 5 次，复制得到 5 个图层副本，调整好第一个素材图像和最后一个素材图像的位置（注意图层中的位置对应），如图 3-23 所示。

（2）在"图层"面板中选中所有图层，如图 3-24 所示。

图 3-23 调整第一个图层和最后一个图层的位置 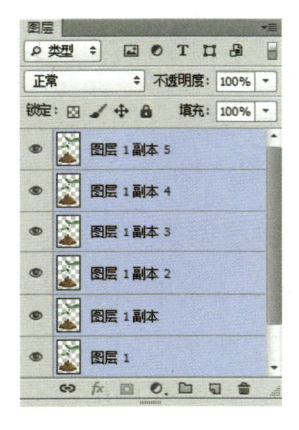　　图 3-24 选中所有图层

（3）选择"移动"工具，在其属性栏中先单击"对齐"工具组中的"顶对齐"按钮，效果如图 3-25 所示；再单击"分布"工具组中的"水平居中分布"按钮，效果如图 3-26 所示。

图 3-25 "顶对齐"效果　　图 3-26 "水平居中分布"效果

此外，执行"图层"→"对齐"命令，在弹出的子菜单中选择所需的对齐方法，可以对所选图层进行对齐操作；执行"图层"→"分布"命令，在弹出的子菜单中选择所需的分布方法，可以对所选图层进行分布操作。

3.3.9 图层的转换与顺序调整

1. 图层的转换

打开一个图像，会自动在"图层"面板中生成以原图像为内容的"背景"图层，并且该图层会被锁定。"背景"图层永远位于所有图层的底部，它无法移动，也无法更改名称与不透明度。

我们可以根据需要将"背景"图层转换为普通图层，具体操作如下：在"背景"图层上双击，弹出"新建图层"对话框，在该对话框中设置相关参数，然后单击"确定"按钮，即可将"背景"图层转换为普通图层，如图 3-27 所示。

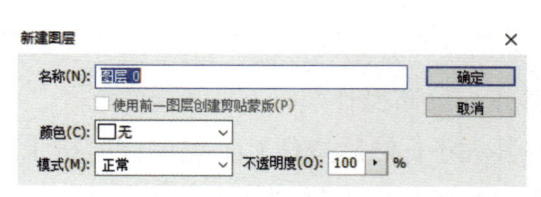

"背景"图层　　　　　　　　　"新建图层"对话框　　　　　　　　转换为普通图层

图 3-27　将"背景"图层转换为普通图层

在将"背景"图层转换为普通图层后，如果要生成新的"背景"图层，那么选择要作为"背景"图层的普通图层，然后执行"图层"→"新建"→"图层背景"命令，即可将所选的普通图层转换为"背景"图层。需要注意的是，在一个文件中，"背景"图层只能有一个，如果已经有了"背景"图层，则无法将其他图层转换为"背景"图层。

2. 图层的顺序调整

当一个图像中有多个图层时，这些图层一定会有上下之分，越晚建立的图层越在上面，而位于上面的图层会将下面的图层遮住。为了方便操作，我们经常需要调整图层的顺序，一个非常简单的方法如下：将鼠标指针放在要移动的图层上，按住鼠标左键并拖曳鼠标指针，在鼠标指针变成手形时，将该图层向上或向下拖曳到合适的位置，松开鼠标左键即可，如图 3-28 所示。

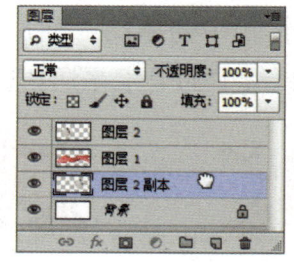

图 3-28　调整图层的顺序

3.3.10　图层混合模式

图层混合模式是指上、下图层之间进行色彩混合的方式。Photoshop 提供了多种图层混合模式，正确、灵活地运用图层混合模式，可以创作出丰富的图像效果。下面讲解几种常用的图层混合模式，对于其他图层混合模式，读者可以自行查阅相关资料。

"图层"面板的"图层混合模式"下拉列表中有多种图层混合模式，如图 3-29 所示。图层混合模式不同，产生的图像效果也不同。

正常：Photoshop 的默认图层混合模式，不与下方的图层发生任何混合。在"正常"图层混合模式下，如果图层的不透明度为 100%，那么下方图层中的图像会被遮挡。

溶解：将当前图层按照不透明度的比例随机删除像素点。当不透明度为 10% 时，随机删除 90% 的像素点；当不透明度为 50% 时，随机删除 50% 的像素点；当不透明度为 100% 时，则不删除像素点。设置该图层混合模式并降低图层的不透明度，可以使半透明区域的像素离散，产生点状颗粒，使画面呈现颗粒状效果或使线条边缘粗糙化。

变暗：保留两个图层中较暗的像素，对两个图层中的每个像素点都对应进行比较，哪个暗就留哪个，效果如图 3-30 所示。

图 3-29 图层混合模式

原图像（"正常"效果） 　　　"变暗"效果

图 3-30 "变暗"图层混合模式

正片叠底：上方图层中较暗的像素与下方图层中较暗的像素相互混合，效果如图 3-31 所示。

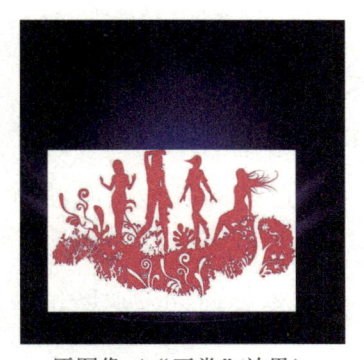

原图像（"正常"效果） 　　　"正片叠底"效果

图 3-31 "正片叠底"图层混合模式

颜色加深：上方图层与下方图层中的暗色像素相互混合，下方图层中的白色区域不发生变化，上方图层中的白色区域不与下方图层混合，可以生成非常暗的混合图像效果，通常用于制作非常暗的阴影效果。

线性加深：上方图层根据下方图层的灰度与图像融合，如图 3-32 所示。该图层混合模式对白色无效。通过降低亮度使像素变暗，可以保留下层图像更多的颜色信息。该图层混合模式有均匀的特性，经常应用于在纹理贴图中，可以很方便地完成对质感、肌理的合成操作。

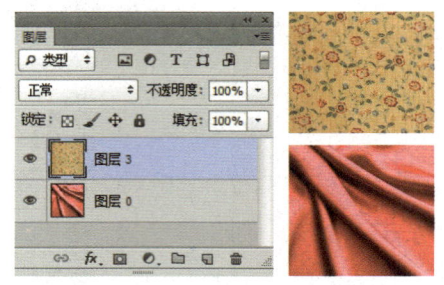

原图像（"正常"效果） 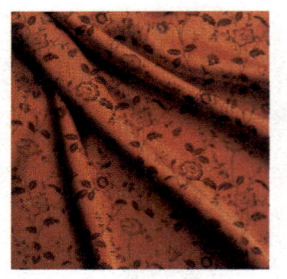　　　　　　　　　　"线性加深"效果

图3-32　"线性加深"图层混合模式

深色：根据图像的饱和度，用上方图层中的颜色直接覆盖下方图层中的暗色。

变亮：用上方图层中较亮的像素代替下方图层中与之对应的较暗的像素，用下方图层中较亮的像素代替上方图层中较暗的像素，叠加后的整体图像呈亮色调，其效果与"变暗"图层混合模式的效果相反。

滤色：将上方图层中较亮的像素与下方图层中较亮的像素相互混合，得到一种漂白图像的效果，其效果与"正片叠底"图层混合模式的效果相反，如图3-33所示。

原图像（"正常"效果） 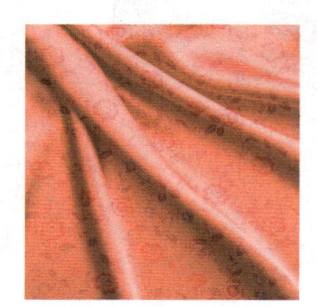　　　　　　　　　　"滤色"效果

图3-33　"滤色"图层混合模式

线性减淡：根据每一个颜色通道的颜色信息，加亮所有通道的基色，并且通过降低其他颜色的亮度反映混合颜色，该图层混合模式对黑色无效。通过提高亮度来减淡颜色，亮化效果很强烈。

线性减淡（添加）：减淡所有通道的基色，通过降低其他颜色的亮度反映混合颜色。该图层混合模式对黑色无效。

浅色：根据图像的饱和度，用上方图层中的颜色直接覆盖下方图层中的高光区域颜色。

叠加：该混合模式的效果取决于下方图层，但上方图层的像素在下方图层上叠加，其明暗效果也会直接影响整体效果，在叠加后，下方图层的亮度区和阴影区仍会被保留。

柔光：上方图层中比50%灰色亮的像素，在混合后会变亮；上方图层中比50%灰色暗的像素，在混合后会变暗，如图3-34所示。

强光：与"柔光"图层混合模式类似，只是程度比"柔光"图层混合模式高很多，其效果如图3-35所示。

原图像（"正常"效果）    "柔光"效果

图 3-34   "柔光"图层混合模式

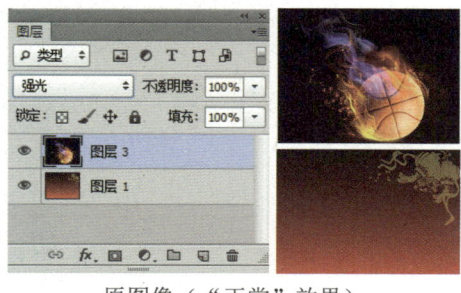

原图像（"正常"效果）    "强光"效果

图 3-35   "强光"图层混合模式

线性光：通过降低或提高亮度加深或减淡颜色。对于上方图层中比 50%灰色亮的像素，通过提高其亮度，可以使图像变亮；对于上方图层中比 50%灰色暗的像素，通过降低其亮度，可以使图像变暗。

点光：通过置换颜色像素混合图像，混合效果取决于上层图像的混合亮度。

实色混合：可以产生剪贴画式的艺术效果，形成由红色、绿色、蓝色、青色、洋红色、黄色、黑色和白色共 8 种颜色的色块组成的混合效果。

差值：用上方图层中的颜色值减去下方图层中相应位置的颜色值，与白色混合会产生反相效果，与黑色混合不会产生影响，通常用于使图像变暗并取得反相效果。

排除：效果与"差值"图层混合模式的效果类似，但对比度较低。

减去：将上层图像中的像素值与下层图像中的像素值相减，由计算机进行混合计算，产生新的图像效果。

划分：将上方图层与下方图层中相应像素的颜色混合，使图像变亮。

色相：将下方图层的亮度和饱和度与上方图层的色相混合，效果如图 3-36 所示。

原图像（"正常"效果）    "色相"效果

图 3-36   "色相"图层混合模式

饱和度：将下方图层的亮度和色相与上方图层的饱和度混合。

颜色：将下方图层的亮度与上方图层的色相和饱和度混合。

明度：将下方图层的色相和饱和度与上方图层的亮度混合。

小知识

> 当前工作中的图层是以蓝色激活状态显示的，可以在"图层"面板中直接选中要进行操作的图层，如果图层太多，则可以用"移动工具"在图像上右击，在弹出的选项中选择最上面的选项，即可选中要操作的图像图层。

小试牛刀

运用所学知识制作"劳动节快乐"背景图，如图 3-37 所示。

图 3-37 制作"劳动节快乐"背景图

步骤解析。

（1）新建一个空白的图像文件，设置其尺寸为 300 像素×300 像素、"分辨率"为 72 像素/英寸、"颜色模式"为"RGB 颜色"、"背景内容"为"白色"。

（2）新建一个图层，按 Ctrl+R 快捷键，打开标尺，使用"移动工具"拖曳横竖两条辅助线至合适的位置，选择"椭圆选框工具"，将鼠标指针对准辅助线的交点，先按住鼠标左键，再先后按住 Alt 键和 Shift 键，拖曳鼠标指针，创建一个正圆形选区，并且给其填充粉红色，如图 3-38 所示。

（3）按 Ctrl+D 快捷键取消选区，新建一个图层，使用相同的方法创建一个同心正圆形选区并给其填充白色，如图 3-39 所示。

（4）使用相同的方法绘制其他正圆形，效果如图 3-40 所示。

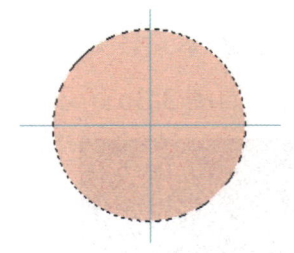

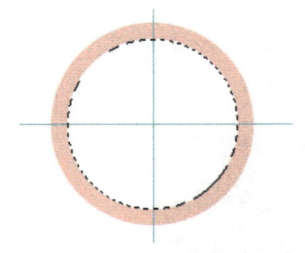

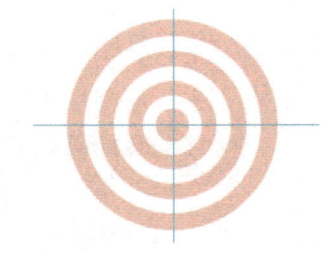

图 3-38 绘制正圆形　　　图 3-39 绘制同心正圆形　　　图 3-40 绘制其他同心正圆形

（5）将同心正圆形图像存储为背景透明的 PNG 格式的图像文件备用。

（6）新建一个空白的图像文件，设置其尺寸为 800 像素×600 像素、"分辨率"为 72 像素/英寸、"颜色模式"为"RGB 颜色"、"背景内容"为"灰色"。

（7）将第（5）步存储的同心正圆形图像置入第（6）步创建的新图像文件，使用"矩形选框工具"选取同心正圆形图像的下半部分，按 Delete 键将其删除，如图 3-41 所示，得到一个半圆图形。

（8）按 Ctrl+T 快捷键，调整半圆图形的大小，然后按住 Ctrl 键并按 J 键 7 次，复制得到 7 个该图层副本。调整第一个半圆图形与最后一个半圆图形的位置，然后在"图层"面板中选中最上面的半圆图形图层，按住 Shift 键并单击最下面的半圆图形图层，将 8 个半圆图形图层都选中。选择"移动工具"，在其属性栏中单击"顶对齐"按钮和"水平居中分布"按钮，效果如图 3-42 所示。

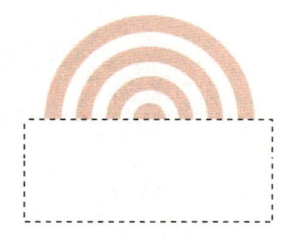

图 3-41　删除同心正圆形图像的下半部分　　　　图 3-42　复制并对齐图形

（9）按 Ctrl+E 快捷键，将所选图层合并成一个图形单元，执行"选择"→"载入选区"命令（快捷方法是在按住 Ctrl 键后单击图层缩略图），载入图形的选区；执行"编辑"→"描边"命令，弹出"描边"对话框，设置描边宽度为 6 像素、描边颜色为白色、位置为"居外"，如图 3-43 所示，单击"确定"按钮，即可得到如图 3-44 所示的描边效果。

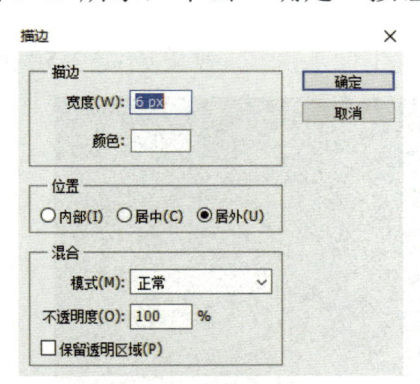

图 3-43　"描边"对话框中的参数设置　　　　图 3-44　描边效果

（10）按 Ctrl+D 快捷键取消选区，按 Ctrl+J 快捷键复制该图层，选中下方的图层，并且调整其位置，效果如图 3-45 所示。使用"矩形选框工具"选取一个半圆图形，先按 Ctrl+C 快捷键复制，再按 Ctrl+V 快捷键粘贴，调整其位置，补齐空缺的位置，效果如图 3-46 所示，按 Ctrl+E 快捷键，将其与下方图层合并。

图 3-45　复制图层并调整其位置　　　　图 3-46　补齐图形

（11）重复上述操作，实现如图 3-47 所示的图形效果。

（12）当相同或类似的图层较多时，为了不影响操作，可以对它们进行组合管理，方法如下：单击"图层"面板中的"创建新组"图标，在"图层"面板中新建一个组（文件夹图标），其默认名称为"组 1"，双击该组，对其进行重命名，命名原则为见名知意。选中所有需要组合在一起的图层，选择"移动工具"，将鼠标指针移动到选中的图层上，在鼠标指针变为小手形状时，将其拖动到新建的组中。单击组左边的小三角，可以将其折叠，以便操作；单击组左边的眼睛，可以将该组中的图层隐藏，如图 3-48 所示。

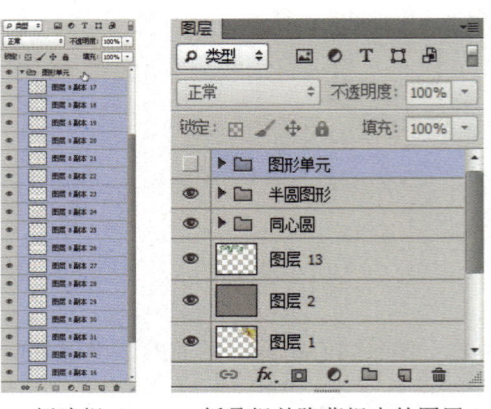

新建组　　　折叠组并隐藏组中的图层

图 3-47　复制多个图形　　　　　　　　图 3-48　组管理

（13）打开素材 19，使用"矩形选框工具"框选一部分背景色，使用"移动工具"将其拖动到新图像文件中，调整其大小，使其完全遮住下方的图形，如图 3-49 所示。

（14）在"图层"面板中，将"图层混合模式"设置为"线性加深"，效果如图 3-50 所示。

图 3-49　置入素材（1）　　　　　　　　图 3-50　"线性加深"图层混合模式

（15）打开素材 20-1，将其拖动到新图像文件中，按 Ctrl+T 快捷键，将其水平翻转，然后将其放置于画面右下角，如图 3-51 所示。在"图层"面板中将其与下层图像的"图层混合模式"设置为"变暗"，效果如图 3-52 所示。

（16）打开素材 20-2，将其移动到新图像文件中，调整其大小和位置，效果如图 3-53 所示。在"图层"面板中将其与下层图像的"图层混合模式"设置为"颜色减淡"，效果如图 3-54 所示。

图 3-51　置入素材（2）　　　　　图 3-52　"变暗"图层混合模式

图 3-53　置入素材（3）　　　　　图 3-54　"颜色减淡"图层混合模式

展身手

运用图层的相关知识及基本操作方式，利用素材制作"点赞"图标，如图 3-55 所示。

素材　　　　　"点赞"图标

图 3-55　制作"点赞"图标

3.4　图层蒙版

3.4.1　关于蒙版

图像合成是 Photoshop 的标志性应用领域。在 Photoshop 中处理图像时，经常需要将图像的某部分隐藏或半隐藏，使其与其他图像自然地融合，蒙版就可以起这样的作用。蒙版主要有 4 种，分别为快速蒙版、剪贴蒙版、矢量蒙版和图层蒙版，前面已经讲解过快速蒙版，下面主要讲解常用的图层蒙版。

061

3.4.2　关于图层蒙版

图层蒙版是一种基于图层的遮罩，蒙版中黑色部分的图像会被完全屏蔽，变为透明的；蒙版中白色部分的图像会保持原样；蒙版中灰色部分的图像会变为半透明的，灰色越深越透明。

添加图层蒙版的方法有以下几种，可以根据实际情况选择合适的方法。

方法一：当需要对两个图像进行自然合成时，先选择上层的图像图层，再单击"图层"面板中的"添加图层蒙版"按钮，即可在该图层的预览图像右侧显示一个蒙版编辑框，并且自动与该图层的预览图像链接，如图 3-56 所示。使用"渐变工具"选择黑白渐变色，以"线性渐变"的方式在画面中从下往上拖曳鼠标指针（可以按住 Shift 键进行垂直方向的拖曳），形成如图 3-57 所示的图层蒙版效果。

图 3-56　添加图层蒙版 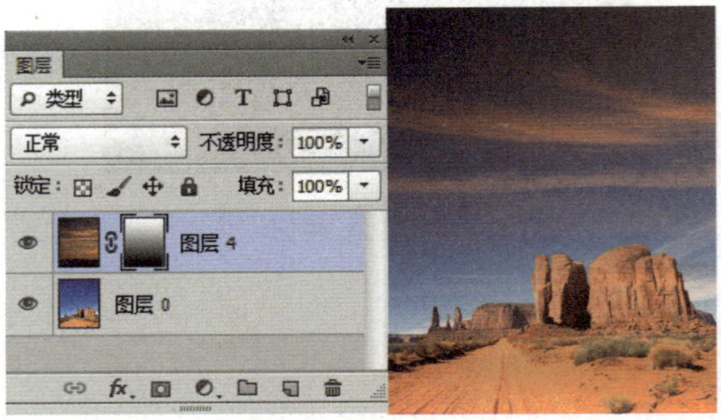　　　　　　　　图 3-57　图层蒙版效果

方法二：在给图层添加蒙版后，使用"画笔工具"选择黑色或白色，在画面上涂抹，黑色起遮盖作用，白色起透明作用（在涂抹的过程中，可以随时切换黑白色），得到所需的蒙版效果，如图 3-58 所示。

置入素材 　　　　　　　　图层蒙版 　　　　　　　　图层蒙版效果

图 3-58　使用"画笔工具"涂抹的图层蒙版效果

方法三：选择性粘贴。如果图层中已有选区存在，那么在添加图层蒙版后，会保留选区内的图像，选区外的图像会被隐藏，在"图层"面板中表现为该区域是黑色的。

具体操作方法如下：在图像窗口中创建一个选区，打开要粘贴的图像，选中图像或图像的一部分（创建图像选区），按 Ctrl+C 快捷键复制，返回图像窗口，执行"编辑"→"选择性粘贴"→"贴入"命令，即可将图像或图像的一部分贴入，如图 3-59 所示。

图层应用 第 3 章

创建选区

贴入图像

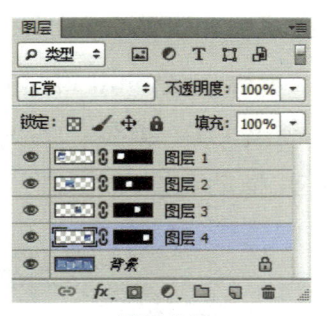

图层蒙版

图 3-59 选择性粘贴

这种方法应用很广，因为可以在任意形状中贴入图像，并且可以根据需要调整图像的形状。在"图层"面板中，在选中图层后，可以移动、变换图像和蒙版。单击"图层缩览图"和"图层蒙版缩览图"之间的链接图标断开链接，可以对图像和蒙版单独进行操作。按住 Ctrl 键并单击图层蒙版缩览图，可以直接载入蒙版的选区，以便重新进行贴图。贴入的图像会自动生成新的图层。

小试牛刀

运用所学知识合成"美丽家园"图像，如图 3-60 所示。

步骤解析。

（1）新建一个空白的图像文件，设置其尺寸为 850 像素×700 像素、"分辨率"为 72 像素/英寸、"颜色模式"为"RGB 颜色"、"背景内容"为"白色"。

（2）将素材 27 拖动到新图像文件中，调整其大小，将其作为背景图像，效果如图 3-61 所示。

（3）将素材 28 拖动到新图像文件中，按 Ctrl+T 快捷键，对其进行水平翻转，然后调整其大小和位置，效果如图 3-62 所示。

图 3-60 合成"美丽家园"图像

图 3-61 置入背景图像

图 3-62 置入素材 28

（4）首先在"图层"面板中单击下方的"添加图层蒙版"按钮，给素材 28 添加图层蒙

063

版；然后选择"渐变工具"，设置为黑白渐变色，以"线性渐变"的方式在画面中从上往下拖曳鼠标指针（可以按住 Shift 键进行垂直方向的拖曳）；最后选择"画笔工具"，设置笔尖大小为 93 像素、硬度为 0、前景色为黑色，在图像上进行涂抹修整，得到如图 3-63 所示的图像效果。将素材 29 拖动到新图像文件中，调整其大小和位置，效果如图 3-64 所示。

图 3-63　给素材 28 添加并设置图层蒙版

图 3-64　置入素材 29

（5）将素材 30 拖动到新图像文件中，调整其大小和位置，效果如图 3-65 所示。

（6）选中手图像图层，使用"磁性套索工具"选取大拇指部分，先按 Ctrl+C 快捷键复制，再按 Ctrl+V 快捷键粘贴，将其移动到球图像图层的上方，效果如图 3-66 所示。

图 3-65　置入素材 30

图 3-66　复制大拇指图像

（7）打开素材 31，创建绿芽图像的选区（首先使用"魔术棒工具"单击选中白色背景，然后进行反选，最后将不需要的泥土部分的选区减去），使用"移动工具"将其移动到新图像文件中，调整其大小和位置，效果如图 3-67 所示。复制绿芽图像图层，按 Ctrl+T 快捷键对其进行"垂直翻转"变换，调整其位置，使其与上一个绿芽图像对接，在"图层"面板中将其不透明度设置为 60%，效果如图 3-68 所示。

图 3-67　置入绿芽图像

图 3-68　复制并设置绿芽图像

（8）给垂直翻转的绿芽图像图层添加图层蒙版，选择"渐变工具"，设置为黑白渐变色，以"线性渐变"的方式在画面中从下往上拖曳鼠标指针（可以按住 Shift 键进行垂直方向的拖曳），效果如图 3-69 所示。

（9）置入文字素材，调整好其位置，完成操作，最终效果如图 3-70 所示。

图 3-69　垂直翻转的绿芽图像图层添加并设置图层蒙版　　　　图 3-70　最终效果

展身手

运用所学的图层相关知识，根据提供的素材，结合选择性粘贴中的"贴入"命令，制作"七步洗手法"宣传海报，效果如图 3-71 所示。

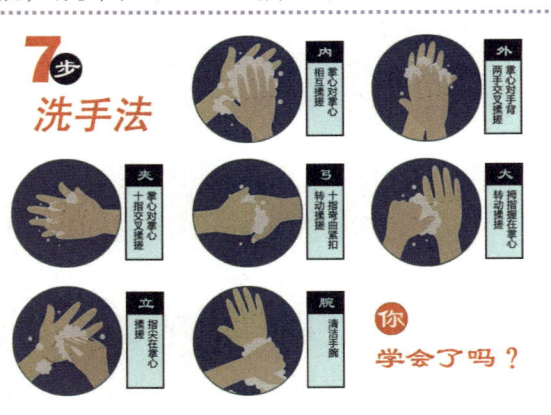

图 3-71　"七步洗手法"宣传海报

3.5　图层样式

▶ 相关知识

图层样式又称为图层效果，主要用于为当前图层添加特殊效果。Photoshop 提供了多种图层样式，可以在不影响图层中图像的前提下，快速制作出特殊的图像效果，如阴影效果、发光效果、浮雕效果等。

3.5.1　"样式"面板

图层的"样式"面板中有多种内置的图层样式，如图 3-72 所示，单击这些图层样式，即可将其添加到工作中的图层图像中。添加图层样式前的效果如图 3-73 所示，添加样式后的效果如图 3-74 所示。在添加图层样式后，图层上会出现一个图层样式图标 fx。

单击下拉显示其他隐藏的样式

单击样式就可将其套用在图像上

删除面板中的样式

清除已套用的样式

创建新样式

图 3-72　图层的"样式"面板

图 3-73　添加图层样式前的效果

图 3-74　添加图层样式后的效果

3.5.2　添加图层样式

先选中要添加图层样式的图层，再执行"图层"→"图层样式"命令，在其子命令中选择要添加的图层样式。也可以单击"图层"面板中的"添加图层样式"图标 fx，弹出图层样式下拉列表，在该下拉列表中选择要使用的图层样式即可，如图 3-75 所示。

最快捷的方法是直接在图层上双击，弹出"图层样式"对话框，如图 3-76 所示，其左侧为图层样式列表区；中间为参数设置区，不同的图层样式，有不同的参数设置区，可以在输入框中输入精确的参数值，也可以通过拖曳滑块调整参数值；右侧为图层样式预览区，在参数设置区中拖动滑块时，可以直接在图层样式预览区中观察相应的图像效果。

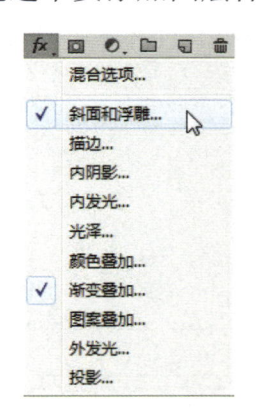

图 3-75　图层样式下拉列表

在"图层样式"对话框中，各种图层样式的使用方法和参数设置基本相同，要先激活图层样式（单击左侧图层样式列表区中某个图层样式的名称，使其呈蓝色），才能在中间的参数设置区进行相应的参数设置。如果要设置"投影"图层样式，但被激活的是"外发光"样式，那么其参数设置对"投影"图层样式是无效的。

下面介绍各图层样式的参数及效果。

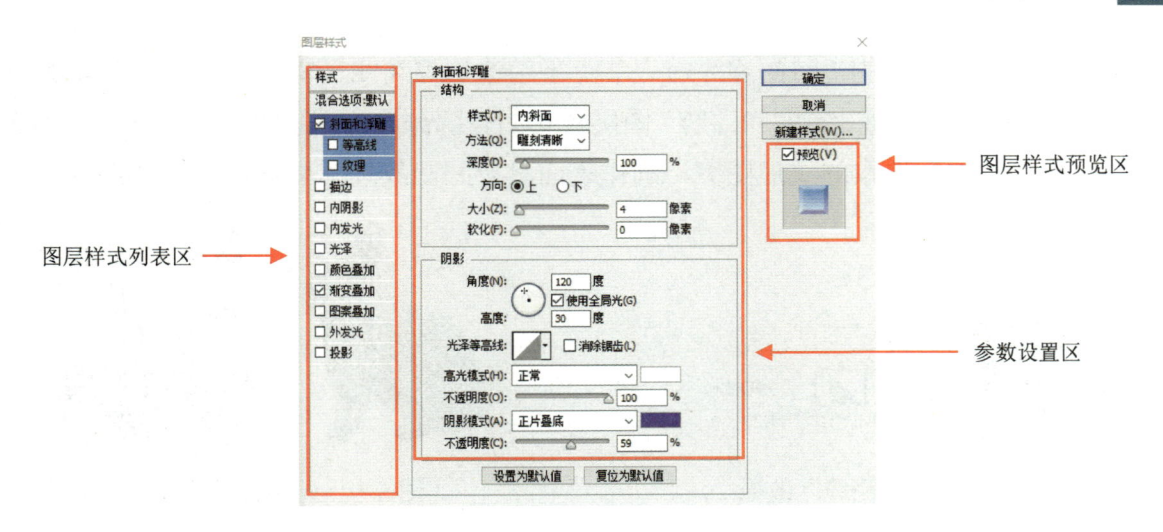

图 3-76 "图层样式"对话框

图层样式列表区
图层样式预览区
参数设置区

1. "斜面和浮雕"图层样式

在"图层样式"对话框中，先在图层样式列表区中勾选"斜面和浮雕"复选框，再在参数设置区中设置相关参数，即可给所选的图层添加"斜面和浮雕"图层样式，使所选图层中的图像产生立体化的效果，如图 3-77 所示。

原图像　　　　　　　　　　　　　不同深浅的"斜面和浮雕"效果

图 3-77 "斜面和浮雕"图层样式

"样式"下拉列表中有 5 个选项，表示有 5 种不同的"斜面和浮雕"图层样式，用于设置斜面和浮雕的深浅程度及方向，如图 3-78 所示。

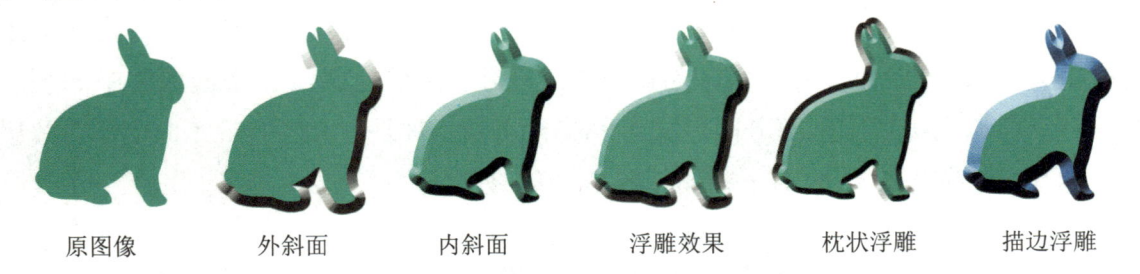

原图像　　外斜面　　内斜面　　浮雕效果　　枕状浮雕　　描边浮雕

图 3-78　5 种不同的"斜面和浮雕"图层样式

外斜面：使图像的边缘产生外围的斜角。
内斜面：使图像的边缘产生内围的斜角。
浮雕效果：使图像产生浮雕效果。
枕状浮雕：使图像的边缘产生嵌入底下图层的浮雕效果。
描边浮雕：此效果必须与"描边"图层样式一起使用，否则没有任何浮雕效果。

067

在图层样式列表区中的"斜面和浮雕"节点下勾选"等高线"复选框，可以在弹出的"等高线编辑器"对话框中设置"斜面和浮雕"图层样式的轮廓分布方式，如图 3-79 所示；勾选"纹理"复选框，可以依据选取的纹理图案，制作表面具有凹凸纹理的立体效果，如图 3-80 所示。

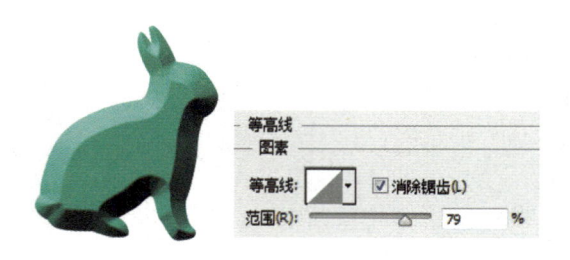

图 3-79 "等高线"效果　　　　　　　　　图 3-80 "纹理"效果

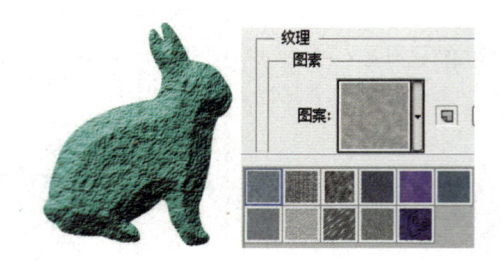

2. "描边"图层样式

在"图层样式"对话框中，先在图层样式列表区中勾选"描边"复选框，再在参数设置区中设置相关参数，包括描边的宽度、颜色、位置、不透明度等，即可给所选的图层添加"描边"图层样式，在所选图层中的图像边缘应用各式各样的"描边"效果，如图 3-81 所示。

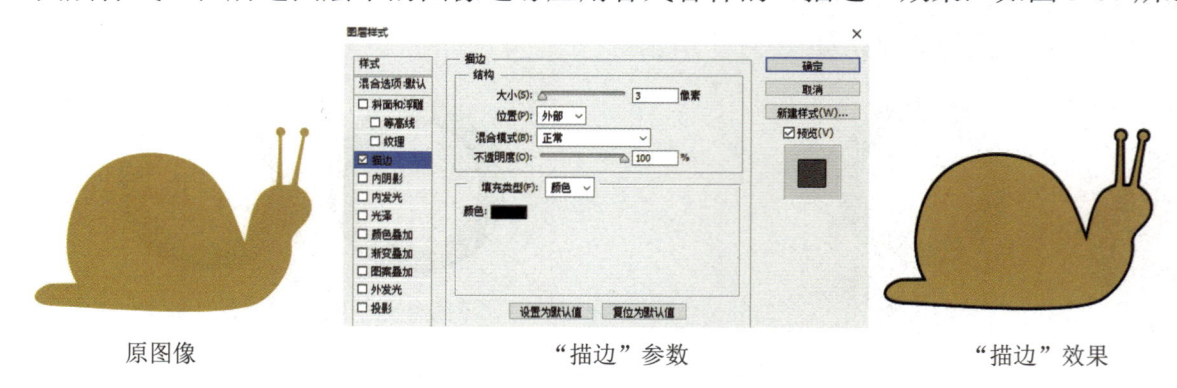

原图像　　　　　　　　　"描边"参数　　　　　　　　　"描边"效果

图 3-81 "描边"图层样式

3. "内阴影"图层样式

在"图层样式"对话框中，先在图层样式列表区中勾选"内阴影"复选框，再在参数设置区中设置相关参数，即可给所选的图层添加"内阴影"图层样式，让所选图层中的图像看起来像被挖空一样，从而制作出部分区域被裁切掉的效果，如图 3-82 所示。"内阴影"效果是显示在图像边缘内的阴影，一般用于制作简易的凹陷效果。

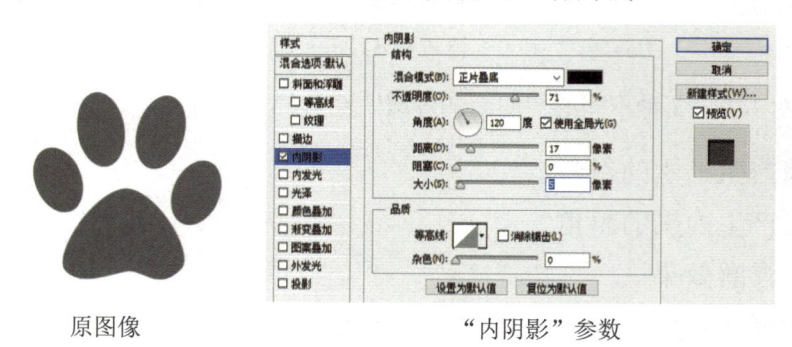

原图像　　　　　　　　　"内阴影"参数　　　　　　　　　"内阴影"效果

图 3-82 "内阴影"图层样式

4. "内发光"图层样式

在"图层样式"对话框中,先在图层样式列表区中勾选"内发光"复选框,再在参数设置区中设置相关参数,即可给所选的图层添加"内发光"图层样式,使所选图层中的图像外边缘产生些许朦胧的效果,如图3-83所示。

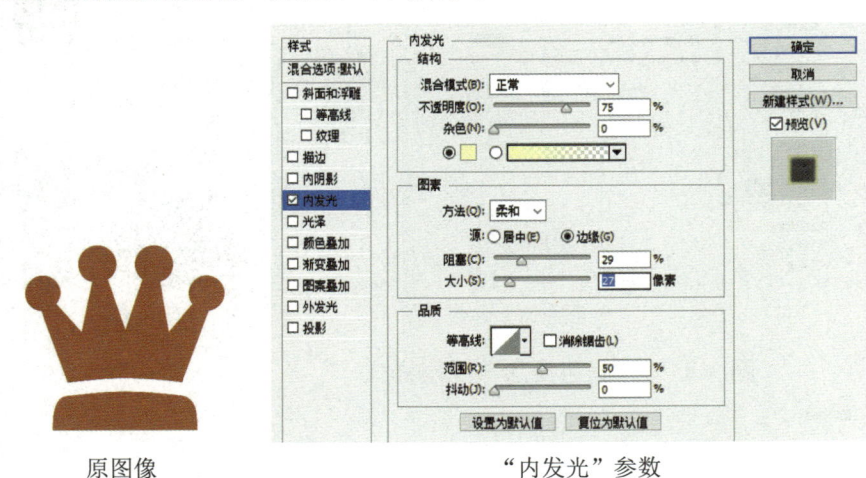

原图像　　　　　　　　　"内发光"参数　　　　　　　　　"内发光"效果

图3-83　"内发光"图层样式

5. "光泽"图层样式

在"图层样式"对话框中,先在图层样式列表区中勾选"光泽"复选框,再在参数设置区中设置相关参数,即可给所选的图层添加"光泽"图层样式,在图层内部根据图层的形状应用"光泽"效果,在所选图层中的图像上套用一层颜色,并且制作出类似于在表面有一层釉的效果,如图3-84所示。"光泽"图层样式通常用于制作光滑的金属效果。

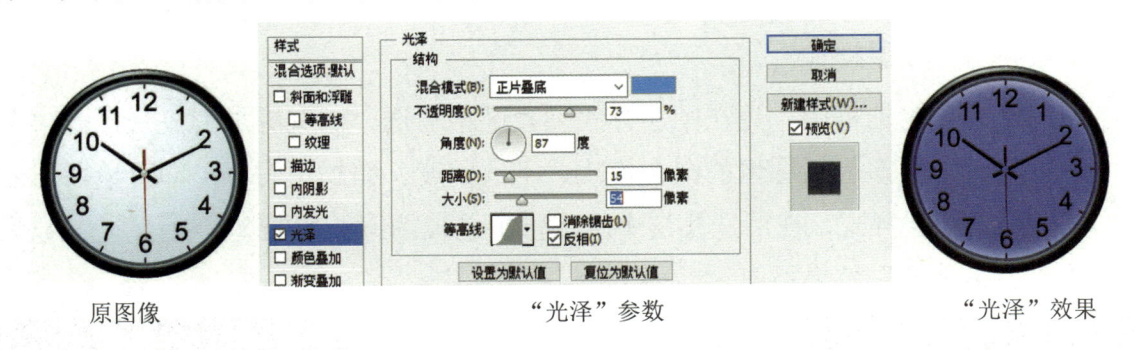

原图像　　　　　　　　　"光泽"参数　　　　　　　　　"光泽"效果

图3-84　"光泽"图层样式

6. "颜色叠加"图层样式

在"图层样式"对话框中,先在图层样式列表区中勾选"颜色叠加"复选框,再在参数设置区中设置相关参数,包括叠加颜色、混合模式及不透明度,即可给所选的图层添加"颜色叠加"图层样式,为所选图层中的图像叠加某种颜色,如图3-85所示。

7. "渐变叠加"图层样式

在"图层样式"对话框中,先在图层样式列表区中勾选"渐变叠加"复选框,再在参数设置区中设置相关参数,包括图像的混合模式、不透明度、渐变色、渐变样式、角度等,即可给所选的图层添加"渐变叠加"图层样式,如图3-86所示。参数设置不同,得到的"渐变叠加"效果不同。

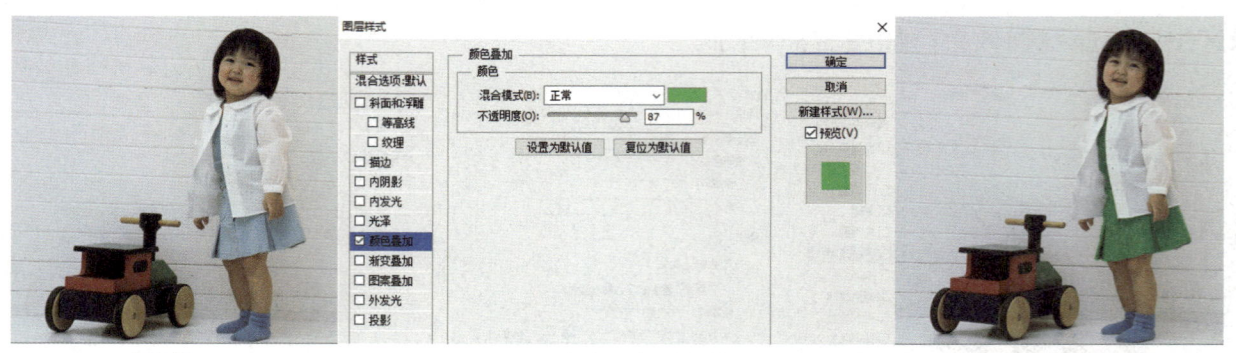

原图像　　　　　　　　　"颜色叠加"参数　　　　　　　　　"颜色叠加"效果

图3-85　"颜色叠加"图层样式

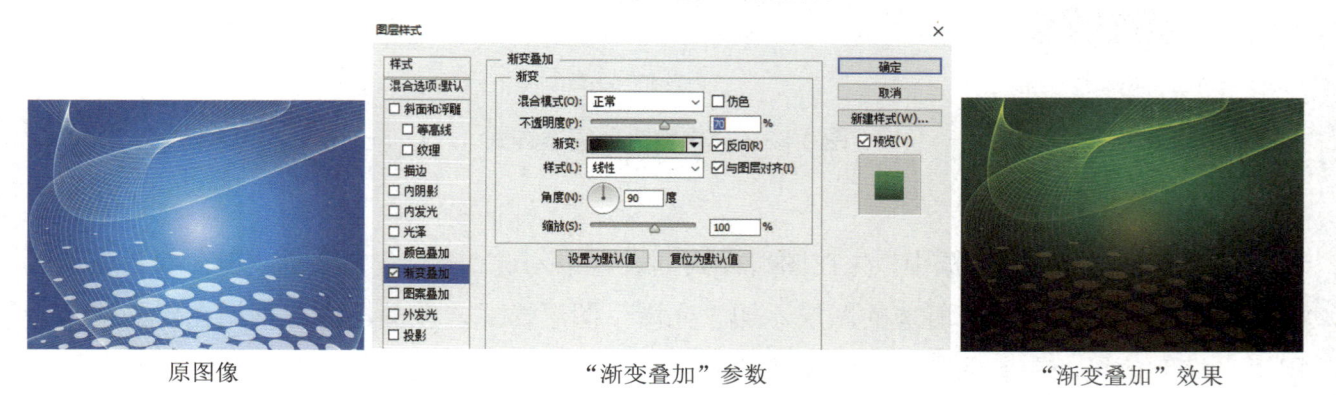

原图像　　　　　　　　　"渐变叠加"参数　　　　　　　　　"渐变叠加"效果

图3-86　"渐变叠加"图层样式

8. "图案叠加"图层样式

在"图层样式"对话框中,先在图层样式列表区中勾选"图案叠加"复选框,再在参数设置区中设置相关参数,包括图像的混合模式、不透明度、叠加图案等,即可给所选的图层添加"图案叠加"图层样式,在所选图层中的图像上叠加图案,如图3-87所示。参数设置不同,得到的"图案叠加"效果不同。

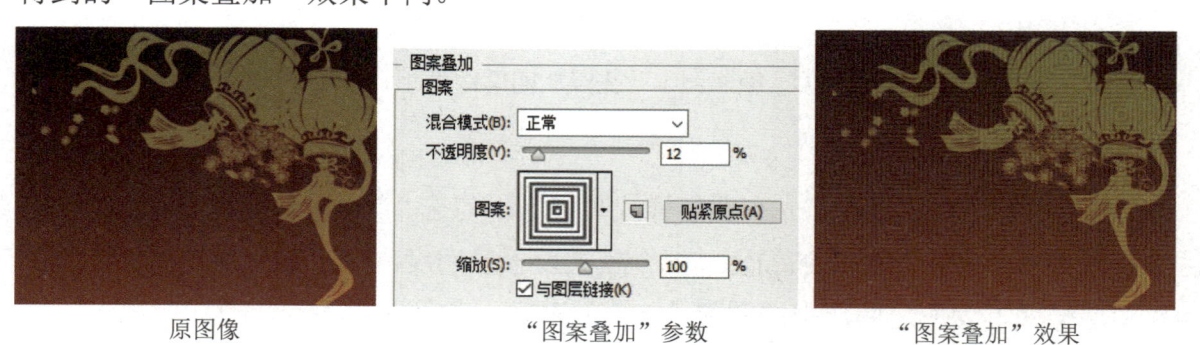

原图像　　　　　　　　　"图案叠加"参数　　　　　　　　　"图案叠加"效果

图3-87　"图案叠加"图层样式

9. "外发光"图层样式

在"图层样式"对话框中，先在图层样式列表区中勾选"外发光"复选框，再在参数设置区中设置相关参数，即可给所选的图层添加"外发光"图层样式，使所选图层中的图像看起来好像会发出万丈光芒一样，如图3-88所示。

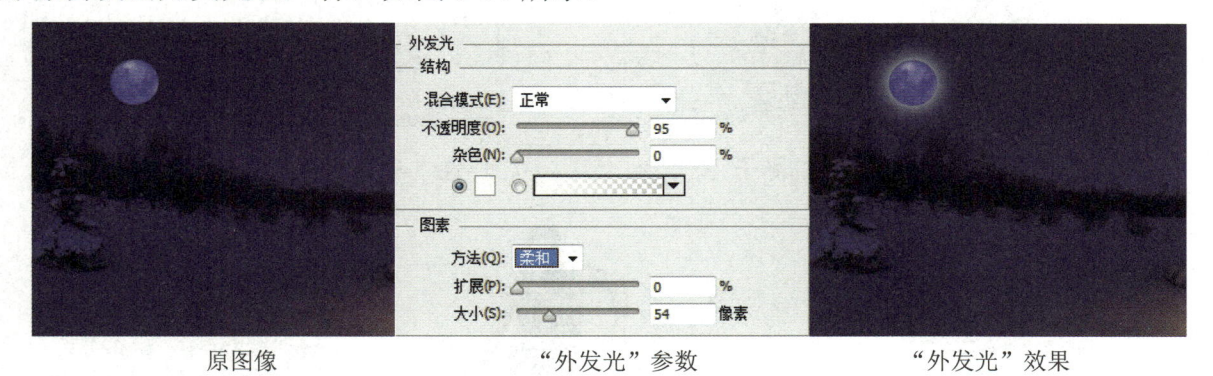

原图像　　　　　　　　　　"外发光"参数　　　　　　　　　　"外发光"效果

图3-88　"外发光"图层样式

10. "投影"图层样式

在"图层样式"对话框中，先在图层样式列表区中勾选"投影"复选框，再在参数设置区中设置相关参数，即可给所选的图层添加"投影"图层样式，使所选图层中的图像看起来好像具有层次感一样，如图3-89所示。"投影"效果是显示在边缘外的阴影。参数设置不同，得到的"投影"效果不同。

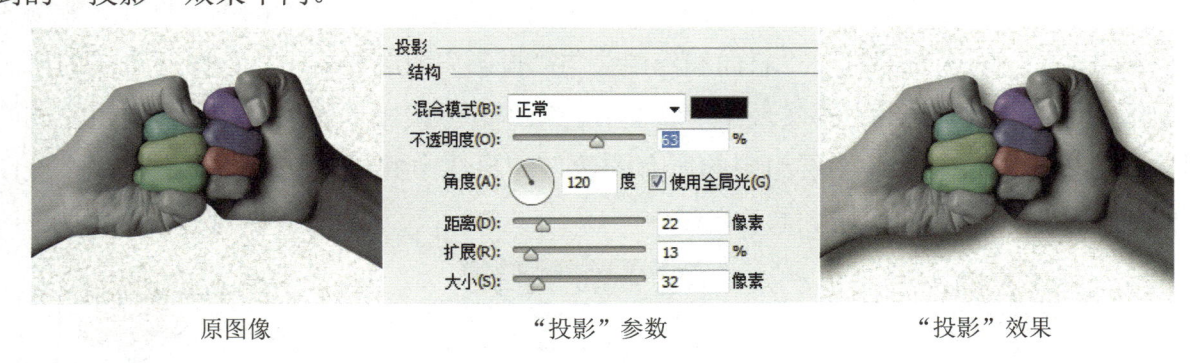

原图像　　　　　　　　　　"投影"参数　　　　　　　　　　"投影"效果

图3-89　"投影"图层样式

运用"投影"图层样式制作的"投影"效果，其影子与图像是"如影随形"的，是不能被编辑的，如图3-90所示。如果要给影子添加其他的效果，如制作影子倒映在地面上的效果，则需要将影子与图像分离，其方法如下：

选中"投影"图层样式并右击，在弹出的快捷菜单中选择"创建图层"命令，弹出分离影子对话框，提示我们某些"效果"无法与图层一起复制，如图3-91所示。单击"确定"按钮，即可使影子图层转换为单独的图层，如图3-92所示。对该影子图层中的影子图像进行编辑，得到如图3-93所示的影子效果，编辑后的影子图层如图3-94所示。

图 3-90 "如影随形"的影子　　　　　图 3-91 分离影子对话框

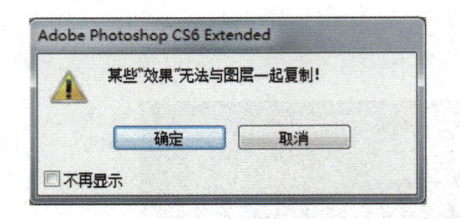

图 3-92 分离后的影子图层　　　图 3-93 编辑后的影子效果　　　图 3-94 编辑后的影子图层

3.5.3 给图层组添加图层样式

给图层组添加图层样式，意味着给图层组中的所有图层都添加相同的图层样式。如图 3-95 所示，在给"头"图层组添加了"斜面和浮雕"与"投影"图层样式后，该图层组中的所有图层图像（须、花、嘴、眼等）都实现了"斜面和浮雕"与"投影"效果。单击图层组左侧的眼睛图标，可以隐藏或显示该图层组中的所有图像。如果选中并移动某个图层组，那么该图层组中的所有图层图像都会跟着一起移动。

原图像　　　　　　给"头"图层组添加图层样式　　　　　"头"图层组应用图层样式后的效果

图 3-95 给图层组添加图层样式及其效果

对于图层组中的对象，如果单独为其添加了图层样式，则会在此基础上再添加图层组的图层样式。例如，在图 3-95 中，即使给花图层单独添加一个"图案叠加"图层样式，也不会影响原有的图层样式。

3.5.4 显示或隐藏图层样式

在给图层添加图层样式后，会在图层右侧出现一个图层样式图标 fx，表示该图层已经应用了图层样式效果，如图 3-96 所示。单击图层样式图标 fx 右边的三角形按钮，即可显示当前图层添加的所有图层样式，并且图层样式图标转换为 fx 如图 3-97 所示。如果图层太多影响操作，则可以单击该三角形按钮折叠图层样式效果。

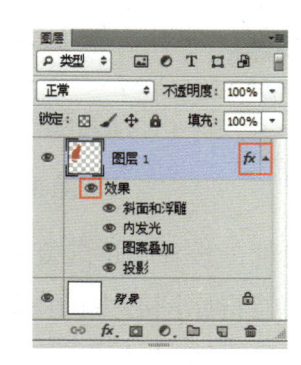

图 3-96　图层样式图标　　　　　　图 3-97　显示当前图层添加的所有图层样式

如果对之前编辑的图层样式效果不满意，想要重新编辑图层样式，则可以双击要重新编辑的图层样式图标或图层样式，弹出"图层样式"对话框，重新编辑所需的图层样式效果。此外，如果需要隐藏图层样式，那么单击隐藏"效果"左侧的眼睛图标，即可将当前图层添加的所有图层样式隐藏，如图 3-98 所示。如果只需要隐藏某些图层样式，那么单击隐藏该图层样式左侧的眼睛图标，即可将相应的图层样式隐藏，如图 3-99 所示。

图 3-98　隐藏当前图层添加的所有图层样式　　　　图 3-99　隐藏某些图层样式

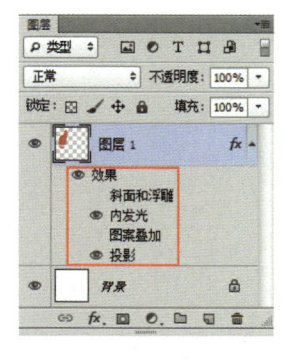

3.5.5 复制、粘贴和删除图层样式

复制、粘贴图层样式的方法有以下两种。

- 选中要复制的图层样式，执行"图层"→"图层样式"→"拷贝图层样式"命令，复制该图层样式；然后选中需要添加该图层样式的图层，执行"图层"→"图层样式"→"粘贴图层样式"命令，将复制的图层样式粘贴到目标图层中。
- 选中要复制的图层样式，按住 Alt 键将其拖曳到需要添加该图层样式的目标图层中，如图 3-100 所示，在目标图层（鼠标指针所在图层）中添加原图层（猫图层）中的两个图层样式，即"投影"图层样式和"内发光"图层样式。

原图像　　　　　　　复制图层样式　　　　　应用图层样式后的效果

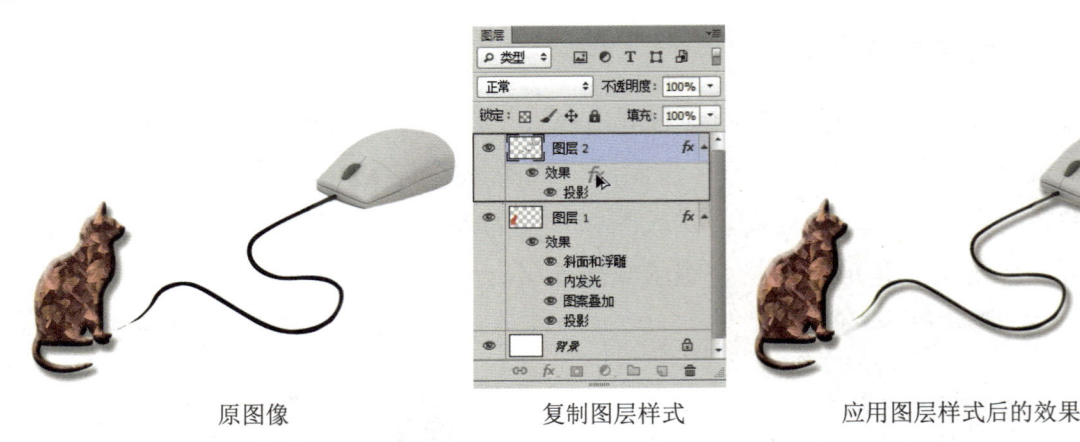

图 3-100　复制"投影"图层样式和"内发光"图层样式

注意：按住 Alt 键复制图层样式是一种快捷方式，如果没有按住 Alt 键就拖动图层样式，那么只能将原图层中的图层样式移动到目标图层中，原图层中就不再有该图层样式了。

这种快捷方式只适用于"投影""外发光""内发光""斜面和浮雕"等基本的图层样式，如果要复制"混合模式""不透明度"等具有高级参数的图层样式，则建议使用菜单命令完成。

删除图层样式与删除图层一样，将其拖入"图层"面板中的 🗑 图标即可。

小试牛刀

运用所学图层知识合成图像"春"，效果如图 3-101 所示。

图 3-101　合成图像"春"

步骤解析。

（1）新建一个空白的图像文件，设置其尺寸为 900 像素×600 像素、"分辨率"为 72 像素/英寸、"颜色模式"为"RGB 颜色"、"背景内容"为"白色"。

（2）将素材 38 拖动到新图像文件中，按 Ctrl+T 快捷键调整其大小，将其作为背景图像，效果如图 3-102 所示。

（3）将素材 39 拖动到新图像文件中，调整其大小和位置，效果如图 3-103 所示。

（4）在"图层"面板中单击下方的"添加图层蒙版"按钮，给图像添加图层蒙版，选择"渐变工具"，设置为黑白渐变色，以"线性渐变"的方式在画面中从上往下拖曳鼠标指针（可以按住 Shift 键进行垂直方向的拖曳），图像蒙版效果如图 3-104 所示。

图 3-102　置入背景图像

图 3-103　置入素材 39

（5）打开素材 40，使用"魔术棒工具"单击白色背景，然后执行"选择"→"反向"命令；使用"移动工具"将选中的手图像拖动到新图像文件中；按 Ctrl+T 快捷键，在属性栏中锁定宽高比，将手图像等比例缩小，并且调整其位置，效果如图 3-105 所示。

图 3-104　图像蒙版效果

图 3-105　调整手图像的大小和位置

（6）使用同样的方法选取素材 31 中的芽图像并将其移动到新图像文件中，调整其大小和位置，效果如图 3-106 所示。

（7）选中手图层，使用"磁性套索工具"选取手指部分（能遮住泥土部分），先按 Ctrl+C 快捷键复制，再按 Ctrl+V 快捷键粘贴，自动生成新的图层，将新图层移动到芽图层的上方，效果如图 3-107 所示。

图 3-106　置入芽图像

图 3-107　复制手指部分

（8）选择"多边形套索工具"，在其属性栏中设置"羽化"值为 5 像素，选取泥土图像的下半部分，注意上方尽量沿水波纹选取，如图 3-108 所示。先按 Ctrl+X 快捷键剪切，再按 Ctrl+V 快捷键粘贴，使用"移动工具"将其移动到原来的位置，在"图层"面板中将其"不透明度"设置为 25%，形成下部分泥土在水中的效果，如图 3-109 所示。

图 3-108　选取泥土图像的下半部分 　　　　图 3-109　下部分泥土在水中的效果

（9）选取素材 44 中的叶子图像并将其移动到新图像文件中，调整其大小并对其进行水平翻转，然后添加"投影"图层样式，参数设置如图 3-110 所示，效果如图 3-111 所示。

图 3-110　"投影"图层样式的参数设置 　　　图 3-111　叶子图像的"投影"效果

（10）置入"老树"和"蜗牛"素材，分别调整其大小和位置，效果如图 3-112 所示。

（11）首先选中叶子图层中的"投影"图层样式，按住 Alt 键，将其拖曳（复制）到老树图层中，为老树图层添加相同的"投影"图层样式；然后将素材 37 中的光图像拖动到新图像文件中，调整其大小并将其放置于画面左上角；最后细微调整各图层在画面中的大小和位置，完成任务操作，最终效果如图 3-113 所示。

图 3-112　置入其他素材 　　　　　　　　　图 3-113　最终效果

展　身　手

运用图层的相关知识，制作"静"图像，如图 3-114 所示。

图层应用 第 3 章

素材　　　　　　　　　　　　　图像合成

图 3-114　制作"静"图像

3.6　文字图层

▶ 相关知识

文字和图像是视觉媒体的两大组成要素，恰当地使用文字不但可以更清晰地表达画面内容，而且可以对画面起装饰作用，对成功的作品起到画龙点睛的功效。在 Photoshop 中，我们可以在图像中输入文字，并且可以为输入的文字设置字体、字号、颜色、对齐方式、行距、字符间距等属性。Photoshop 提供了 4 种文字工具，通过这些文字工具可以创建能够重复编辑的文字图层及使用文字内容的选择区域。

3.6.1　文字工具

文字工具的属性栏如图 3-115 所示。

1. 文字工具组

文字工具组中共有 4 个文字工具，如图 3-116 所示。

改变文本方向　　设置字体样式　　　　　消除锯齿方法　文本对齐方法　变形文字

设置字体　　　　　　　　　设置字号　　　　　　设置文字颜色　字符面板

- T　横排文字工具
- ↓T　直排文字工具
- T　横排文字蒙版工具
- ↓T　直排文字蒙版工具

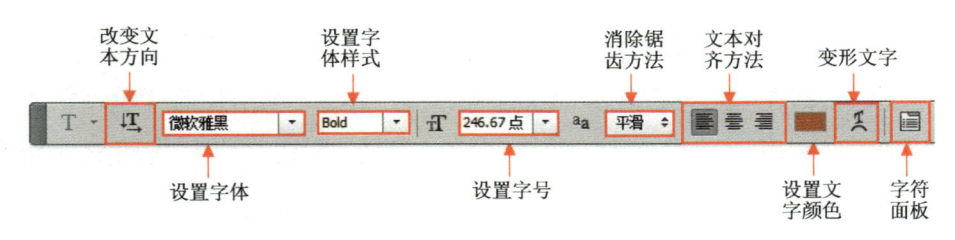

图 3-115　文字工具的属性栏　　　　　　图 3-116　文字工具组

1)"横排文字工具" T

使用"横排文字工具"在图像上单击，出现闪动的鼠标指针，可以在相应的位置输入横排文字。同时，在"图层"面板中会自动生成一个文字图层，在图层的左侧使用一个"T"图标表明该图层为文字图层，并且会自动按照输入的文字命名该文字图层。在文字输入完成后，单击"T"图标确认操作，如图 3-117 所示。也可以在"文字工具"属性栏中单击 ✓ 图标确认操作，或者单击 ⊘ 图标取消操作。

077

图 3-117　创建文字图层

如果要修改文字，则可以双击文字图层中的"T"图标，使文字处于被选中状态，然后对文字进行修改，如图 3-118 所示。也可以使用"文字工具"选中文字中的一个或几个字进行修改。

图 3-118　修改文字

文字图层是一个独立的图层，具有矢量特性，可以在输入文字后对其进行格式编辑、旋转、缩放、倾斜等操作。

这种以单击鼠标的形式在图像中输入的文字称为点文字。在使用该方法输入文本时，如果需要换行，则必须按 Enter 键。

在实际应用中，经常遇到需要输入成段文字的情况，此时使用点文字的方法输入会很不方便，可以使用段落文字的方法进行文本的编辑，具体方法如下：

在选择了文字工具后，直接在图像上拖曳出一个文本框，可以在文本框中输入一段文字，也可以将 Word 文档中的整段文字复制到文本框中。在文本框中输入的文本不用按 Enter 键换行，只要文字的宽度达到文本框的宽度，就会自动换行，因此段落文字适用于对大段文字进行编辑，如图 3-119 所示。

如果文本框右下角的控制点是小方块，则表示文本全部显示；如果文本框右下角的控制点呈"田"字形，则表示有文本被隐藏，如图 3-120 所示。此时，拖动控制点，放大文本框，即可将隐藏的文本显示出来。

在一般情况下，设置文本框的目的是限制文本段落的范围，如果出现文本被隐藏的情况，则需要调整文本的大小、行距及字距等，使文本符合文本框的大小，如图 3-121 所示。

通过控制点可以对文本框（文字段落）进行缩放、旋转、倾斜等操作。拖曳任意一个控制点，都能实现对文本框的缩放，如图 3-122 所示；将鼠标指针放在角控制点上，在鼠标指针变成双向弯箭头时拖曳鼠标指针，即可实现对文本框的旋转，如图 3-123 所示；按住 Ctrl 键的同时拖曳边线中心控制点，可以使文本框产生斜切效果，如图3-124所示。

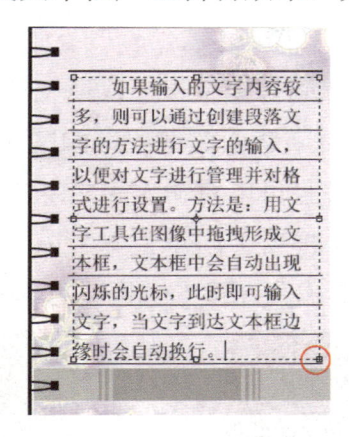

图3-119　段落文字　　　　图3-120　有文本被隐藏　　　　图3-121　调整后的文本

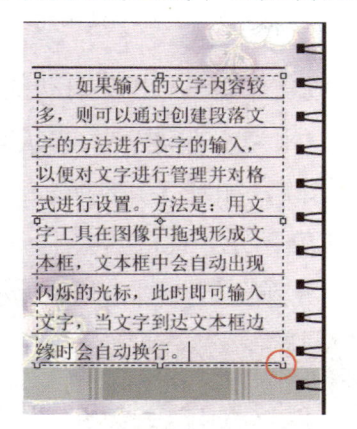

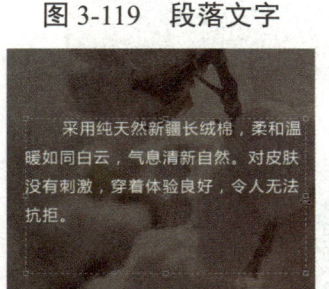

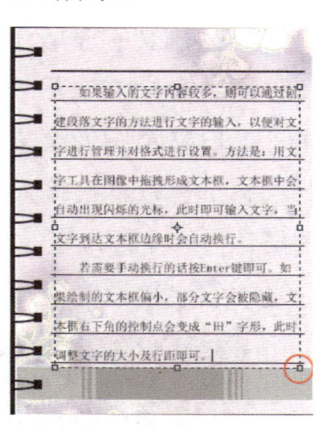

图3-122　缩放文本框　　　　图3-123　旋转文本框　　　　图3-124　斜切文本框

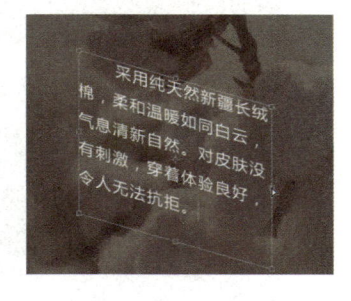

编辑文字格式的简单方式是，选中需要编辑的文字，然后在属性栏中进行相应的参数设置。但在通常情况下，我们习惯在文字的"字符"面板和"段落"面板中对文字和段落进行相应的参数设置。

选择文字工具，在其属性栏中单击"字符面板"按钮，打开"字符"面板，如图3-125所示。

通过"字符"面板对文字进行格式设置，示例效果如图3-126所示。需要注意的是，如果要改变某些文字的属性，则需要先选中这些文字。

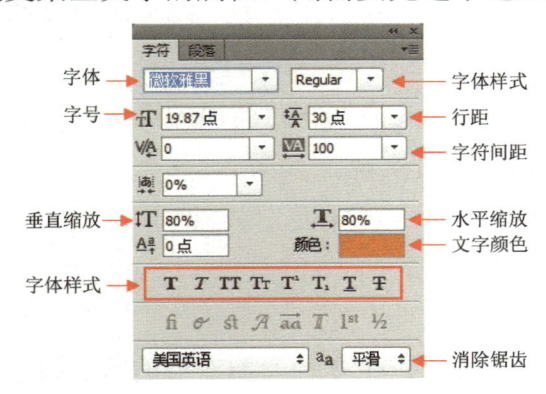

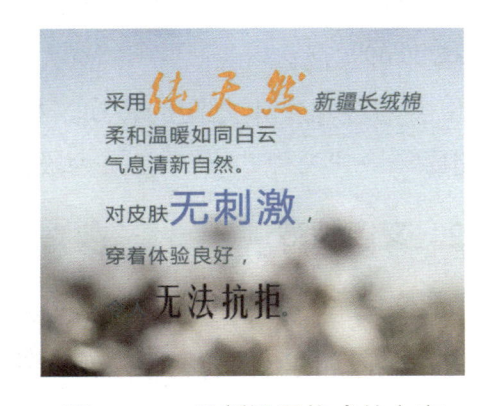

图3-125　"字符"面板　　　　图3-126　重新设置格式的文字

2)"直排文字工具"

对于"直排文字工具"，除了输入的文本是竖排的外，其他操作与"横排文字工具"一样，

079

此处不再赘述。

3)"横排文字蒙版工具" T

使用"横排文字蒙版工具"在图像上单击(或拖曳鼠标指针形成文本框),出现闪动的鼠标指针,但整个图像会被蒙上一层半透明的红色,如图 3-127 所示,相当于快速蒙版的状态,在此状态下可以直接输入文字,并且可以对输入的文字进行编辑和修改,如图 3-128 所示。单击图层,会产生浮动的文字边框,相当于创建了文字选区,如图 3-129 所示。此时不能再对其进行文本的参数设置了,只能将其作为图像的选区进行编辑,给其填充颜色,如图 3-130 所示。

图 3-127　文字蒙版　　　　　　　　图 3-128　编辑蒙版文字

图 3-129　创建文字选区　　　　　　图 3-130　填充颜色

4)"直排文字蒙版工具"

"直排文字蒙版工具"的使用方法与"横排文字蒙版工具"的使用方法一样,只不过文字选区是垂直显示的。

2. 文字的转换方式

Photoshop 提供了以下两种文字的转换方式。

- 水平文字与垂直文字之间的转换,只要单击文字工具属性栏中的"改变文字方向"按钮 即可实现。
- 点文字与段落文本之间的转换,执行"图层"→"文字"→"转换为点文字"命令或"图层"→"文字"→"转换为段落文字"命令即可实现。

3.6.2　文字特效

1. 变形文字

Photoshop 提供的"创建文字变形"功能,可以使文字产生多种弯曲变形的特殊效果。单击文字工具属性栏中的"变形文字"按钮 ,打开"变形文字"对话框,我们可以在"样式"下拉列表中选择所需的文字变形效果,"样式"默认为"无",即文字处于默认输入状态,如图 3-131 所示。部分文字变形效果如图 3-132 所示。

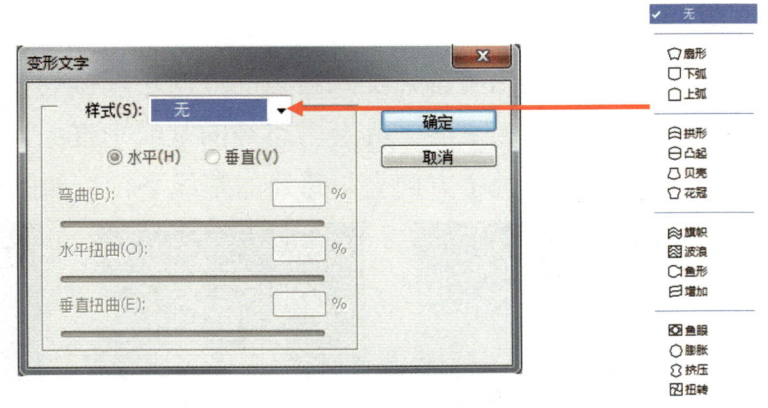

图 3-131 "变形文字"对话框（默认状态）

图 3-132 部分文字变形效果

2. 栅格化文字图层

在操作过程中可以发现，有些针对图像的命令或功能不能对文字图层起作用，这是因为在文字图层上无法进行像素性质的编辑，也无法使用滤镜。此时，我们可以将文字图层转换为图像图层，方法如下：执行"图层"→"栅格化"→"文字"命令，即可将文字图层转换为图像图层，原来文字图层中的"T"图标也会消失。相应地，文字的各种格式功能也不再对其起作用。

3.6.3 路径文字

借助路径的形状编排文字是一种常见的文字编排手法。利用路径使文字变形是路径文字的一大特点。

1. 路径文字的方向

在沿着路径输入文字时，文字会沿着锚点加入路径的方向进行排列。如果使用"横排文字工具"在路径上输入水平文字，那么文字方向会与路径的基线垂直；如果使用"直排文字工具"在路径上输入垂直文字，那么文字方向会与路径的基线平行，如图3-133所示。

创建路径　　　　鼠标指针变形　　　　输入横排文字　　　　输入直排文字

图3-133　在路径上输入文字

2. 移动和翻转路径文字

如果要移动文字在路径上的位置，则可以选择"直接选择"工具 或"路径选择"工具 ，然后将鼠标指针放置于要移动的文字前端，当鼠标指针变成一个有箭头的鼠标指针时，按住鼠标左键并沿着路径拖动文字，文字会随着鼠标指针的移动而移动，如图3-134所示。也可以在鼠标指针变成带箭头的鼠标指针后直接在路径上单击，文字的前端就会自动移至单击的位置。

如果要将文字翻转到路径的另一侧，则可以在鼠标指针变成带箭头的鼠标指针时，按住鼠标左键并将其拖动越过路径，即可实现文字的翻转，如图3-135所示。有时在操作过程中，我们需要调整文字的形状，以便适应图形的变化，可以使用"直接选择工具"修改路径形状，文字会随之发生变化，如图3-136所示。给文字添加"描边"和"外发光"图层样式，效果如图3-137所示。

图3-134　移动路径文字 　　图3-135　翻转路径文字 　　图3-136　修改路径 　　图3-137　文字效果

3. 路径中的段落文本

如果需要在一个特定的形状内输入段落文本，则可以借助路径完成。首先依照形状创建路径，然后选择文字工具，将鼠标指针放在路径上，在鼠标指针变形后单击，然后输入文本即可，如图3-138所示。

依照形状创建路径　　　　　　　　鼠标指针变形　　　　　　　　输入文本

图 3-138　在特定的形状内输入段落文本

4. 将文字转换为路径

在输入文字后，在"图层"面板中选中文字图层，执行"文字"→"创建工作路径"命令或"文字"→"转换为形状"命令；或者将鼠标指针放在文字图层中的文字上右击，在弹出的快捷菜单中选择"创建工作路径"命令或"转换为形状"命令，即可根据文字的外轮廓创建工作路径。在将文字转换为路径后，可以使用"直接选择工具"对路径进行调整，制作出特殊的文字路径，如图 3-139 所示。按 Ctrl+Enter 快捷键，将路径转换为选区，如图 3-140 所示。制作文字效果如图 3-141 所示。

创建点文字　　　　　　　　　将文字转换为路径　　　　　　　　调整文字路径

图 3-139　将文字转换为路径

图 3-140　将路径转换为选区 　　　　　　　　图 3-141　文字效果

小试牛刀

运用所学的图层相关知识，制作"光盘行动"图像，如图 3-142 所示。

步骤解析。

（1）新建一个空白的图像文件，设置其尺寸为 700 像素×800 像素、"分辨率"为 72 像素/英寸、"颜色模式"为"RGB 颜色"、"背景内容"为"白色"。

（2）将素材 50 拖动到新图像文件中，按 Ctrl+T 快捷键，调整其大小，效果如图 3-143 所示。

（3）将素材 51 拖动到新图像文件中，按 Ctrl+T 快捷键，

图 3-142　"光盘行动"图像

调整其大小和位置，效果如图 3-144 所示。

（4）在"图层"面板中单击下方的"添加图层蒙版"按钮，给麦子图层添加图层蒙版，选择"渐变工具"，设置为黑白渐变色，以"线性渐变"的方式在画面中从上往下拖曳鼠标指针（可以按住 Shift 键进行垂直方向的拖曳），效果如图 3-145 所示。

图 3-143　置入背景素材　　　图 3-144　置入麦子素材　　　图 3-145　添加图层蒙版

（5）选择"椭圆选框工具"，按住 Shift 键并拖曳鼠标，创建一个正圆形选区，给其填充白色，执行"选择"→"变换选区"命令，在属性栏中锁定宽高比，对正圆形选区进行等比例缩小，然后按 Delete 键删除所选内容，得到一个圆环，如图 3-146 所示。

图 3-146　绘制圆环

（6）按 Ctrl+D 快捷键取消选区，给图层添加"渐变叠加""投影""斜面和浮雕"图层样式，各图层样式的参数设置如图 3-147 所示，图层样式效果如图 3-148 所示。

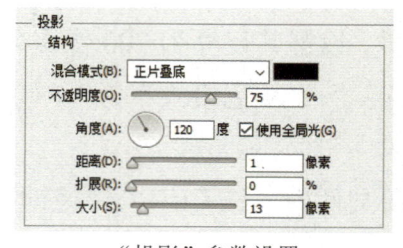

"渐变叠加"参数设置　　　　"投影"参数设置　　　　"斜面和浮雕"参数设置

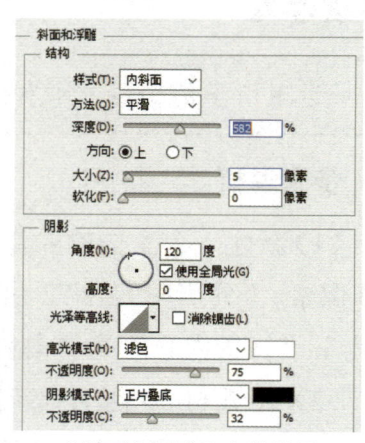

图 3-147　各图层样式的参数设置

（7）使用"魔术棒工具"单击圆环中间的空白处，创建一个正圆选区，新建一个图层，给其填充白色，制作一个类似于盘底的图形，给该图层添加"渐变叠加"图层样式，效果如图 3-149 所示。

（8）使用"横排文字工具"输入文字"文明用餐 光盘行动"，设置文字的字体为微软雅黑、字体样式为 Bold（粗体）、字号为 50 点、行距为 70 点、文字颜色为橙色，其他参数采用默认设置。给文字添加"描边"和"投影"图层样式，对于"描边"图层样式，设置"大小"为 3 像素、"位置"为"外部"、"颜色"为白色，其他参数采用默认设置；对于"投影"图层样式，设置"不透明度"为 75%、"角度"为 120 度、"距离"为 5 像素、"扩展"为 0%、"大小"为 5 像素，其他参数采用默认设置。文字效果如图 3-150 所示。

图 3-148　图层样式效果

图 3-149　制作盘底图形

图 3-150　文字效果

（9）新建一个图层，使用"矩形选框工具"创建一个正方形选区，给其填充橙色，按 Ctrl+T 快捷键，将其旋转 45 度，给其添加"描边"和"投影"图层样式，效果如图 3-151 所示。

（10）按 Ctrl+J 快捷键 3 次，复制 3 个菱形，对 4 个菱形进行排列，效果如图 3-152 所示。

（11）输入"光盘行动"4 个字，分别放置于 4 个菱形中，效果如图 3-153 所示。

图 3-151　绘制菱形

图 3-152　排列菱形

图 3-153　添加文字（1）

（12）使用"横排文字工具"输入"谁知盘中餐 粒粒皆辛苦"和"shuí zhī pán zhōng cān lì lì jiē xīn kǔ"，设置中文的字体为微软雅黑、字号为 32 点、字符间距为 80，设置英文的字体为微软雅黑、字号为 16 点、字符间距为-60，效果如图 3-154 所示。

（13）新建一个图层，使用"矩形选框工具"创建一个矩形选区，给其填充白色，使其能框住上一步输入的文字，并且将其不透明度设置为50%，完成任务操作，最终效果如图3-155所示。

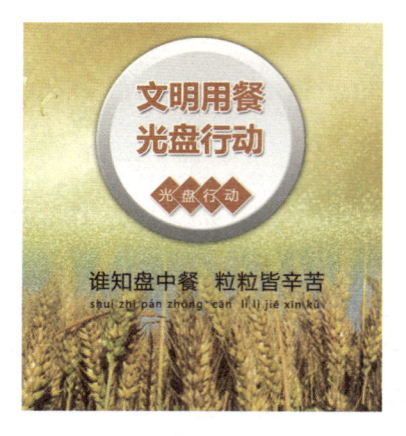

图 3-154　添加文字（2） 　　　　　　　图 3-155　最终效果

展身手

运用所学的图层相关知识，利用素材，制作"燃烧的激情"图像，如图3-156所示。

素材 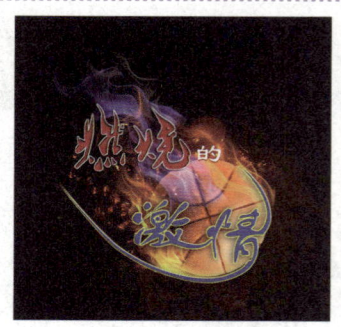　　　　　　　　　　　　　"燃烧的激情"图像

图 3-156　制作"燃烧的激情"图像

3.7　特殊图层

相关知识

在Photoshop CS6中，除了常用的图层类型，还有两个特殊图层，分别是智能对象图层和3D图层，它们在图层性能与使用方法上与常用的图层有很大不同。智能对象图层是指包含智能对象的图层。智能对象其实就是一个嵌入形式的图层文件，有相对的独立性，可以保留原图像中的内容及所有原始特性，对它的操作都是非破坏性的。3D又称为三维，其图像中可以包含360度的信息，可以从各个角度进行表现和观察。3D图层可以为我们提供这种集立体、光线、阴影于一体的真实感很强的三维图形技术。

3.7.1 智能对象图层

1. 创建智能对象图层

智能对象图层在装帧、包装、宣传品等大型作品的"小样"设计中经常用到，可以更快速地进行操作。

创建智能对象图层的方法有以下 3 种。

方法一：执行"文件"→"打开为智能对象"命令，打开一个图像，该图像在"图层"面板中会显示为智能对象图层，表现为在图层缩略图的右下角有一个智能对象图标，如图 3-157 所示。

方法二：先打开一个图像，然后执行"文件"→"置入"命令，可以选择一个图像作为智能对象置入当前的图像文件，如图 3-158 所示。

方法三：在图层上右击，在弹出的快捷菜单中选择"转换为智能对象"命令，将该图层转换为智能对象图层，如图 3-159 所示。

图 3-157　打开为智能对象 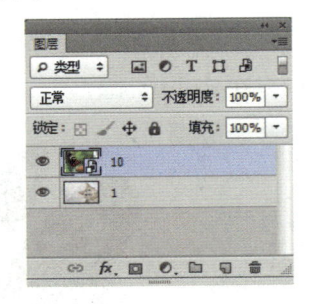　　图 3-158　置入智能对象 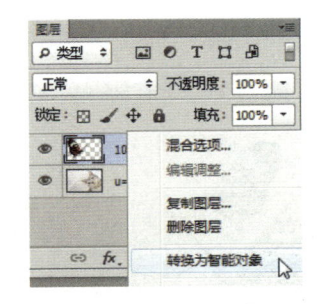　　图 3-159　转换为智能对象

2. 编辑智能对象图层

在智能对象图层创建完成后，就可以根据实际情况对其进行编辑了。智能对象图层是特殊的图层，需要在一个单独的文档中对其进行编辑。

智能对象图层在图像窗口中的表现效果如图 3-160 所示。在双击图像后控制框消失，此时在"图层"面板中，可以看到该图像进入智能编辑状态，如图 3-161 所示。在"图层"面板中双击该智能对象图层的缩略图，弹出一个编辑提示框，单击"确定"按钮，即可得到智能对象的源图像，如图 3-162 所示。对智能对象的源图像进行编辑，效果如图 3-163 所示。

图 3-160　智能对象图层在图像窗口中的表现效果 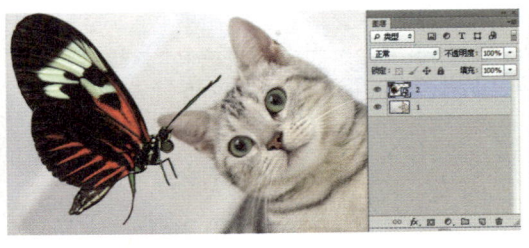　　图 3-161　图像进入智能编辑状态 　　图 3-162　源图像及其图层

执行"文件"→"保存"命令，保存对智能对象图层的编辑结果，返回图像窗口，可以看

到图像窗口中的图像发生了变化，如图 3-164 所示。

图 3-163　编辑源图像后的效果 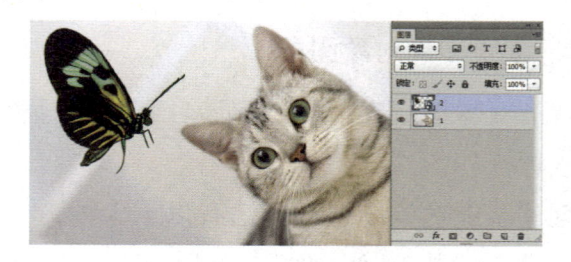　　　　图 3-164　编辑后的智能对象图层及其图像

3. 复制智能对象图层

复制智能对象图层与复制普通图层的操作相同，如图 3-165 所示。需要注意的是，所有复制的智能对象图层都具有完全相同的性质，只要修改其中一个智能对象图层中的图像，其他智能对象图层中的图像都会随之发生变化。如果不希望所有复制得到的智能对象图层中的图像都被修改，则可以选中某个智能对象图层并右击，在弹出的快捷菜单中选择"通过拷贝新建智能对象"命令，如图 3-166 所示，即可得到新复制的智能对象图层，修改该智能对象图层中的图像，不会影响其他智能对象图层中的图像。

图 3-165　复制智能对象图层  　　　　图 3-166　选择"通过拷贝新建智能对象"命令

智能对象图层有许多编辑限制。例如，不能给其添加阴影、高光效果，并且许多的颜色调整命令都不能直接在智能对象图层上使用。因此，如果希望对智能对象图层进行更深入的调整，则需要将其栅格化，使其转换为普通图层，方法如下：在智能对象图层上右击，在弹出的快捷菜单中选择"栅格化图层"命令。

📖 小知识

> 在对智能对象图层进行编辑后，一定要保存智能对象文件，否则对智能对象图层的编辑无效。

3.7.2　3D 图层

使用 3D 功能，可以制作各种具有真实感的 3D 图形或图像效果。3D 功能在文字特效、图像特效、效果图表现及视觉表现等领域都有广泛的应用。

1. 3D 功能对硬件的要求

在 Photoshop 中，如果要正常使用 3D 功能，则应该在 Windows 7 或更高版本的操作系统中，并且启用了图形处理器功能。检查方法如下：执行"编辑"→"首选项"→"性能"命令，在弹出的对话框中检查"使用图形处理器"复选框是否勾选，如果该复选框呈灰色（不可用），则表示计算机的显卡可能不支持此功能。

2. 创建 3D 图层

创建 3D 图层的方法有两种，一种是从外部导入 3D 资源，Photoshop CS6 支持的三维模型格式有*.3ds、*.obj、*.u3d、*dae、*fl3、*.kmz；另一种是自建 3D 模型。

1）外部导入 3D 模型

方法一：执行"文件"→"打开"命令，选择已有的 3D 模型，即可将其导入。

方法二：执行"3D"→"从 3D 文件新建图层"命令，打开 3D 文件，选中 3D 模型，即可将其导入。

方法三：直接将 3D 模型拖动到 Photoshop 中。

2）自建 3D 模型

在 Photoshop CS6 中，可以创建新的 3D 模型，如锥体、立方体、圆柱体、球体等，可以在三维空间中移动和旋转 3D 模型、更改 3D 模型的渲染设置、添加灯光效果，还可以对 3D 图层进行合并。

方法一：创建 3D 预设模型。

3D 预设模型是指 Photoshop CS6 中已有的模型。打开或新建一个平面图像文件，执行"3D"→"从图层新建网格"→"网格预设"命令，在其列表中选择一种 3D 模型（列表中共有 11 种 3D 模型可供选择），该 3D 模型会以默认的状态显示在图像中，示例如图 3-167 所示。

方法二：依据不同的对象创建 3D 模型。

这些对象包括文字图层、普通图层、选区、封闭的路径等。如图 3-168 所示，在设置好文字格式后，执行"3D"→"从所选图层创建 3D 凸出"命令，即可得到默认的 3D 文字效果。在设置好文字格式后，直接单击文字属性栏中的 3D 图标，也可以得到 3D 文字效果。

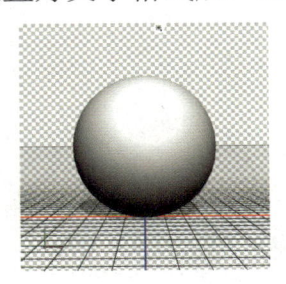

图 3-167　创建 3D 预设模型　　　　　图 3-168　依据对象创建 3D 模型

如果依据选区或路径创建 3D 模型，那么在创建好选区或路径后，执行"3D"→"从当前选区创建 3D 凸出"或"3D"→"从所选路径创建 3D 凸出"命令；或者在 3D 面板的"源"

下拉列表中选择"当前选区"或"工作路径"选项，并且选择"3D凸出"单选按钮，在弹出的对话框中单击"创建"按钮，即可生成一个相应的3D模型，如图3-169所示。

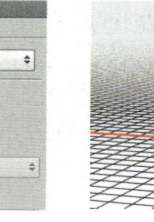

创建图像选区 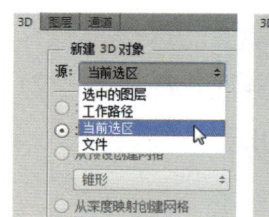 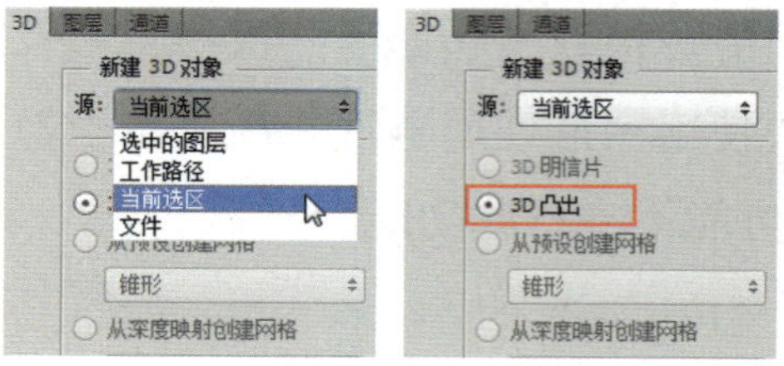　　　　　3D面板设置 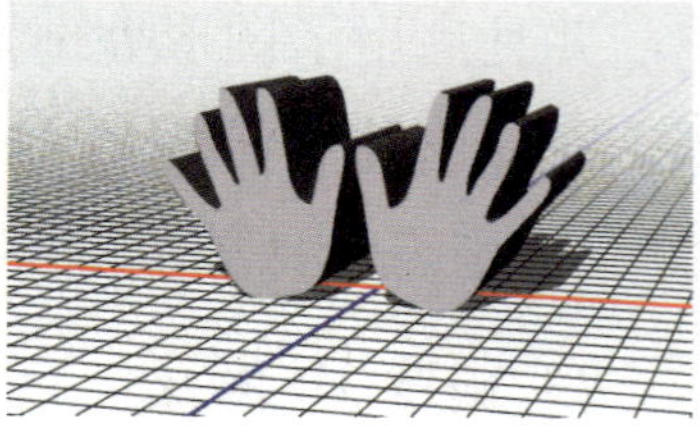　　　　　3D模型

图3-169　依据选区创建3D模型

3. 调整3D模型

在创建好默认的3D模型后，通常要根据需要在其属性面板中对相关的属性进行调整，如颜色、凸出的深度、扭转的角度、锥度等。调整相关属性后的效果如图3-170所示。

可以运用3D轴（在窗口左下角）或调整工具（在工具的属性栏中）对模型进行移动、旋转、缩放等操作，分别如图3-171和图3-172所示。

图3-170　调整相关属性后的效果 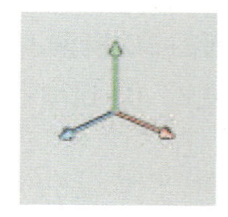　　　　图3-171　3D轴 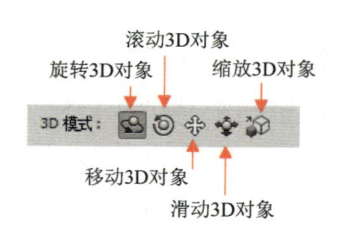　　　　图3-172　调整工具

4. 设置材质、纹理、贴图和灯光效果

为3D模型添加材质、纹理、贴图和灯光效果，可以使图像更加鲜明生动。例如，为球体模型添加材质和灯光效果，相关操作及效果如图3-173所示。

Photoshop CS6中的3D特效功能很强大，涉及的知识点、面板参数很多，此处不再赘述，读者可以自行探究、钻研，在探索的过程中可以获得许多意想不到的惊喜，其中的奥妙只有探索者才能体会。

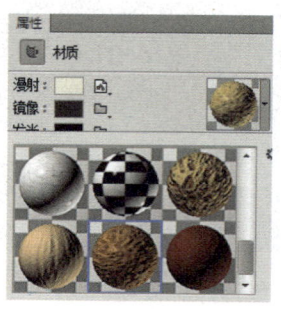

选择材质 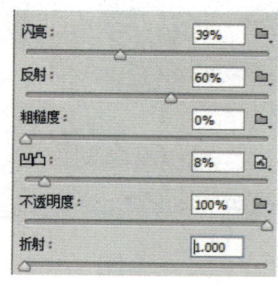　　　　　　设置属性值 　　　　　　材质效果

图3-173　为球体模型添加材质和灯光效果的相关操作及效果

设置灯光效果　　　　　　　　　　栅格化3D图层

图 3-173　为球体模型添加材质和灯光效果的相关操作及效果（续）

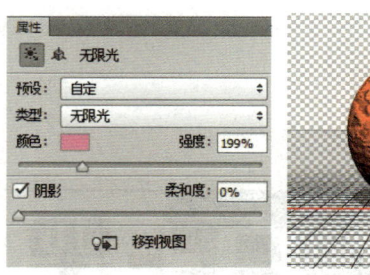

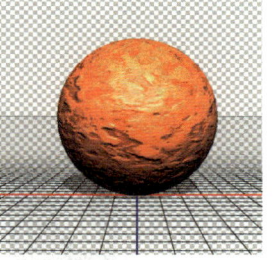

熟记本章快捷键。
- Ctrl+J：复制图层。
- Ctrl+E：合并图层。
- Shift+Ctrl+ N：新建图层。

3.8　习题

一、选择题

1．下列哪一种图层永远位于所有图层的最下层？（　　）

　　A．文字图层　　　　　　B．“背景”图层　　　　　　C．调整图层

2．执行"图层"面板功能表中的哪一条命令，可以将工作中的图层与其下面一层的图层合并？（　　）

　　A．向下合并图层　　　　B．合并可见图层　　　　　　C．图像平面化

3．执行"图层"面板功能表中的哪一条命令，可以将目前处于显示状态的图层全部合并？（　　）

　　A．向下合并图层　　　　B．合并可见图层　　　　　　C．图像平面化

4．复制图层可以用下列哪个快捷方式完成？（　　）

　　A．Ctrl+J 快捷键　　　　B．Ctrl+E 快捷键　　　　　　C．Shift+Ctrl+ N 快捷键

5．下列哪一种图层可以在不影响图层中图像的前提下，制作出具有立体效果的图像效果，如"阴影"效果、"浮雕"效果等？（　　）

　　A．调整图层　　　　　　B．图层样式　　　　　　　　C．图层蒙版

6．下列关于图层蒙版的叙述，正确的是（　　）。

　　A．黑色表示遮盖　　　　B．白色表示透明　　　　　　C．灰色表示半透明

7．多选图层的方法有（　　）。

　　A．用鼠标框选　　　　　B．按 Shift 键点选　　　　　C．按 Ctrl 键点选

二、简答与练习

1．简述几种常用的图层样式。

2．简述文字工具与文字蒙版工具之间的不同之处。

3．熟记本章中的常用快捷键。

4．运用所学的图层相关知识制作"科学预防"宣传海报，如图 3-174 所示。

5．运用"锁定透明"技巧制作"白加黑"图像，如图 3-175 所示。

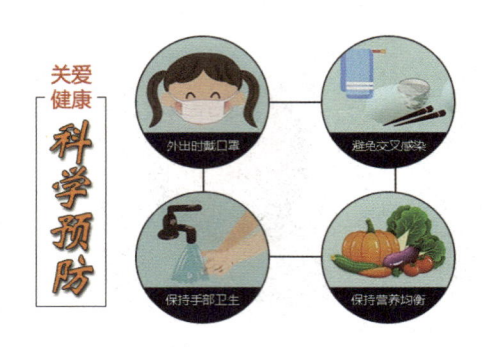

图 3-174 "科学预防"宣传海报　　　　图 3-175 "白加黑"图像

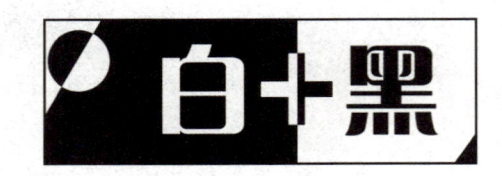

6．运用所学的图层相关知识制作"萌宠的世界"图像，如图 3-176 所示。
7．运用文字图层的相关知识制作"扶梯安全"警示牌，如图 3-177 所示。

图 3-176 "萌宠的世界"图像　　　　图 3-177 "扶梯安全"警示牌

图像的编辑与修饰

第 4 章

↓ 本章学习要点

- 图像的基本编辑。
- 图像的自由变换。
- 图像的扭曲和变形。
- 图像的变换和翻转。
- 图像的裁切。
- 图像的模式及转换。
- 图像的填充。
- 图像的颜色调整。
- 图像的修饰。

↓ 重点和难点

- 图像的编辑与修饰。
- 渐变工具的应用。

↓ 达成目标

- 了解图像的几种模式。
- 掌握编辑图像的方法。
- 能结合实际情况对图像进行编辑与修饰。

4.1 图像的基本编辑

▶ 相关知识

编辑和修饰图像是我们学习 Photoshop 的主要目的。

图像编辑分为基本编辑和高级编辑，基本编辑包括图像的复制、粘贴、剪切与删除等；高级编辑包括对图像进行各种变换，如变形、扭曲、透视、镜像等相关操作，还包括转换图像模式、改变图像颜色等。

图像修饰主要包括对图像颜色的调整，以及对图像的各种装饰、修补等操作。

图像的复制与粘贴：前面介绍过通过复制图层的方法复制图像，也介绍过通过快捷键复制与粘贴图像的方法，下面介绍其他对图像进行复制与粘贴的方法。在创建好图像的选区后，可以应用工具箱中的"移动工具" ▶ 完成对所选图像的内部复制与粘贴，具体方法如下：将

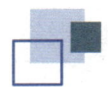

鼠标指针放在所选图像上，按住 Alt 键并拖曳鼠标指针，即可对选区中的图像进行内部复制，而不会移动选区内的图像，如图 4-1 所示。内部复制是指在原文件中复制所选图像，这样复制得到的图像不会生成新的图层。

创建图像选区 　　　　　　　移动所选图像 　　　　　　　复制所选图像

图 4-1　图像的内部复制

图像的剪切与删除：在创建好图像选区后，执行"编辑"→"剪切"命令，或者按 Ctrl+X 快捷键，即可剪切所选图像；直接按 Delete 键，即可删除所选图像。

4.2　图像的变换

相关知识

图像的变换是指图像的缩放、旋转、斜切、扭曲、透视、变形、水平翻转与垂直翻转等，可以帮助我们更方便地对图像进行编辑。

4.2.1　"变换"命令

执行"编辑"→"变换"命令，打开"变换"命令的子菜单，如图 4-2 所示。各种变换效果如图 4-3 所示。

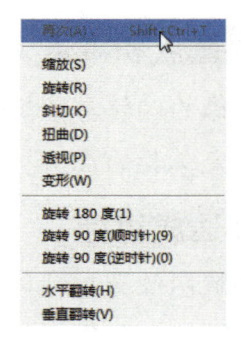

图 4-2　"变换"命令的子菜单

"缩放"效果 　　　　　　　　　　　　　　"旋转"效果

"斜切"效果 　　　　　　"扭曲"效果 　　　　　　"透视"效果

图 4-3　各种变换效果

"变形"效果 　　　　　　"水平翻转"效果 　　　　　　"垂直翻转"效果

图 4-3　各种变换效果（续）

在完成图像的变换操作后，按 Enter 键确认操作，或者单击属性栏中的 ✓ 按钮确认操作，或者在变换选框内双击确认操作；按 Esc 键取消操作，或者单击属性栏中的 ⊘ 按钮取消操作。

4.2.2　"再次"命令

"再次"命令可以重复执行上一次的操作。下面以一个简单的例子进行说明。

"龙"素材中的龙图案如图 4-4 所示。将龙图案复制到新图像文件中，调整其大小和位置，效果如图 4-5 所示。复制龙图层，按 Ctrl+T 快捷键，得到自由变换的控制框，使用"移动工具"将中心点移动到龙尾巴处，如图 4-6 所示，使龙图案以该中心点为旋转中心进行旋转。

图 4-4　龙图案 　　　　图 4-5　调整龙图案的大小和位置 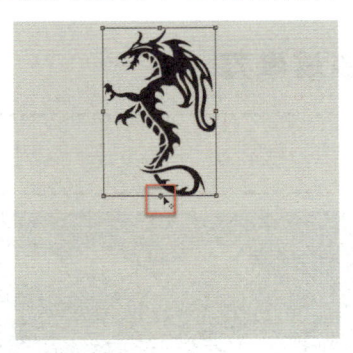　　　　图 4-6　移动中心点

在属性面板中设置旋转的角度为 40°，按 Enter 键确认操作，旋转效果如图 4-7 所示。

执行"再次"命令：同时按住 Ctrl+Shift+Alt 快捷键，再按 T 键，按一次，即可按设置的旋转角度（40°）复制一个龙图案，最终效果如图 4-8 所示。

图 4-7　旋转 40°的效果 　　　　图 4-8　执行"再次"命令的最终效果

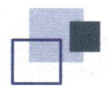

注意：如果在执行"再次"命令前取消了选区，那么在执行"再次"命令时，每按一次 T 键，都会生成一个图层，因此，如果多次执行"再次"命令，就会生成多个图层；如果在执行"再次"命令前保留了选区，那么只会在一个图层中执行"再次"命令。

4.2.3 图像的立体效果

给图像添加"斜面和浮雕""投影"等图层样式，可以增强图像的立体效果，但这种立体效果是有限的，要使图像更立体，我们可以通过另一种方法实现：首先创建图形，然后载入选区，再使用"移动工具"在画面上单击一下，接下来按住 Alt 键不放，按键盘中的↑方向键增加厚度，直到得到理想的厚度为止，从而实现立体效果，也可以根据实际情况按所需的方向键，最后对其进行处理，形成实物图像，如图 4-9 所示。

创建图形　　　　　图形的立体效果　　　　　形成实物图像

图 4-9　图像的立体效果

小试牛刀

运用所学知识制作倒影效果，如图 4-10 所示。

图 4-10　倒影效果

步骤解析。

（1）打开素材 04，使用"横排文字工具"输入文字"海阔天空"，设置字体为微软雅黑、字体样式为 Bold、字号为 160 点、文字颜色为黑色，如图 4-11 所示。

（2）由于文字图层不能执行某些变换命令，如"扭曲""透视"等，因此要实现这些命令效果，必须先将文字图层栅格化，具体方法如下：执行"图层"→"栅格化"→"文字"命令，将文字图层转换为普通图层，然后对其进行相应的变换。

（3）执行"编辑"→"变换"→"透视"命令，对文字进行"透视"变换，效果如图 4-12 所示。

（4）执行"编辑"→"变换"→"扭曲"命令，对文字进行"扭曲"变换，使其实现向远处延伸的效果，如图 4-13 所示。

（5）按住 Ctrl 键，然后单击文字图层的缩略图，载入文字的选区；使用"移动工具"在画面上单击一下，按住 Alt 键不放，通过键盘中的方向键调整其厚度（此处操作为，先按两次→方向键，按一次↑方向键；再按两次→方向键，按一次↑方向键），从而实现立体效果，如图 4-14 所示。

图 4-11　输入文字　　　　　　　　　　　　图 4-12　"透视"效果

图 4-13　"扭曲"效果（1）　　　　　　　　图 4-14　立体效果

（6）按 Ctrl+D 快捷键取消选区，复制文字图层，选择下面的文字图层，执行"编辑"→"变换"→"垂直翻转"命令，对其进行"垂直翻转"变换，然后将翻转的文字图层向下移动，效果如图 4-15 所示。

（7）执行"编辑"→"变换"→"扭曲"命令，对翻转的文字进行扭曲变换，效果如图 4-16 所示。

图 4-15　"垂直翻转"效果　　　　　　　　图 4-16　"扭曲"效果（2）

（8）在"图层"面板中，将翻转文字的不透明度设置为 20%，实现倒影效果；打开素材 05，复制其中的海鸥图案并将其移动到画面中，调整其大小和位置，效果如图 4-17 所示。

（9）复制几个海鸥图案，调整其大小和位置，最终效果如图 4-18 所示。

图 4-17　设置翻转文字的不透明度并置入海鸥图案　　　　图 4-18　最终效果

展身手

运用基本的图像变换方法，利用素材，制作"大碗食"图标，如图4-19所示。

素材06　　　　素材07　　　　素材08　　　　"大碗食"图标

图4-19　制作"大碗食"图标

4.3　图像的填充

相关知识

使用填充工具可以快速、便捷地对选中的图像区域进行填充。在Photoshop中，填充图像的方法有多种，我们可以使用快捷键、菜单命令、"油漆桶工具"和"渐变工具"对图像进行填充。前面已经介绍过用前景色和背景色填充图像的相关知识，此处不再赘述。

4.3.1　"油漆桶工具"

使用"油漆桶工具"可以直接给选区或图像填充颜色或图案，在其属性栏中可以设置是填充"前景"，还是填充"图案"，如图4-20所示。

图4-20　"油漆桶工具"的属性栏

4.3.2　"填充"命令

使用"填充"命令可以给选区或图像提供更多的填充效果。执行"编辑"→"填充"命令，弹出"填充"对话框，可以填充前景色、背景色、图案等，如图4-21所示。Photoshop预设了多种填充图案，单击"自定图案"右侧的小三角，可以打开填充图案列表，用于选择所需的填充图案，如图4-22所示。

我们还可以自定义填充图案，方法如下：选中自定义的图案（最好将背景设置为透明的，这样定义的图案背景也是透明的），执行"编辑"→"定义图案"命令，在弹出的"图案名称"对话框中可以更改图案的名称，单击"确定"按钮，即可在"填充"对话框中找到自定义的图案，如图4-23所示。

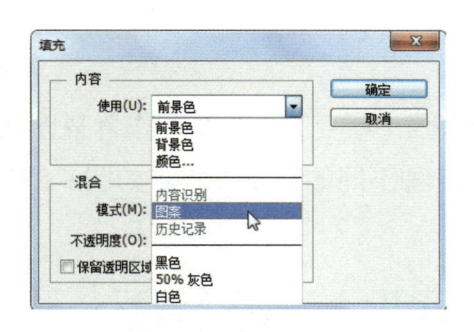

图 4-21 "填充"对话框 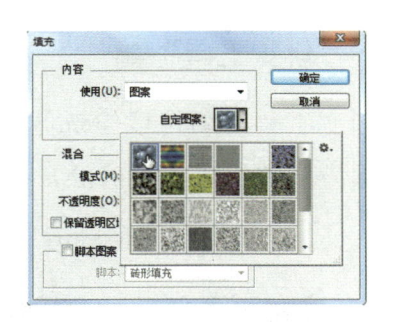　　　　　　　　　图 4-22 内置的填充图案列表

选中自定义的图案　　　　给图案命名　　　　自定义的图案

图 4-23 自定义图案

填充前景色、填充内置图案和填充自定义图案的效果对比如图 4-24 所示。

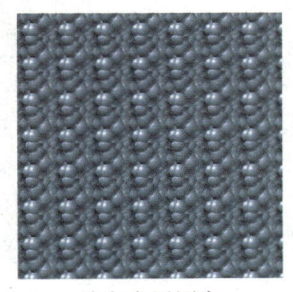

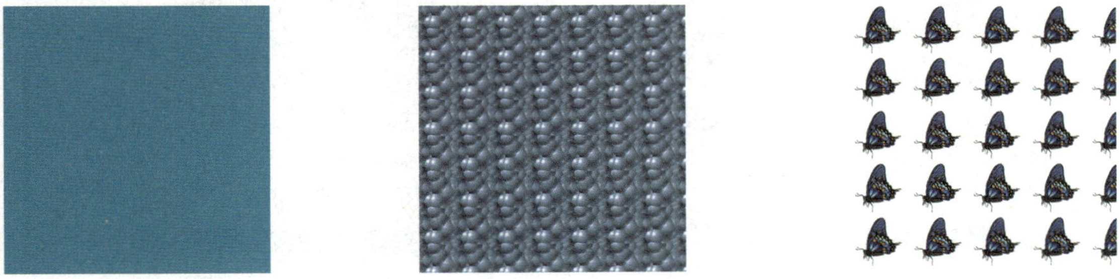

填充前景色　　　　　　　填充内置图案　　　　　　　填充自定义图案

图 4-24 填充前景色、填充内置图案和填充自定义图案的效果对比

特别提示：在"填充"对话框的"使用"下拉列表中选项"内容识别"选项，可以根据选区周围的图像进行修补，为我们处理图像提供了很大的便利。其使用方法如下：选中需要处理的图像，如图 4-25 所示，然后执行"编辑"→"填充"命令，弹出"填充"对话框，在"使用"下拉列表中选择"内容识别"选项，单击"确定"按钮，效果如图 4-26 所示。

图 4-25 选取图像 　　　　　　　　　图 4-26 "内容识别"填充效果

4.3.3 "渐变工具"

使用"渐变工具"可以给选区或图像填充渐变色。"渐变工具"在制作背景图像和制作明暗立体效果方面的应用非常广泛,在其属性栏中有 5 种不同的渐变方式,如图 4-27 所示。

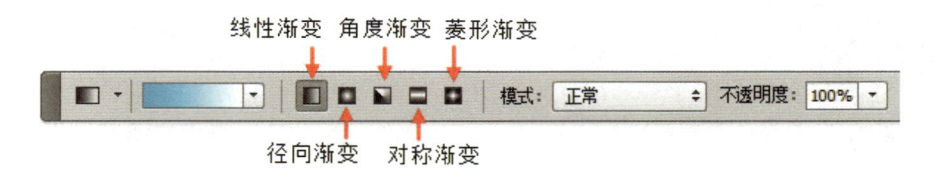

图 4-27 "渐变工具"的属性栏

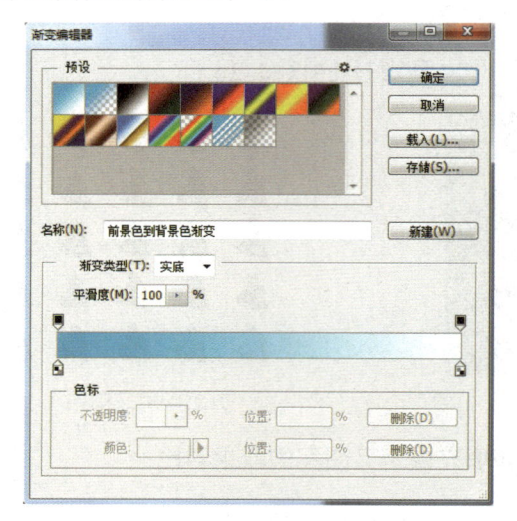

单击"渐变"色块,打开"渐变编辑器"窗口,该窗口中有 Photoshop 内置的一些渐变色,如图 4-28 所示。我们可以根据需要编辑各种渐变色,方法如下:将鼠标指针放在"色条"的下方,当鼠标指针变成时单击,即可添加一个色标(俗称"油漆桶"),如图 4-29 所示;然后单击下面"颜色"色块,弹出"拾色器"对话框,如图 4-30 所示,在该对话框中选择自己需要的颜色即可。

图 4-28 "渐变编辑器"窗口   图 4-29 添加色标

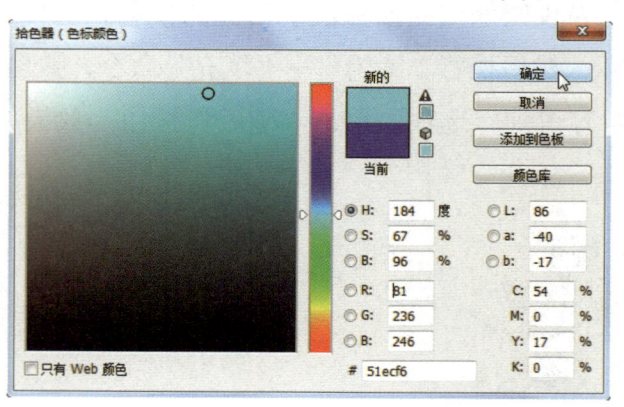

图 4-30 "拾色器"对话框

向左右两边拖曳两个色标之间的菱形小块,可以调节两个颜色相交部分的渐变溶解度,也可以拖动色标调换色标之间的位置；如果色标太多，需要删除某个色标，那么先将其选中，再单击右下角的"删除"按钮，或者直接将其向色条的两端拖曳至删除即可。

在编辑好渐变色后，就可以填充选区或图像了，方法是在要填充渐变色的选区或图像上单击并拖曳鼠标指针，5 种渐变填充效果如图 4-31 所示。

| 线性渐变 | 径向渐变 | 角度渐变 | 对称渐变 | 菱形渐变 |

图 4-31　5 种渐变填充效果

📖 小知识

拖曳鼠标指针的起点、终点、距离、方向不同，渐变填充效果也不同。只要多练习，就能掌握其中的奥妙。

小试牛刀

运用所学知识制作"轻松学技能"图像，效果如图 4-32 所示。

图 4-32　"轻松学技能"图像

步骤解析。

（1）新建一个空白的图像文件，设置其尺寸为 700 像素×500 像素、"分辨率"为 90 像素/英寸、"颜色模式"为"RGB 颜色"、"背景内容"为"白色"。

（2）新建一个图层，使用"矩形选框工具"创建一个矩形选区。选择"渐变工具"，在其属性栏中单击"渐变"色块，打开"渐变编辑器"窗口，编辑所需的渐变色，如图 4-33 所示，然后以"线性渐变"的方式给选区填充该渐变色，效果如图 4-34 所示。

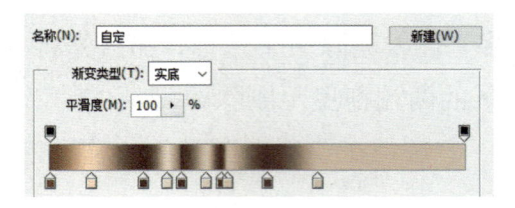

图 4-33　编辑所需的渐变色

图 4-34　填充渐变色

（3）按 Ctrl+D 快捷键取消选区，复制图层，按 Ctrl+T 快捷键，对其进行"顺时针 90 度"旋转，将两个图形的边和角重叠，使用"多边形套索工具"选取边和角，如图 4-35 所示，按 Delete 键将其删除，得到如图 4-36 所示的边框连接效果。

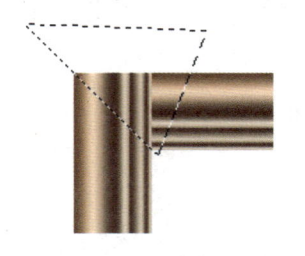

图 4-35　选取边和角

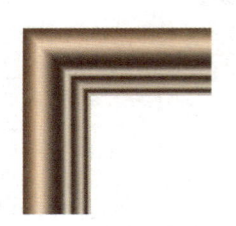

图 4-36　边框连接效果

（4）重复以上操作，完成相框另外 3 个角的制作，进而完成整个相框的制作。需要注意的是，在选取边和角时一定要细心，切除后的两个边框应自然衔接。

（5）打开素材 10，使用"矩形选框工具"选取图片下方的文字，执行"编辑"→"填充"命令，弹出"填充"对话框，在"使用"下拉列表中选择"内容识别"选项进行填充，将图片中的文字去除，将其移动到新图像文件中并调整其大小。

（6）暂时隐藏所有图层（包括"背景"图层），使用"横排文字工具"输入文字"Photoshop/轻松学技能"，设置字体为微软雅黑、字体样式为 Bold、字号为 25 点、文字颜色为白色，按 Ctrl+T 快捷键，将其旋转 25 度，然后使用"矩形选框工具"框选文字，如图 4-37 所示。执行"编辑"→"定义图案"命令，在弹出的"图案名称"对话框中更改图案的名称，单击"确定"按钮，即可在"填充"对话框中找到自定义的图案。

（7）按 Ctrl+D 快捷键取消选区，显示并选中素材图层。新建一个图层，执行"编辑"→"填充"命令，在弹出的"填充"对话框中找到自定义的文字图案。在填充自定义的文字图案后，将其不透明度设置为 25%，得到类似于水印效果的图像，如图 4-38 所示。

图 4-37　框选文字

图 4-38　类似于水印效果的图案

（8）将相框图层合并，使用"魔术棒工具"在相框中间的空白处单击，创建一个选区，执行"选择"→"反选"命令进行反选，如图 4-39 所示，分别选中素材图层和文字图案图层进行删除。给相框添加"斜面和浮雕""投影"图层样式，最终效果如图 4-40 所示。

图 4-39　反选要删除的部分　　　　图 4-40　最终效果

展身手

运用渐变填充的基本操作方法制作 UI 按钮，如图 4-41 所示。

图 4-41　UI 按钮

4.4　图像的颜色调整

相关知识

图像的颜色调整是处理图像的基础知识，也是能否处理好图像的关键环节。颜色可以产生修饰效果，使图像变得更加悦目，正确地运用颜色，可以使黯淡的图像明亮起来，也可以使不协调的颜色组合变得柔和、舒心。Photoshop 为我们提供了足够多的颜色调整命令。

4.4.1　图像的颜色模式

要对图像的颜色进行调整，就应该对图像的颜色模式有所了解，否则在以后的实际工作中可能会造成不必要的损失。图像的颜色模式是表达图像颜色信息的方式，Photoshop CS6 中的颜色模式包括位图模式、灰度模式、双色调模式、索引颜色模式、RGB 颜色模式、CMYK 颜色模式、Lab 颜色模式和多通道模式等，下面介绍几种常用的颜色模式。

1．灰度模式

灰度模式使用一种单一的色调表示图像，每个像素由 256 种灰色色阶构成，因为有 256

种灰色色阶，所以能够表现出颜色浓淡的变化，也就是说，可以看到黑白灰的层次变化。位图模式和彩色的颜色模式的图像都可以转换为灰度模式，在将彩色的颜色模式转换为灰度模式后，会存储图像的亮度效果，从而使图像的灰度效果更好。执行"图像"→"模式"→"灰度"命令，会弹出"信息"对话框，询问是否要扔掉颜色信息，单击"扔掉"按钮，即可将图像彩色的颜色模式转换为灰度模式，效果如图 4-42 所示。

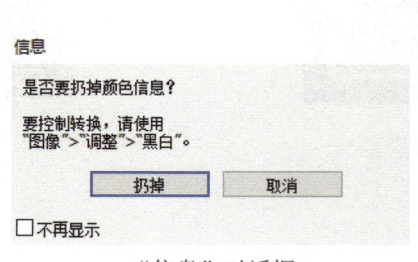

彩色的颜色模式　　　　　"信息"对话框　　　　　灰度模式

图 4-42　将彩色的颜色模式转换为灰度模式

2. 位图模式

采用位图模式的图像由纯黑与纯白两种颜色构成，因此位图模式又称为黑白模式。只有灰度模式和多通道模式才能直接转换为位图模式。因为位图模式包含的信息量少，所以采用位图模式的图像文件较小。

执行"图像"→"模式"→"位图"命令，弹出"位图"对话框，其中有扩散仿色、50%阈值、图案仿色、半调网屏和自定图案共 5 种调整方法，各方法的图像效果如图 4-43 所示。

扩散仿色　　　　50%阈值　　　　图案仿色　　　　半调网屏　　　　自定图案

图 4-43　位图模式下的各种图像效果

3. RGB 颜色模式

在采用 RGB 颜色模式的图像中，所有的颜色都是由红色（Red）、绿色（Green）和蓝色（Blue）这 3 种基本颜色依据不同的强度比例混合而成的。将 3 种基本颜色以最大强度（255）混合，可以形成白色；将 3 种基本颜色以最小强度（0）混合，可以形成黑色；当 3 种基本颜色的强度（数值）相等，但不是最大强度和最小强度时，可以形成灰色。

在 Photoshop 中处理图像时，一般都设置为 RGB 颜色模式，只有在这种模式下，所有的命令才能使用。RGB 颜色模式又称为屏幕色（屏幕上看到的颜色）模式或真彩色模式，但其在印刷时的偏色程度较高。

执行"图像"→"模式"→"RGB 颜色"命令，即可将图像的颜色模式设置或转换成 RGB 颜色模式。

4．CMYK 颜色模式

彩色印刷品通常都是以 CMYK 颜色模式印刷的。在采用 CMYK 颜色模式的图像中，所有的颜色都是由青色（Cyan）、洋红色（Magenta）、黄色（Yellow）、黑色（Black）这 4 种基本颜色依据不同的强度比例混合而成的，因此，CMYK 颜色模式主要应用于印刷领域。又称为印刷色模式。

4.4.2　图像颜色模式的转换

为了在不同的场合正确地输出图像，有时需要将图像从一种颜色模式转换为另一种颜色模式。例如，由于采用 RGB 颜色模式的图像在输出时的偏色程度较高，打印或印刷出来的颜色效果会大打折扣，因此需要在打印或印刷时将颜色模式转换成 CMYK 颜色模式，从而保证图像质量。

执行"图像"→"模式"子菜单中的命令，可以实现颜色模式的转换。

注意：要将彩色图像转换为黑白图像，必须先将其颜色模式转换为灰度模式，再将其颜色模式转换为位图（黑白）模式；同样，要将黑白图像转换为彩色图像，也必须先将其颜色模式转换为灰度模式，再将其颜色模式转换为彩色模式。

4.4.3　图像的颜色调整方法

颜色是构成图像的重要元素，通过调整图像的颜色，可以赋予图像不同的视觉效果和风格，让图像呈现出全新的面貌。Photoshop CS6 为我们提供了 23 个与颜色调整有关的命令，包括"亮度/对比度""色阶""曲线""色相/饱和度""色彩平衡"等。

执行"图像"→"调整"命令，弹出颜色调整命令菜单，如图 4-44 所示，我们可以根据需要执行颜色调整命令。

下面介绍一些常用的颜色调整命令。对于其他颜色调整命令，读者可以自行查阅相关资料。

1．亮度/对比度

"亮度/对比度"命令主要用于调整图像的亮度和对比度，该命令只适用于对颜色进行粗略的调整。

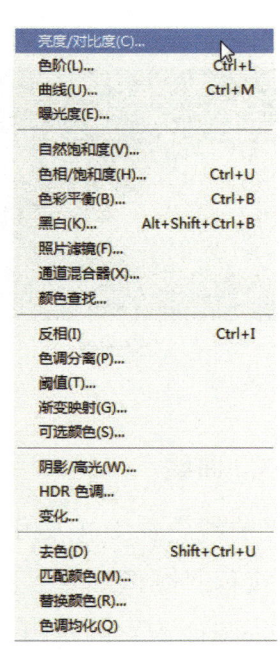

图 4-44　颜色调整命令菜单

亮度是指整个图像的明亮程度；对比度是指图像中颜色的反差程度。亮度与对比度的取值范围都是-100～100。

执行"图像"→"调整"→"亮度/对比度"命令，弹出"亮度/对比度"对话框，在该对话框中拖动"亮度"和"对比度"滑块，即可对图像的亮度和对比度进行调整，调整效果对比如图4-45所示。

原图像 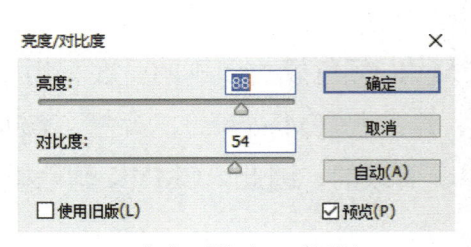　　　　　　　　　　　"亮度/对比度"对话框 　　　　　　　调整"亮度/对比度"后的效果

图 4-45　"亮度/对比度"调整效果对比

2. 色阶

"色阶"命令主要用于调整图像的明暗程度。

执行"图像"→"调整"→"色阶"命令（快捷键为 Ctrl+L），弹出"色阶"对话框。色阶是根据每个亮度值（0～255）处像素点的多少划分的，暗的像素点在左面，亮的像素点在右面。在"色阶"对话框中，"输入色阶"主要用于显示当前的数值，拖动下方的滑块，可以增加图像的对比度；"输出色阶"主要用于显示要输出的数值，拖动下方的滑块，可以降低图像的对比度，调整效果对比如图4-46所示。

原图像 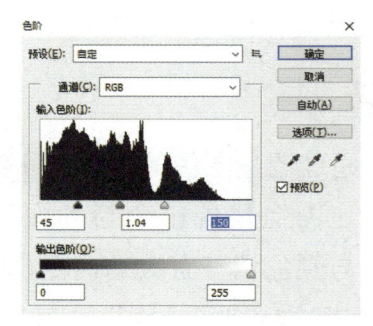　　　　　　　　　　　"色阶"对话框 　　　　　　　　　　调整"色阶"后的效果

图 4-46　"色阶"调整效果对比

3. 曲线

"曲线"命令主要用于精确调整图像的色调。

执行"图像"→"调整"→"曲线"命令（快捷键为 Ctrl+M），弹出"曲线"对话框，横轴表示图像原来的亮度值，纵轴表示新的亮度值，在调节线上单击，可以添加控制点，拖动控制点，可以对图像的高光、暗调、对比度等的曲线进行调整，控制点越往上拖图像越亮，越往下拖图像越暗，调整效果对比如图4-47所示。

对于较灰的图像，常见的调整结果是 S 形曲线，这种曲线可以增加图像的对比度。

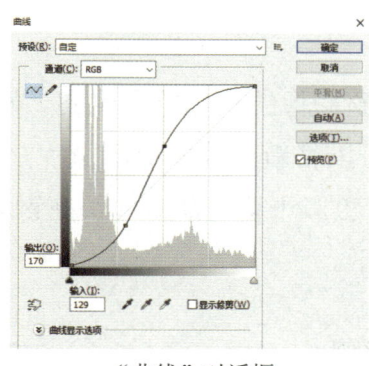

原图像　　　　　　　　　　"曲线"对话框　　　　　　　　调整"曲线"后的效果

图 4-47　"曲线"调整效果对比

4. 色相/饱和度

"色相/饱和度"命令主要用于调整图像的整体颜色范围或特定颜色范围的色相、饱和度和亮度。

执行"图像"→"调整"→"色相/饱和度"命令（快捷键为 Ctrl+U），弹出"色相/饱和度"对话框，调整效果对比如图 4-48 所示。

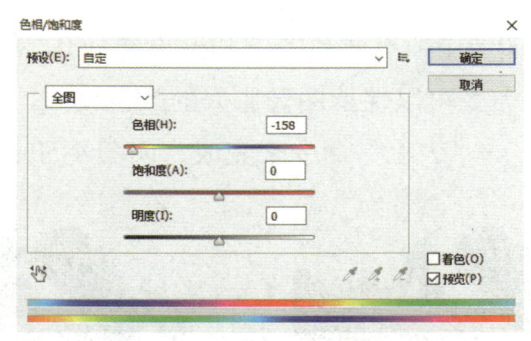

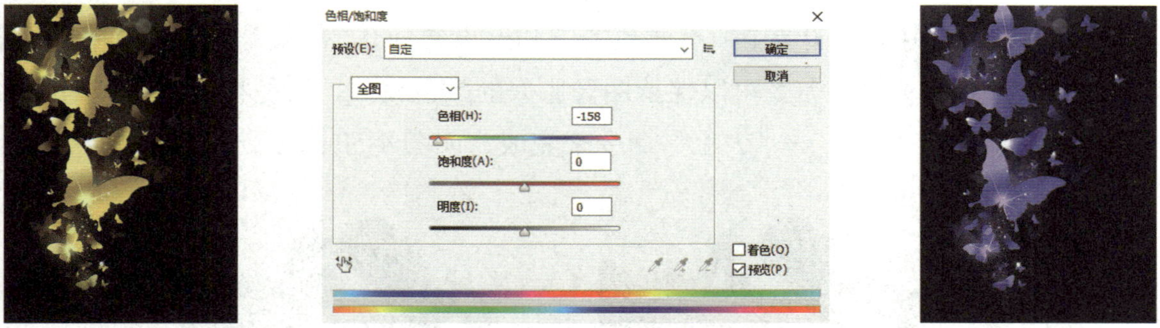

原图像　　　　　　　　　　"色相/饱和度"对话框　　　　　　调整"色相/饱和度"后的效果

图 4-48　"色相/饱和度"调整效果对比

参数说明如下。

全图：此为该下拉列表中的默认选项，表示同时调整图像中的所有颜色。在该下拉列表中，也可以选择单一颜色进行调整。

着色：勾选该复选框，可以使一幅灰色或黑白图像变成一幅单彩色的图像。

色相：颜色的相貌，如红色、黄色、蓝色等。在数值框中输入数字或拖动下方的滑块，可以改变图像的颜色。

饱和度：颜色的鲜艳程度，即颜色的纯度。在数值框中输入数字或拖动下方的滑块，可以改变图像的饱和度，数值为正数，表示提高图像的饱和度；数值为负数，表示降低图像的饱和度；数值为 100，表示颜色为灰色。

明度：图像的明暗程度。

使用"色相/饱和度"命令可以对图像的色相、饱和度和明度进行调整，如果使用选区，则可以对图像中的某部分进行调整，从而达到局部修饰的目的。

5. 色彩平衡

"色彩平衡"命令主要用于调整图像的整体色彩偏向。使用"色彩平衡"命令，可以将泛黄的照片恢复为正常的颜色，也可以将新照片做成旧照片。

执行"图像"→"调整"→"色彩平衡"命令（快捷键为Ctrl+B），弹出"色彩平衡"对话框，调整效果对比如图4-49所示。

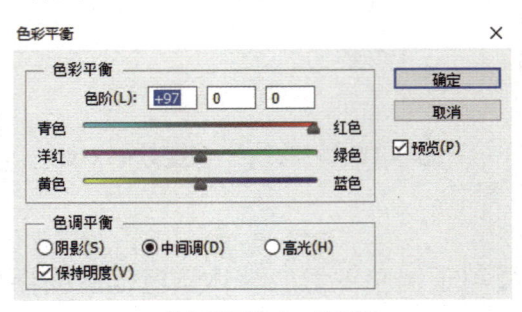

原图像　　　　　　　　"色彩平衡"对话框　　　　　　　调整"色彩平衡"后的效果

图4-49　"色彩平衡"调整效果对比

6. 去色

"去色"命令主要用于将图像中所有颜色的饱和度设置为0，也就是说，可以将所有颜色转换为灰阶值。使用"去色"命令可以保持图像原来的颜色模式，只是将彩色图变为灰阶图。

执行"图像"→"调整"→"去色"命令来完成，如图4-50所示。

图4-50　"去色"调整效果对比

小试牛刀

运用所学知识制作"重阳敬老节"图像，如图4-51所示。

图4-51　"重阳敬老节"图像

步骤解析。

（1）新建一个空白的图像文件，设置其尺寸为800像素×700像素、"分辨率"为90像素/英寸、"颜色模式"为"RGB颜色"、"背景内容"为"白色"。

（2）打开素材17，使用"移动工具"将其拖动到新图像文件中，调整其大小，效果如图4-52所示。

（3）执行"图像"→"调整"→"曲线"命令（快捷键

为 Ctrl+M），弹出"曲线"对话框，调整图像的明暗效果，如图 4-53 所示。

图 4-52 置入素材图像

图 4-53 调整"曲线"后的效果

（4）对图像进行水平翻转，如图 4-54 所示。

（5）打开素材 18，使用"磁性套索工具"仔细地将两位老人图像选中，将选区收缩 1 像素，设置 1 像素的羽化值，使用"移动工具"将选中的老人图像移动到新图像文件中，调整其大小和位置，效果如图 4-55 所示。

图 4-54 对图像进行水平翻转

图 4-55 置入老人图像

（6）打开素材 18-阳光，选中阳光图像，使用"移动工具"将其拖动到新图像文件中，调整其大小，然后对其进行水平翻转，并且将其放置于画面右上角，如图 4-56 所示。

（7）给老人图层添加"投影"图层样式，可以采用默认参数，也可以自行设置相关参数。右击"投影"图层样式，在弹出的快捷菜单中选择"创建图层"命令，将投影从原图像中分离，形成独立的投影图层。选中投影图层，执行"编辑"→"变换"→"扭曲"命令，对影子进行"扭曲"变换，效果如图 4-57 所示。

图 4-56 置入光图像

图 4-57 对影子进行"扭曲"变换

（8）使用"直排文字工具"输入文字"重阳"，设置字体为华文行楷、字号为 225 点、文字颜色为橙色,如图 4-58 所示。载入文字选区,新建一个图层,执行"编辑"→"描边"命令,以"居外"的方式给该选区添加 3 像素的白色描边,然后给其添加"投影"图层样式,效果如图 4-59 所示。

(9)使用"直排文字工具"输入文字"敬老节",设置字号为 55 点、文字颜色为红色、描边颜色为黄色,调整其位置,将其放置于文字"重阳"的左侧,如图 4-60 所示。

图 4-58　输入并设置文字"重阳"　　图 4-59　编辑文字"重阳"　　图 4-60　输入并设置文字"敬老节"

(10)打开素材 19,选取印章图像并将其移动到文件中,先执行"图像"→"调整"→"色彩平衡"命令,将红色调整得更鲜艳;再执行"图像"→"调整"→"亮度对比度"命令,将印章图像调整得更清晰,如图 4-61 所示。

(11)在文字的下方新建一个图层,绘制一个白色的矩形,设置其不透明度为 25%,将其作为文字的底衬,给其添加图层蒙版,遮住其左上角部分,如图 4-62 所示。

图 4-61　调整印章图像　　　　　　　　图 4-62　添加文字的底衬

(12)使用"横排文字工具"输入文字"年年九九 岁岁重阳 敬老爱老 传统美德",设置字体为微软雅黑、字号为 45 点、文字颜色为天蓝色,给其添加 1 像素的白色描边及"投影"图层样式,同样给其添加一个白色透明底色,如图 4-63 所示。

(13)使用"横排文字工具"输入段落文字"家家有老人,人人都会老;今天你敬老,明天敬你老;人人都敬老,社会更美好。",设置字体为方正姚体、字号为大小 50 点、文字颜色为白色、文本对齐方式为居中。对画面中的各元素进行微调,最终效果如图 4-64 所示。

展身手

运用颜色调整的相关命令,根据提供的素材,给家居设置颜色,如图 4-65 所示。

图 4-63　添加副文字　　　　　　　　　图 4-64　最终效果

素材　　　　　　　　　　　　　　　　最终效果

图 4-65　给家居设置颜色

4.5　图像的修饰

▶ 相关知识

对一幅好的作品来说，修饰图像是必不可少的操作。作为一款功能强大、专业性很强的图像处理软件，Photoshop 为我们提供了多种修饰图像的功能，可以让我们在不影响图像内容的前提下，更精确、更美观地处理图像中的不足，从而实现赏心悦目的图像效果。

4.5.1　"污点修复画笔工具"

"污点修复画笔工具"主要用于自动从所修饰区域的周围取样，从而快速修补画面中的杂色或污斑，其属性栏如图 4-66 所示。该工具的使用方法很简单：在属性栏中设置好工具的大小和硬度（根据斑点大小随时更改），如图 4-67 所示；然后在图像中有杂色或污斑的地方单击（或涂抹），即可将其修复，如图 4-68 所示。

图 4-66　"污点修复画笔工具"的属性栏

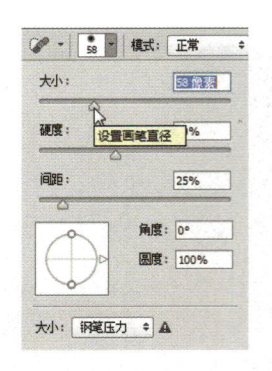

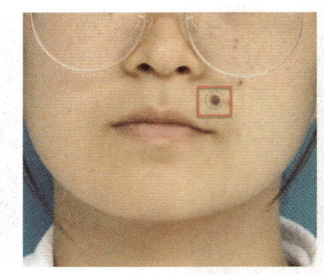

图 4-67　设置工具的大小和硬度 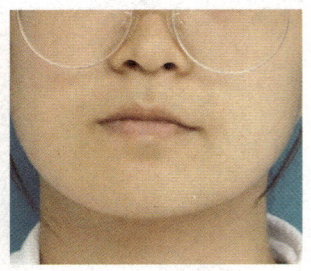　　　　　图 4-68　使用"污点修复画笔工具"修饰照片

4.5.2　"修复画笔工具"

"修复画笔工具"主要用于将某区域中的图像复制到其他地方，其属性栏如图 4-69 所示。该工具可以在仿制的过程中，参考邻近的像素颜色进行均衡的融合覆盖，使我们可以更方便地对图像进行修复。

图 4-69　"修复画笔工具"的属性栏

在使用"修复画笔工具"时，需要按 Alt 键进行取样，取样方法如下：选择"修复画笔工具"，将鼠标指针放置于要取样的部位，按住 Alt 键，当鼠标指针变成十字准星时单击，释放 Alt 键，即可获得取样点，鼠标指针变回原样，在需要修复的地方单击，即可进行修复，如图 4-70 所示。取样的原则是尽量在瑕疵的附近取样，不断地取样，不能取一次样，在多处使用。

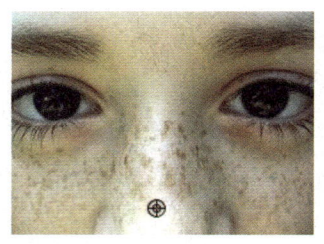

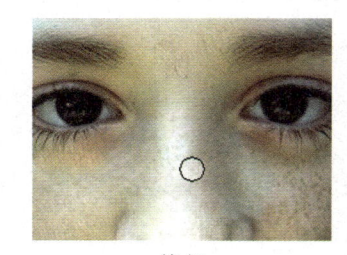

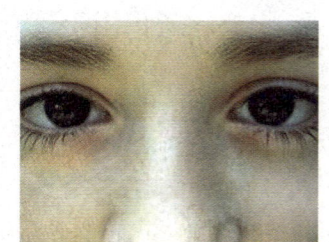

取样　　　　　　　　　　　修复　　　　　　　　　　修复后的效果

图 4-70　使用"修复画笔工具"修饰照片

4.5.3　"修补工具"

"修补工具"主要用于使用图像中的部分区域或使用图案修补当前选中的区域，其属性栏如图 4-71 所示。在使用该工具前，必须先在其属性栏中设置要修补的"源"图像或"目标"图像。在该工具的属性栏中，"修补"下拉列表中有两个选项，选择"正常"选项，表示按照默认的方式进行修补；选择"内容识别"选项，表示自动根据修补范围周围的图像进行智能修补。

图 4-71　"修补工具"的属性栏

"修补工具"的使用方法如下：设置修补目标，使用"修补工具"圈选图像，形成选区，该选区同样可以进行增加或减少编辑，在选区创建完成后，将鼠标指针放在选区内，按住鼠标左键，拖动选区至要替换的部位，松开鼠标左键，即可达到修补的目的，如图 4-72 所示。

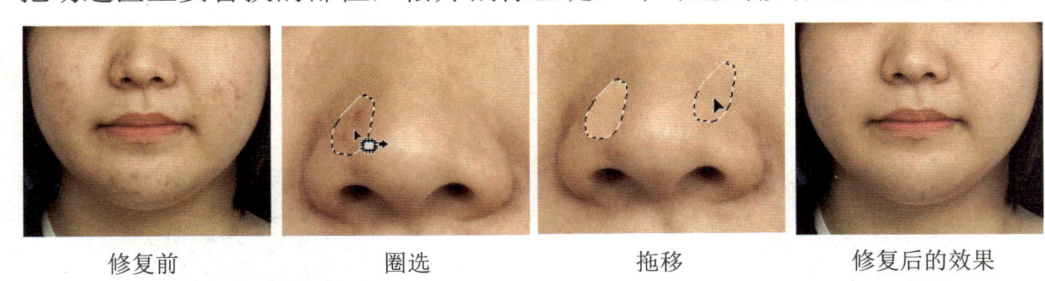

修复前　　　　　　圈选　　　　　　拖移　　　　　　修复后的效果

图 4-72　使用"修补工具"修复图像

需要注意的是，虽然使用"修补工具"可以对某个区域进行选定修补，但是不可贪图面积，不要指望一下子就将一大块都修补好，需要一小块一小块地进行修补，有时即使这样，也不能完全修复干净，此时需要借助其他工具（如"修复画笔工具""仿制图章工具"）进行精确修补。

4.5.4　"内容感知移动工具"

"内容感知移动工具"主要用于将选中的图像移动到其他位置，并且根据原图像周围的图像对其所在的位置进行修补，适合在简单背景中复制或移动选中的图像，其属性栏如图 4-73 所示。

图 4-73　"内容感知移动工具"的属性栏

"模式"下拉列表中有两个选项，选择"移动"选项，表示将所选的图像移动到其他位置，原来的位置会自动用周围图像填补；选择"扩展"选项，表示将所选的图像复制到其他位置，如图 4-74 所示。

原图像　　　　　　选择"移动"选项的效果　　　　　　选择"扩展"选项的效果

图 4-74　使用"内容感知移动工具"修饰图像

4.5.5　"红眼工具"

相信许多人都遇到过红眼照片，尤其在夜间拍摄时非常容易产生红眼效果。Photoshop 为我们提供了一款专门解决红眼问题的"红眼工具"，能够很容易地解决这个问题，其属性栏如图 4-75 所示。

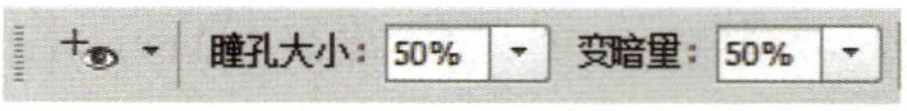

图 4-75　"红眼工具"的属性栏

"红眼工具"的使用方法非常简单：选择"红眼工具"，在需要修复的红眼处单击即可，默认参数的红眼修复效果如图 4-76 所示。

原图像 　　　　　　　　　　　　　　　　修复红眼后的效果

图 4-76　默认参数的红眼修复效果

4.5.6　"仿制图章工具"

"仿制图章工具"主要用于准确地复制图像中的一部分或全部，从而产生某部分或全部的副本，是修补图像时常用的工具，其工作原理是运用与要修补的图像附近颜色相近的像素修复图像，其属性栏如图 4-77 所示。

图 4-77　"仿制图章工具"的属性栏

与"修复画笔工具"一样，在使用"仿制图章工具"时，也要先取样，取样方法与"修复画笔工具"的取样方法一样，在使用前要在属性栏中设置图章的大小、硬度、不透明度及流量，以便控制修复的精度。

在使用"仿制图章工具"的过程中，应该根据图像中杂色或斑点的复杂程度随时更改取样点，以及笔刷的样式、大小、不透明度等，以便得到更好的仿制效果。使用"仿制图章工具"修复破损的老照片，效果如图 4-78 所示。

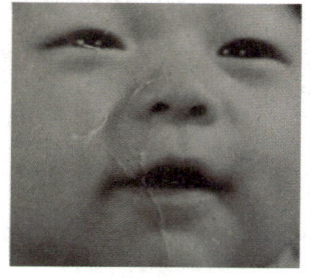

原图像 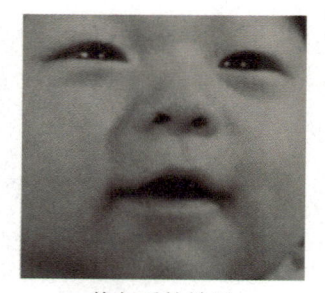　　　　　　　　　　　　　　　　修复后的效果

图 4-78　使用"仿制图章工具"修复破损的老照片

4.5.7 "橡皮擦工具"

"橡皮擦工具"和我们现实中使用的橡皮擦的作用是一样的，当我们确认图像中不需要某些内容时，可以使用"橡皮擦工具"将其擦除，其属性栏如图 4-79 所示。

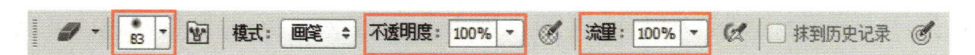

图 4-79 "橡皮擦工具"的属性栏

可以在"画笔预设"下拉面板中设置擦除时橡皮擦的状态，如图 4-80 所示，不同硬度的橡皮擦擦除的图像效果不同，当"硬度"为 100%时，被擦除的图像边缘很干净整齐；当"硬度"为 0%时，被擦除的图像边缘有类似羽化的效果。同样，"不透明度"和"流量"的设置也直接关系到擦除图像的实际效果，如果要实现若隐若现的图像效果，则可以通过设置这两个参数实现。不同的擦除效果如图 4-81 所示。

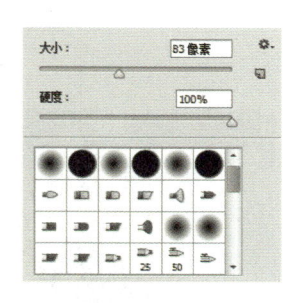

图 4-80 "画笔预设"下拉面板

原图像　　橡皮擦"硬度"为 100%　　橡皮擦"硬度"为 0%　　橡皮擦"不透明度"为 50%

图 4-81 不同的擦除效果

4.5.8 "背景橡皮擦工具"

"背景橡皮擦工具"主要用于擦除图像的背景，被擦除的地方会变成透明的，并且擦除后的图像边缘细节会被保留，其属性栏如图 4-82 所示。在"背景橡皮擦工具"的属性栏中设置"容差"值，可以调整所擦除图像的透明范围。如果勾选"保护前景色"复选框，那么在擦除图像时，与前景色相匹配的区域会受到保护，不被擦除，擦除效果如图 4-83 所示。

图 4-82 "背景橡皮擦工具"的属性栏

原图像　　使用"背景橡皮擦工具"擦除　　擦除后的效果

图 4-83 "背景橡皮擦工具"的应用

4.5.9 "魔术橡皮擦工具"

如果需要擦除的是面积较大且颜色相近的图像部分，则可以使用"魔术橡皮擦工具"进行擦除。"魔术橡皮擦工具"可以一次性擦除相同或相近的颜色，其属性栏如图4-84所示。在"魔术橡皮擦工具"的属性栏中，设置的"容差"值越大，擦除的面积越大。擦除的区域以透明形式呈现，效果如图4-85所示。

图 4-84　"魔术橡皮擦工具"的属性栏

原图像　　　　　　使用"魔术橡皮擦工具"擦除　　　　　　擦除后的效果

图 4-85　"魔术橡皮擦工具"的应用

4.5.10 "模糊"工具和"锐化工具"

"模糊工具"主要用于使图像的一部分边缘模糊，"锐化工具"主要用于使图像的一部分边缘清晰，这两个工具通常用于对细节进行修饰。"模糊工具"的属性栏如图4-86所示。

图 4-86　"模糊工具"的属性栏

两个工具的属性栏中的选项是相同的。"强度"值越大，工具的效果越明显。

原图像如图4-87所示。使用"模糊工具"可以降低相邻像素的对比度，将较硬的边缘软化，使图像柔和，从而对抠取后的图像边缘进行处理，如图4-88所示。使用"锐化工具"可以提高相邻像素的对比度，将较软的边缘明显化，使图像聚集，从而对质感比较强的金属物质进行处理，如图4-89所示。

图 4-87　原图像 　　　　　　图 4-88　"模糊"效果 　　　　　　图 4-89　"锐化"效果

4.5.11 "涂抹工具"

"涂抹工具"主要用于模拟手指涂抹油墨的效果。使用"涂抹工具"在颜色的交界处涂

抹，会产生相邻颜色互相挤入的模糊感，其属性栏如图 4-90 所示。默认的"强度"值为 50%，"强度"值越大，拖出的线条越长，反之越短，如果将"强度"值设置为 100%，则可以拖出无限长的线条，直到松开鼠标按键，如图 4-91 所示。"涂抹工具"的实际应用如图 4-92 所示。

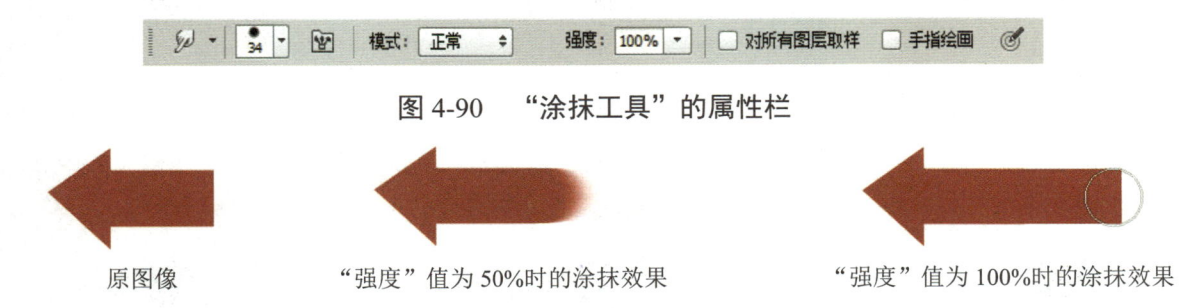

图 4-90　"涂抹工具"的属性栏

图 4-91　不同"强度"值的涂抹效果

图 4-92　"涂抹工具"的实际应用

小试牛刀

运用所学知识，修复图像中的暗黄肤色，效果如图 4-93 所示。

步骤解析。

（1）新建一个空白的图像文件，设置其尺寸为 400 像素×300 像素、"分辨率"为 72 像素/英寸、"颜色模式"为"RGB 颜色"、"背景内容"为"白色"。打开素材 29 并将其拖动到新图像文件中，如图 4-94 所示。

图 4-93　修复图像中的暗黄肤色

（2）复制图层，用于备份。打开"通道"面板，在"通道"面板中选择最合适的"红"通道，复制"红"通道，得到"红副本"通道，在该通道中对图像进行修饰，将人物皮肤中的瑕疵修复干净（方法不限），效果如图 4-95 所示。

（3）选择"多边形套索工具"，在属性栏中设置"羽化"值为 5 像素，将人物皮肤部分选中，然后以减选的方法减去眼睛部分的选区，如图 4-96 所示。先按 Ctrl+C 快捷键，复制所选皮肤；再按 Ctrl+V 快捷键，将其分别粘贴到"红""绿""蓝"通道中。

（4）先单击 RGB 通道，再返回"图层"面板，效果如图 4-97 所示。先执行"图像"→"调整"→"色相/饱和度"命令，调整皮肤颜色，效果如图 4-98 所示；再执行"图像"→"调整"→"色彩平衡"命令，调整皮肤颜色，效果如图 4-99 所示。

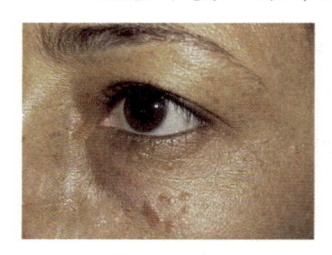

图 4-94　原图像 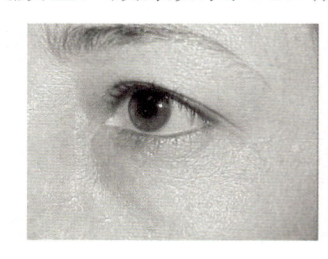　　　　图 4-95　修饰"红副本"通道 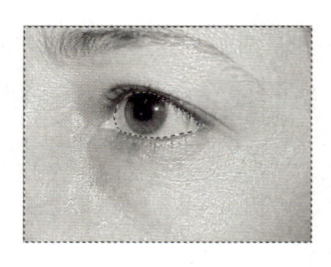　　　　图 4-96　选取人物皮肤部分

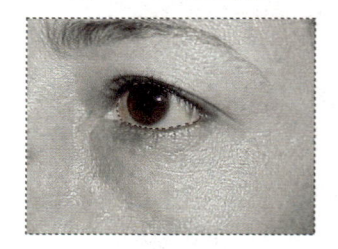

图 4-97　返回"图层"面板后的效果 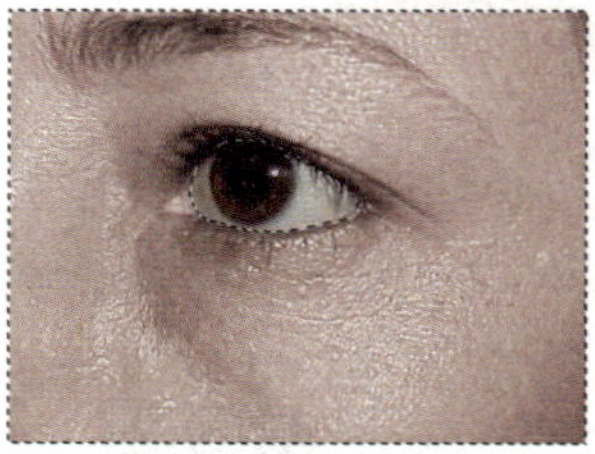　　图 4-98　"色相/饱和度"效果 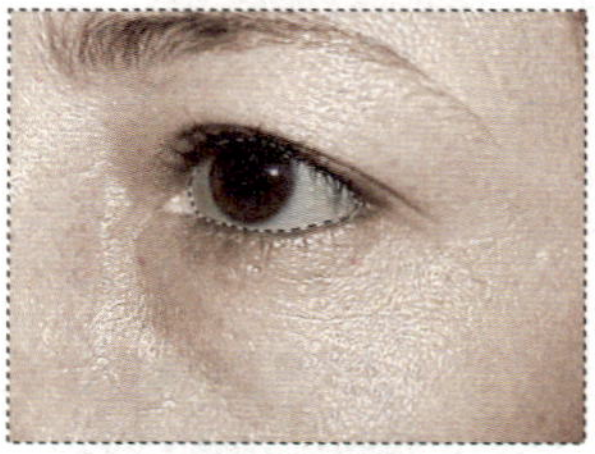　　图 4-99　"色彩平衡"效果

（5）执行"选择"→"反向"命令，选取人物眼睛部分，按 Ctrl+L 快捷键，弹出"色阶"对话框，调整眼睛的明暗对比度，如图 4-100 所示。设置前景色为白色，选择"画笔工具"，设置"硬度"的值为 0，适当降低"不透明度"和"流量"的值，沿选区简单刷一刷眼角，去除黄色，提亮眼睛，效果如图 4-101 所示。取消选区，完成任务操作。

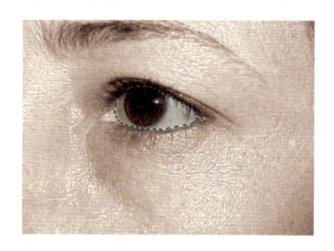

图 4-100　调整眼睛的明暗对比度 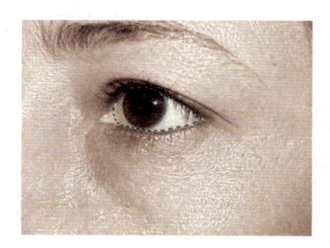　　　　图 4-101　提亮眼睛

展身手

运用修饰工具，结合通道知识，利用提供的素材，对皮肤进行修饰，如图 4-102 所示。

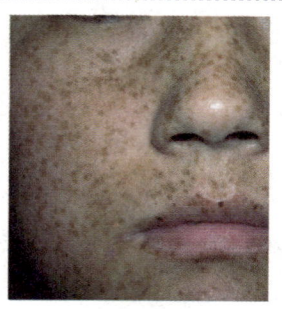

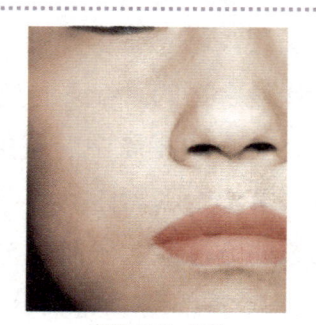

原图像　　　　　　　　　　　　　　修饰后的皮肤

图 4-102　修饰皮肤

4.6 图像的裁剪与尺寸调整

相关知识

在将创作的精美图像应用于其他图像文件中时，可以发现，图像尺寸通常不匹配，此时需要对图像的尺寸进行调整。

调整图像尺寸的方法有两种，一种是使用"裁剪工具"对图像进行裁剪，另一种是通过菜单命令精确调整图像的大小、比例及分辨率。

4.6.1 图像的裁剪

使用"裁剪工具"可以直接对图像进行裁剪，其属性栏如图 4-103 所示。

图 4-103 "裁剪工具"的属性栏

我们可以直接使用"裁剪工具"在图像上拖曳鼠标指针，从而得到所需的图像尺寸；也可以在属性栏中设置高度和宽度；还可以在其下拉列表中选择裁剪的规格比例、大小和分辨率，如图 4-104 所示。

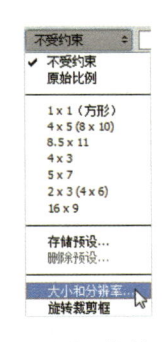

具体操作如下：如图 4-105 所示，我们只需要左边的花，选择"裁剪工具"会在图像上出现裁剪框，拖动边框即可对图像进行裁剪，其中的灰色部分是要被裁掉的，在调整好裁剪框后，双击鼠标或按 Enter 键即可。

图 4-104 选择裁剪的规格比例、大小和分辨率

原图像　　　　　　拖动裁剪框　　　　　　裁剪后的效果

图 4-105 使用"裁剪工具"裁剪图像

4.6.2 图像的尺寸调整

执行"图像"→"图像大小"命令，弹出"图像大小"对话框，如图 4-106 所示。在该对话框中，可以查看图像的大小及分辨率，也可以根据需要精确地重新设置图像的大小及分辨率。

缩放样式：勾选该复选框，图像文件中的图层样式会根据比例进行改变，反之图层样式不发生变化。

约束比例：勾选该复选框，会在宽度和高度之间出现链接图标，调整宽度或高度，另一个也会随之改变，无论怎样改变宽度和高度，图像的宽高比都不会改变。

在实际操作过程中，有时需要将图像上传到网络上，通常对图像大小有要求，有的要求图像大小不超过 150KB，有的甚至要求图像大小不超过 10KB。我们在制作图像时，通常不会把图像做得太小，因此需要在存储图像时，对相关参数进行设置，缩小图像大小。以图 4-106 中打开的图像为例，该图像在被裁剪后的大小为 1.66M，不合适上传到网络上，我们可以执行"文件"→"另存为"命令，在弹出的对话框中进行相关的参数设置，如图 4-107 所示。在参数设置完成后，我们可以清楚地看到，图像文件的大小变成了 68.1KB。

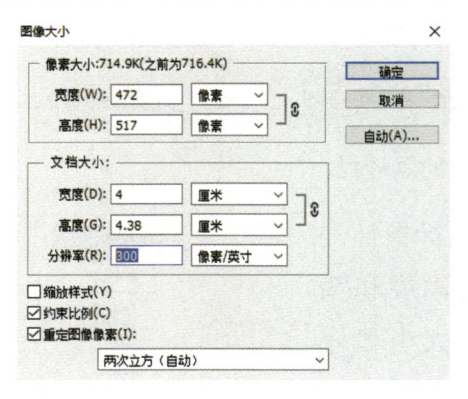

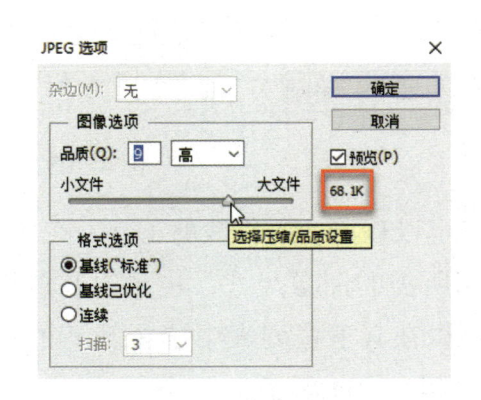

图 4-106　"图像大小"对话框　　　　图 4-107　图像大小的相关参数设置

如果原图像的分辨率太高，则可以根据实际情况将其分辨率调低。对于 RGB 图像，一般通常将分辨率设置为 72 像素/英寸，可以大幅度减小图像文件的大小。

熟记快捷键：

- 按住 Ctrl+Shift+Alt 键，再按 T 键："再次"命令。
- Ctrl+L：调整色阶。
- Ctrl+M：调整曲线。

4.7　习题

一、选择题

1. 采用下列哪种颜色模式的图像是由纯黑和纯白两种颜色构成的？（　　）
   A．灰度模式　　　　　　B．黑白模式　　　　　　C．RGB 模式
2. 执行下列哪一条指令，可以调整图像的整体色彩偏向？（　　）
   A．曲线　　　　　　　　B．自动色阶　　　　　　C．色彩平衡
3. 执行下列哪一条指令，可以调整图像色彩的明暗程度？（　　）
   A．色阶　　　　　　　　B．替换颜色　　　　　　C．曝光度

4. 使用下列哪一个工具,可以在选区内填充渐变色?（　　）

　　A. 渐变工具　　　　　　B. 油漆桶工具　　　　　　C. 魔术棒工具

5. 执行下列哪一条命令,可以直接将彩色图像变为灰色图像?（　　）

　　A. 替换颜色　　　　　　B. 去色　　　　　　　　　C. 可选颜色

6. 使用下列哪一种橡皮擦工具,可以将橡皮擦经过的图像区域擦除,并且自动为擦除的区域填充背景色?（　　）

　　A. 橡皮擦工具　　　　　B. 背景橡皮擦工具　　　　C. 魔术橡皮擦工具

7. 使用下列哪一个工具,能够以涂抹的方式将某个区域的图像仿制到同一个图像中?（　　）

　　A. 仿制图章工具　　　　B. 涂抹工具　　　　　　　C. 模糊工具

8. 执行下列哪一条命令,可以改变图像的尺寸?（　　）

　　A. 图像/图像大小　　　 B. 图像/裁切　　　　　　 C. 图像/裁剪

二、简答与练习

1. 简述自定义图案的操作过程并实践。
2. 简述设置图像大小的方法并实践。
3. 熟记本章中的常用快捷键。
4. 根据提供的素材,制作扭曲的图像效果,如图 4-108 所示。
5. 根据所学的知识和技能,制作"时钟"图像,如图 4-109 所示。

图 4-108　扭曲的图像效果　　　　　　图 4-109　"时钟"图像

时钟操作提示:主要使用"渐变工具"和"再次"变换命令。

（1）因为要绘制同心圆,所以需要借助标尺。

（2）在对钟面进行"角度渐变"的颜色编辑时,最左边和最右边的色桶颜色要保持一致,如图 4-110 所示,否则在填充颜色后会产生一条明显的交接线。

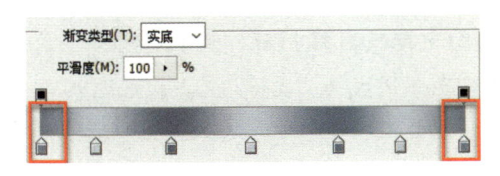

图 4-110　编辑渐变色

（3）在对刻度进行旋转时,因为图形较小,并且不能移动中心点,所以要在中心点位置创建一个大一点的图形,用于辅助刻度旋转,如图 4-111 所示。在刻度旋转完成后,可以将中心点位置的辅助图形删除,如图 4-112 所示。

121

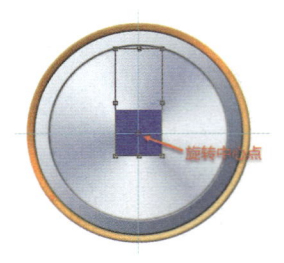

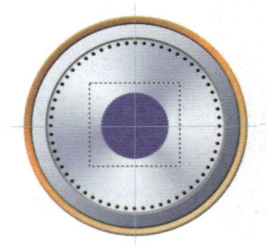

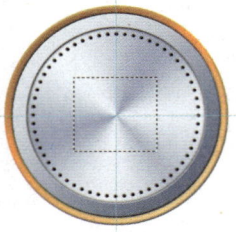

图 4-111　设置旋转中心点　　　　图 4-112　选中辅助图形并删除

（4）分针刻度旋转角度为 6 度，时针刻度旋转角度为 30 度。

6．根据提供的素材，给图像换色，效果如图 4-113 所示。

图 4-113　给图像换色

7．运用"渐变工具"及颜色填充的相关知识，绘制"彩虹"图像，如图 4-114 所示。

图 4-114　绘制"彩虹"图像

操作提示：

（1）选择"渐变工具"，打开"渐变编辑器"窗口，单击"预设"中的黑色小三角，在其下拉列表中先选择"特殊效果"选项，再选择"罗素彩虹"。

（2）以"径向渐变"方式在画面中拖曳鼠标指针，得到"彩虹"图像。

（3）在"图层"面板中设置图层混合模式为"柔光"，给彩虹图层添加蒙版，隐藏下半部分，完成练习。

路径与形状工具

第 5 章

↓ 本章学习要点

- 认识路径。
- 掌握钢笔工具的使用方法。
- 掌握编辑路径的方法。
- 熟悉"路径"面板的使用方法。
- 了解并掌握画笔在路径上的应用。
- 掌握形状工具的使用方法。
- 掌握对路径的管理方法。
- 了解并掌握路径与选区之间的关系。

↓ 重点和难点

- 对路径进行各种编辑。
- 熟练使用路径绘制图形、图像。

↓ 达成目标

- 了解路径及其功能。
- 掌握路径的操作方法。
- 可以使用路径绘制图形、图像。

5.1 关于路径

▶ 相关知识

路径既是 Photoshop 中的重点，又是 Photoshop 中的难点。路径与形状有本质区别，但又存在着非常密切的联系，它们在图像处理与图像合成中的应用非常广泛，图像的精确选取，创建不规则的复杂选区，都需要借助路径和形状工具完成。对路径的编辑是本章的重点和难点。

可以使用"钢笔工具"和"自由钢笔工具"创建路径，也可以使用形状工具创建路径；可以使用"添加锚点工具"、"删除锚点工具"、"转换点工具"、"路径选择工具"和"直接选择工具"对路径进行修改和编辑。

顾名思义，路径就是一条线路，它可以是闭合的，也可以是开放的。一条完整的路径是由路径线、锚点、控制手柄共 3 部分组成的，如图 5-1 所示。

锚点是定义路径中每条线段开始和结束的点。锚点分为角点和平滑点两种，角点是直线转折点；利用平滑点可以创建平滑的曲线，其两端有控制手柄，用于控制曲线的曲度。角点与平滑点可以相互转换。通过移动锚点，可以修改路径线、改变路径的形状。

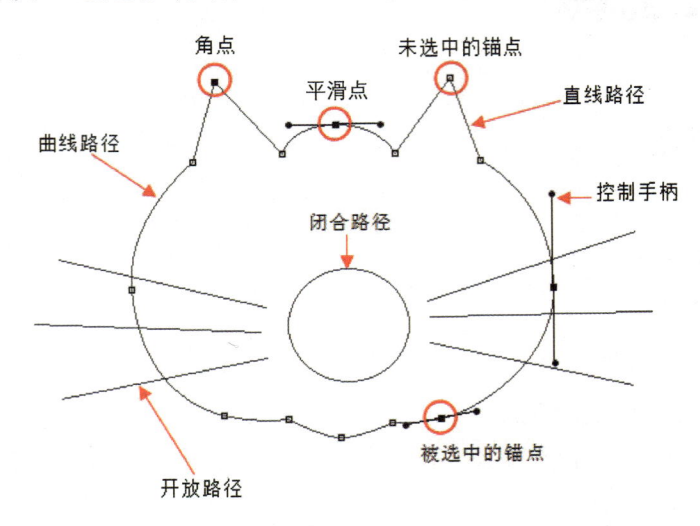

图 5-1 路径的组成

5.2 创建路径

相关知识

如果要选取形状不规则、颜色差异不大的图像，那么使用前面介绍的创建选区的方法无法将图像选出来。如果要创建自己想象中的图像，则可以借助路径工具创建路径，或者绘制所需的图形，然后将其转换成选区，以便对图形进行相关操作。

创建路径的工具主要有"钢笔工具"和"自由钢笔工具"，以及一些简单的形状工具。

5.2.1 "钢笔工具"

创建路径的常用工具是"钢笔工具"，使用"钢笔工具"可以绘制复杂、不规则的形状，从而创建复杂物体的轮廓路径。按 R 键可以快速选择"钢笔工具"，其属性栏如图 5-2 所示。

图 5-2 "钢笔工具"的属性栏

"钢笔工具"的工具模式有 3 种，分别为形状、路径和像素。

形状：选择该选项，会创建图像的形状并自动给其填充前景色，在图层中会自动添加一个新的形状图层，也就是说，产生的是一个图形形状而不是路径，如图 5-3 所示。

路径：选择该选项，会创建图像的工作路径，不会产生形状图层，也不会给其填充前景色，如图 5-4 所示。

像素：选择该选项，会创建图像的像素图，即自动生成一个以前景色为填充色的像素图，如图5-5所示。

图 5-3　创建图像的形状并自动给其填充前景色 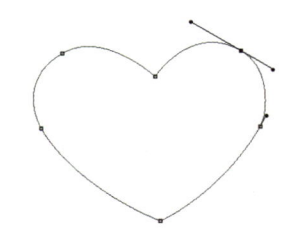　　　图 5-4　创建图像的工作路径 　　　图 5-5　绘制图像的像素图

使用"钢笔工具"创建路径的方法如下：在属性栏中选择"路径"选项，在画面中单击，创建第一个路径锚点，然后创建第二个锚点，两个锚点之间会出现一条路径。需要注意的是，使用的方法不一样，产生的效果不一样，只点选不拖曳鼠标指针产生的路径是直线路径，其路径线之间的锚点为角点（这是初学者经常出现的问题），如图5-6所示；点选的同时拖曳鼠标指针，产生的路径是曲线路径，其路径线之间的锚点为平滑点，其两端有控制手柄，用于调节路径线的平滑程度，如图5-7所示。

图 5-6　创建直线路径 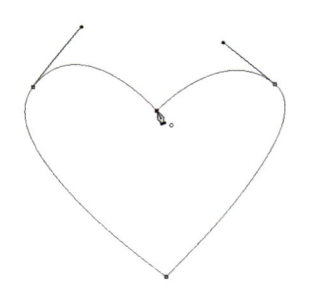　　　图 5-7　创建曲线路径

创建闭合路径：在创建路径时，将鼠标指针放在路径的起点（第一个锚点）处，鼠标指针的右下角会出现一个小圆圈，单击即可封闭该路径，如图5-8所示。

创建开放路径：在创建路径时，按住 Ctrl 键，鼠标指针会变成空白箭头，单击即可形成开放路径；任意绘制一个锚点，然后按 Delete 键将其删除，也可以形成开放路径（删除锚点意味着删除连接该锚点的两条路径线），如图5-9所示。

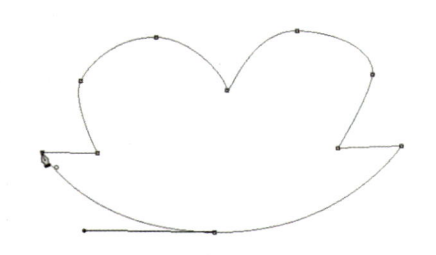

图 5-8　创建闭合路径　　　图 5-9　创建开放路径

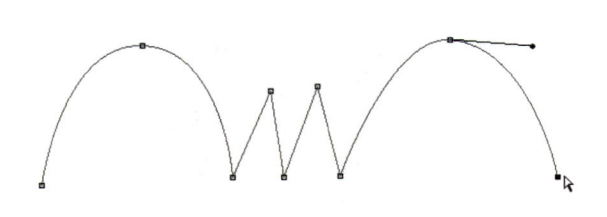

在实际操作中，我们可以利用路径绘制不同形状的虚线图形，方法如下：在创建好路径后，使用文字工具沿路径输入所需的标点符号，字体、大小、间距、颜色等参数设置与文字的参数设置是一样的，如图5-10和图5-11所示。

图 5-10　利用闭合路径绘制虚线图形

图 5-11　利用开放路径绘制虚线图形

小试牛刀

如果要连接两条开放的路径，那么使用"钢笔工具"先单击其中一条开放路径的最后一个锚点，再单击另一条开放路径的最后一个锚点，即可实现两条开放路径的连接。

5.2.2　"自由钢笔工具"

按 Shift + P 快捷键，可以在"钢笔工具"与"自由钢笔工具"之间切换。"自由钢笔工具"的属性栏如图5-12所示。

图 5-12　"自由钢笔工具"的属性栏

使用"自由钢笔工具"可以像使用钢笔在纸上绘图一样自由地创建路径，而不需要像"钢笔工具"那样通过创建锚点创建路径，系统会自动在创建的曲线路径上添加锚点，缺点是创建的路径不如使用"钢笔工具"创建的路径精确，并且无用的锚点很多。在使用"自由钢笔工具"创建路径的过程中，如果按住 Alt 键不放，可以暂时以点选的方式创建直线路径。如果在其属性栏中勾选"磁性的"复选框，则可以像使用"磁性套索工具"一样，顺着图像的边缘创建图像的路径，如图5-13所示。

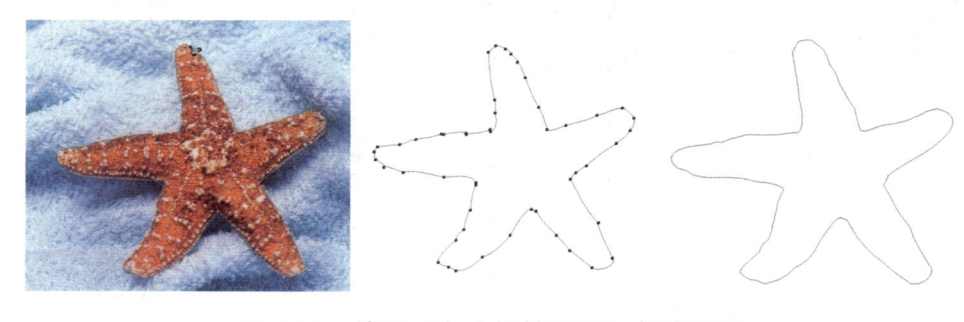

图 5-13　使用"自由钢笔工具"创建路径

5.3 编辑路径

▶ 相关知识

在路径创建完成后,如果对创建的路径不满意,则可以使用路径编辑工具对其进行编辑。路径编辑工具有 5 个,分别为"添加锚点工具" 、"删除锚点工具" 、"转换锚点工具" 、"路径选择工具" 和"直接选择工具" 。我们还可以通过"路径"面板对路径进行复制、隐藏、删除、存储、描边及填充等操作。

5.3.1 路径编辑工具

"添加锚点工具" :使用该工具在路径上单击,即可在单击处添加锚点。

"删除锚点工具" :使用该工具在路径的锚点上单击,即可删除该锚点。

"转换锚点工具" :使用该工具可以对角点和平滑点进行转换,以便调整路径。例如,如图 5-14 所示,第二个锚点为角点,使用"转换锚点工具"将其选中并拖曳鼠标指针,可以将其转换成平滑点并产生控制手柄,如图 5-15 所示。利用控制手柄,可以进行单边调整,如图 5-16 所示。

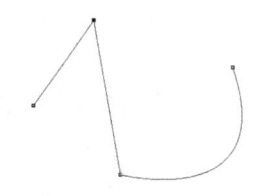

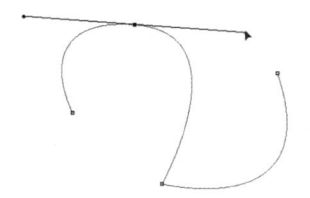

图 5-14　角点　　　　　图 5-15　转换为平滑点　　　　　图 5-16　单边调整

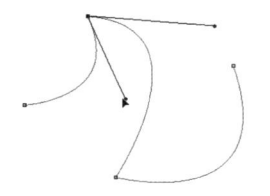

"路径选择工具" :使用该工具在路径上单击,可以选取整个路径,并且对其进行移动、删除、变形等操作。

"直接选择工具" :使用该工具可以选取单一的锚点和线段,用于调整和修改路径,如果按住 Shift 键,则可以选取多个锚点和线段,并且移动、删除或调整被选中的锚点或线段。使用"钢笔工具"绘制天鹅路径,使用"直接选择工具"对其进行编辑,按 Ctrl+Enter 快捷键,将其转换为选区,再给其填充黑色,得到天鹅图像,如图 5-17 所示。

绘制天鹅路径　　　　　将路径转换为选区　　　　　填充黑色

图 5-17　使用"钢笔工具"绘制天鹅图像

📖 小知识

如果希望减小图像文件的大小,以免在打印时发生错误,那么尽量减少锚点数量,并且延长锚点之间的距离。锚点为实点,表示该锚点被选中;锚点为空的小方块,表示该锚点未被选中。

5.3.2 "路径"面板的使用

在路径创建完成后,可以通过"路径"面板对路径进行编辑与管理,如用前景色填充路径、将路径作为选区载入、用画笔描边路径、创建新路径等。"路径"面板如图 5-18 所示。

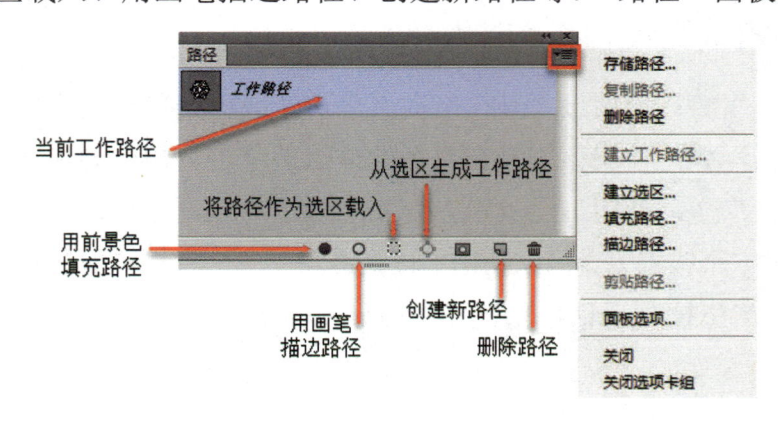

图 5-18 "路径"面板

单击"创建新路径"按钮,可以创建一条新的工作路径。将工作路径拖入"创建新路径"图标,可以复制工作路径。双击路径,可以给路径重命名,以便识别路径内容。

如果"路径"面板中有多条路径,那么同一时间只能选择一条路径作为工作路径,该路径为激活状态(变蓝)。

为了方便进行图层操作,在路径编辑完成后,可以将其暂时隐藏,单击"路径"面板中灰色部分即可。

单击"用前景色填充路径"按钮,可以使用当前设置的前景色填充路径。

单击"将路径作为选区载入"按钮,可以将当前的工作路径转换为选区(快捷键为 Ctrl+Enter)。该功能的应用示例如图 5-19 所示。

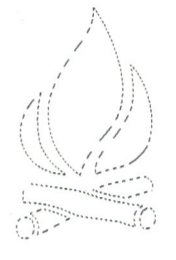

(1)当前工作路径　　　　(2)将工作路径转换为选区　　　　(3)填充颜色

图 5-19 "将路径作为选区载入"功能的应用示例

单击"从选区生成工作路径"按钮，可以将当前的选区转换为工作路径。这是一个常用功能，有些图像利用选区很难修改，将选区转换为工作路径，可以很容易地对其进行精确的调整。该功能的应用示例如图5-20所示。

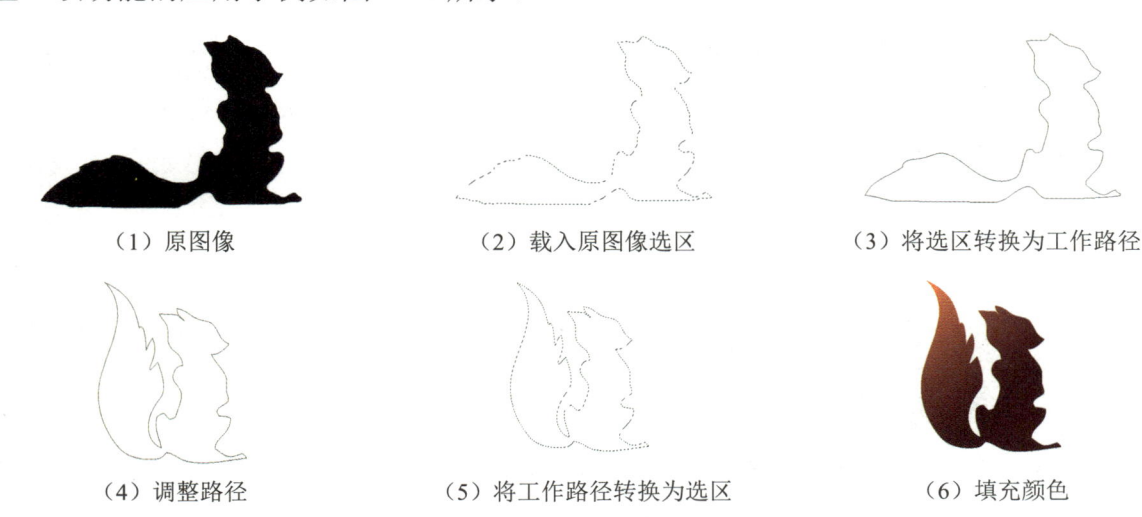

（1）原图像　　　　　　　　（2）载入原图像选区　　　　　　（3）将选区转换为工作路径

（4）调整路径　　　　　　　（5）将工作路径转换为选区　　　　　（6）填充颜色

图5-20　"从选区生成工作路径"功能的应用示例

单击"用画笔描边路径"按钮，可以使用当前选择的画笔和前景色描边路径。该功能的应用示例如图5-21所示。

（1）工作路径　　　　　　　（2）用画笔描边路径　　　　　　　（3）隐藏路径

图5-21　"用画笔描边路径"功能的应用示例

小试牛刀

运用所学的路径知识，制作展厅效果图，如图5-22所示。

步骤解析。

（1）新建一个空白的图像文件，设置其尺寸为1000像素×700像素、"分辨率"为90像素/英寸、"颜色模式"为"RGB颜色"、"背景内容"为"浅灰色"。

（2）并排绘制6个矩形，如图5-23所示。

（3）执行"编辑"→"变换"→"透视"命令，对6个矩形进行"透视"变换，效果如图5-24所示。

图5-22　展厅效果图

图 5-23 并排绘制 6 个矩形　　　　　　图 5-24 对 6 个矩形进行"透视"变换

（4）使用"钢笔工具"创建如图 5-25 所示的路径，按 Ctrl+Enter 快捷键，将路径转换为选区。新建一个图层，设置前景色为灰色，给其填充前景色，并且添加"投影"图层样式，效果如图 5-26 所示。

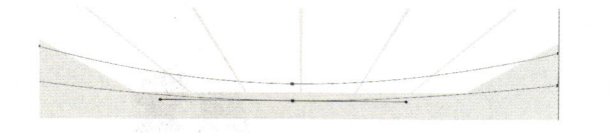

图 5-25 创建路径　　　　　　图 5-26 填充灰色并添加"投影"图层样式

（5）复制路径，使用"直接选择工具"调整路径（将中间部分向下压一些），将路径转换为选区。在上一个图层的下方新建一个图层，给其填充深一些的灰色，并且添加"光泽"和"投影"图层样式，效果如图 5-27 所示。

（6）新建一个图层，使用"椭圆工具"创建一个椭圆形路径，将其转换为选区，给其填充白色并添加"投影"图层样式，实现吸顶灯效果，复制 3 个吸顶灯，分别调整其大小和位置，效果如图 5-28 所示。

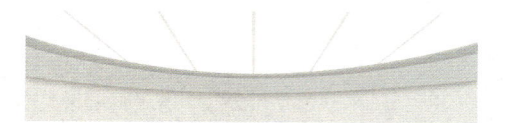

图 5-27 复制路径并填充颜色　　　　　　图 5-28 制作吸顶灯

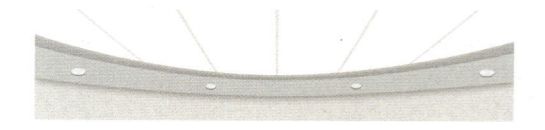

（7）使用"矩形工具"绘制 4 个正方形，将其拼接成地砖图形，如图 5-29 所示。将"背景"图层设置为透明的，选取地砖图形，执行"编辑"→"定义图案"命令，将地砖图形自定义为图案。新建一个图层，执行"编辑"→"填充"命令，填充自定义的图案，效果如图 5-30 所示。

图 5-29 绘制正方形并将其拼接成地砖图形　　　　　　图 5-30 填充自定义的图案

（8）使用"钢笔工具"在画面的下半部分绘制一条弧形路径作为地面，将其转换为选区，

给其填充颜色，并且添加"投影"图层样式，如图 5-31 所示。

（9）首先载入填充的图案选区，按 Ctrl+C 快捷键复制；然后载入地面选区，执行"编辑"→"选择性粘贴"→"贴入"命令，将复制的图案贴入地面；再执行"编辑"→"变换"→"透视"命令，对图案进行"透视"变换；最后按 Ctrl+T 快捷键，将图案拉宽，使地面实现近大远小的透视效果，如图 5-32 所示。

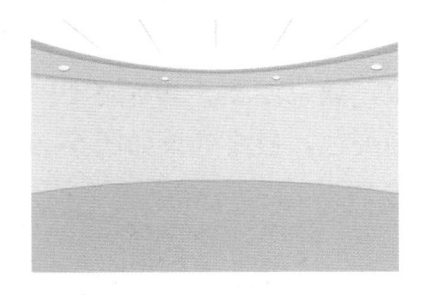

图 5-31　绘制地面　　　　　　　　图 5-32　"贴入"图案

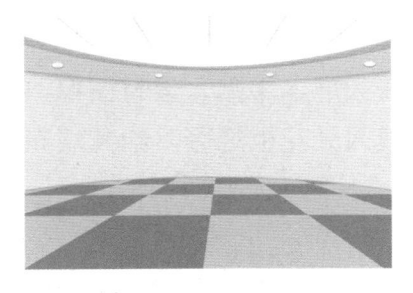

（10）使用"钢笔工具"沿左边地面创建一条路径，使用"直接选择工具"调整该路径，效果如图 5-33 所示。新建一个图层，将路径转换为选区，给其填充黑色，并且添加"投影"图层样式，效果如图 5-34 所示。

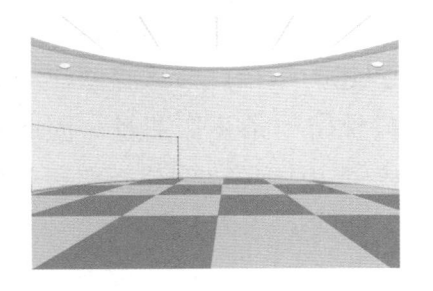

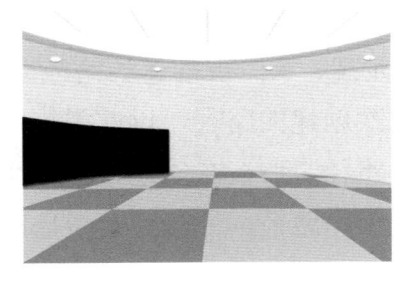

图 5-33　创建并调整路径　　　　　图 5-34　填充黑色并添加"投影"图层样式

（11）新建一个图层，使用"矩形选框工具"对上一步中的选区进行减选，给其填充白色，得到新的图形效果，效果如图 5-35 所示。取消选区，复制图层，对其进行水平翻转，然后将其向画面右侧移动，效果如图 5-36 所示。

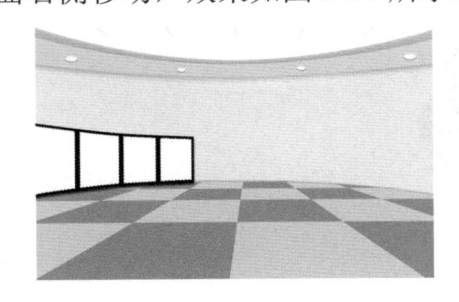

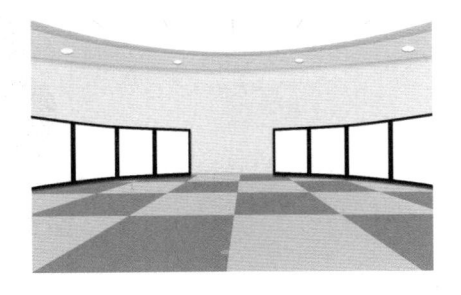

图 5-35　新的图形效果　　　　　　图 5-36　水平翻转并移动

（12）利用"贴入"命令，将素材图像贴入相应的方格，效果如图 5-37 所示。
（13）绘制大屏幕，给其添加"斜面和浮雕""投影"图层样式，效果如图 5-38 所示。

图 5-37　贴入素材图像　　　　　　　　图 5-38　绘制大屏幕并给其添加图层样式

（14）在大屏幕中贴入素材图像，并且设计文字效果，效果如图 5-39 所示。

（15）载入天花板选区，给其填充淡黄色—白色的渐变色，最终效果如图 5-40 所示。

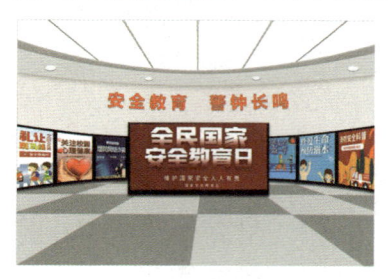

图 5-39　贴入素材图像并设计文字效果　　　　　图 5-40　最终效果

对于路径，同样可以通过按 Ctrl+T 快捷键对其进行缩放、旋转、翻转等操作。在操作过程中，可以发现，第二次创建的路径会自动覆盖第一次创建的路径，第三次创建的路径会自动覆盖第二次创建的路径，以此类推，"路径"面板中只保留一条工作路径。因此，如果要保留创建的路径，那么在创建其他路径时，单击"路径"面板中的"创建新路径"按钮，即可创建新的工作路径，并且不会覆盖之前创建的路径。

展身手

运用路径及"路径"面板的相关知识，绘制卡通女孩，如图 5-41 所示。

图 5-41　绘制卡通女孩

5.4　形状工具

▶ 相关知识

Photoshop CS6 提供了多种形状工具，如图 5-42 所示。我们可以使用这些形状工具绘制多种规则或不规则的矢量图和路径，如矩形、圆角矩形、椭圆形、多边形、直线及各种自定义形状。

5.4.1 "矩形工具"

"矩形工具"主要用于绘制矩形或正方形，其属性栏如图5-43所示。

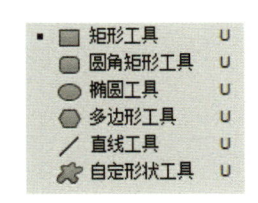

图5-42 形状工具

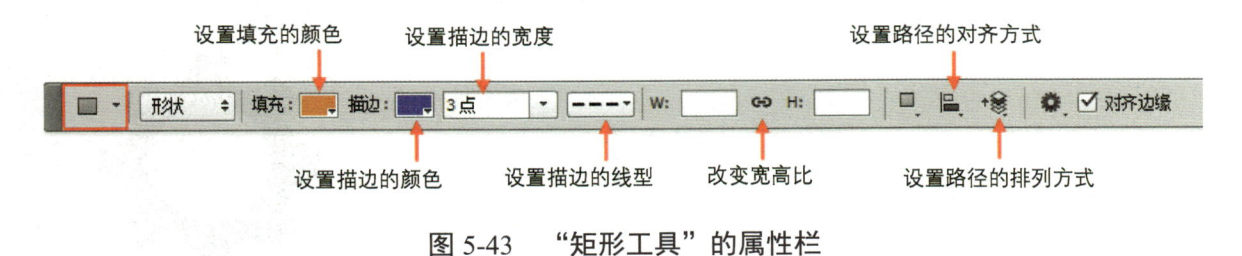

图5-43 "矩形工具"的属性栏

如果"描边颜色"图标变成 ，则表示绘制的形状没有描边。

"矩形工具"的使用方法与"矩形选框工具"的使用方法一样，也可以通过按某些键绘制特定的形状。例如，按住Shift键可以绘制正方形，按住Alt键可以绘制以鼠标指针落点为中心的矩形，先后按住Alt键和Shift键可以绘制以鼠标指针落点为中心的正方形，如图5-44所示。

任意矩形　　正方形　　以鼠标指针落点为中心的任意矩形　　以鼠标指针落点为中心的正方形

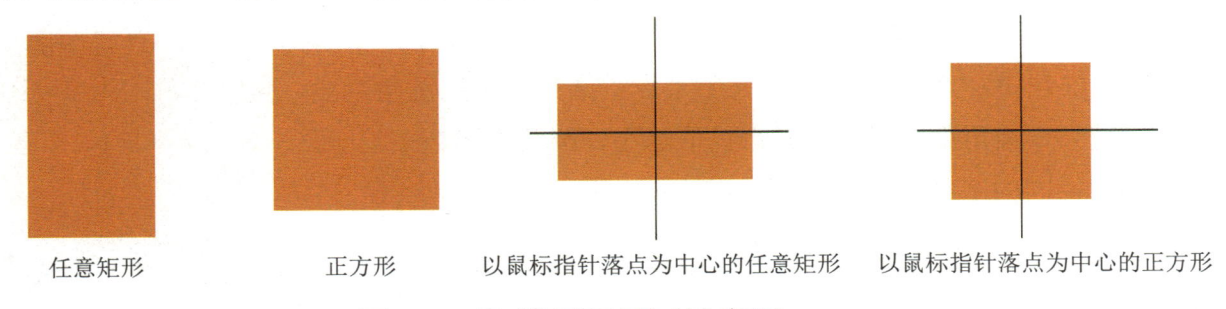

图5-44 用"矩形工具"绘制矩形

我们还可以通过路径工具属性栏中的"合并形状组件"选项绘制特殊图形，如图5-45所示。

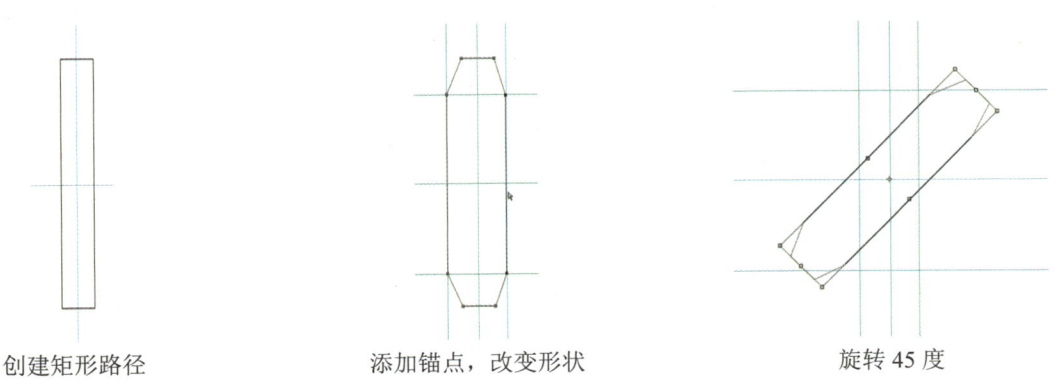

创建矩形路径　　　　添加锚点，改变形状　　　　旋转45度

图5-45 通过路径工具属性栏中的"合并形状组件"选项绘制特殊图形

133

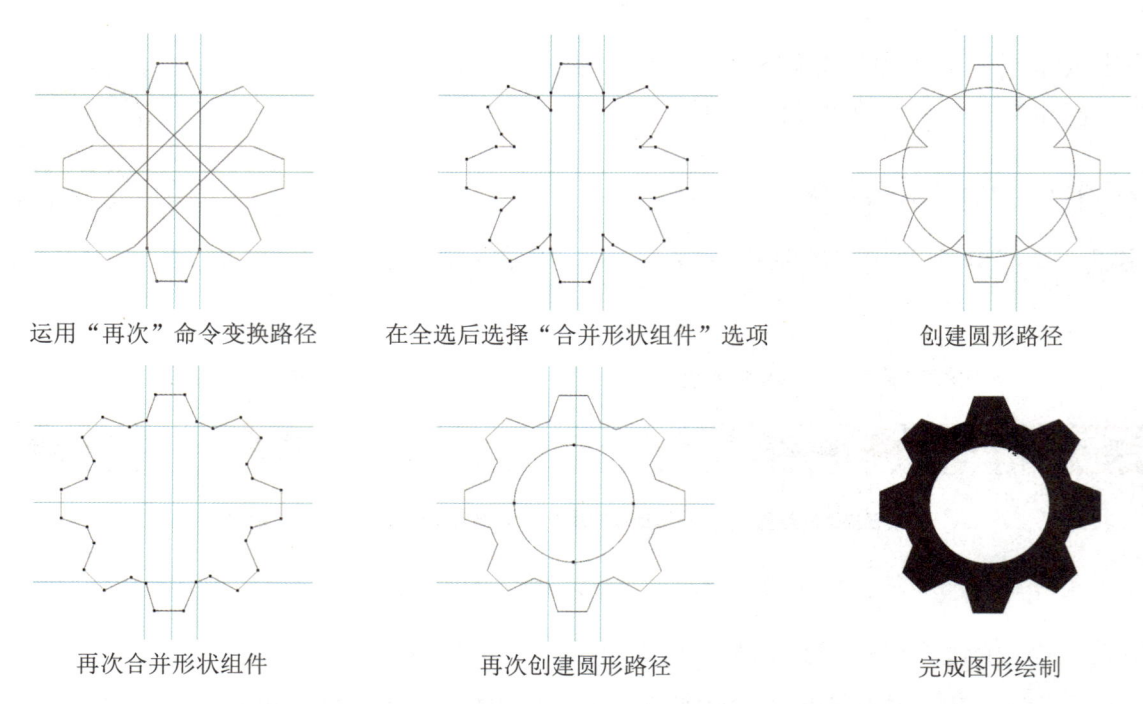

运用"再次"命令变换路径	在全选后选择"合并形状组件"选项	创建圆形路径
再次合并形状组件	再次创建圆形路径	完成图形绘制

图 5-45　通过路径工具属性栏中的"合并形状组件"选项绘制特殊图形（续）

5.4.2　"圆角矩形工具"

"圆角矩形工具"主要用于绘制圆角矩形，其属性栏如图 5-46 所示。在"圆角矩形工具"的属性栏中，"半径"属性主要用于设置圆角矩形的圆角半径，其取值范围为 0～1000 像素，值越大，圆角矩形越接近圆形；值越小，圆角矩形越接近矩形。设置不同的"半径"值，可以绘制不同的圆角矩形，如图 5-47 所示。

图 5-46　"圆角矩形工具"的属性栏

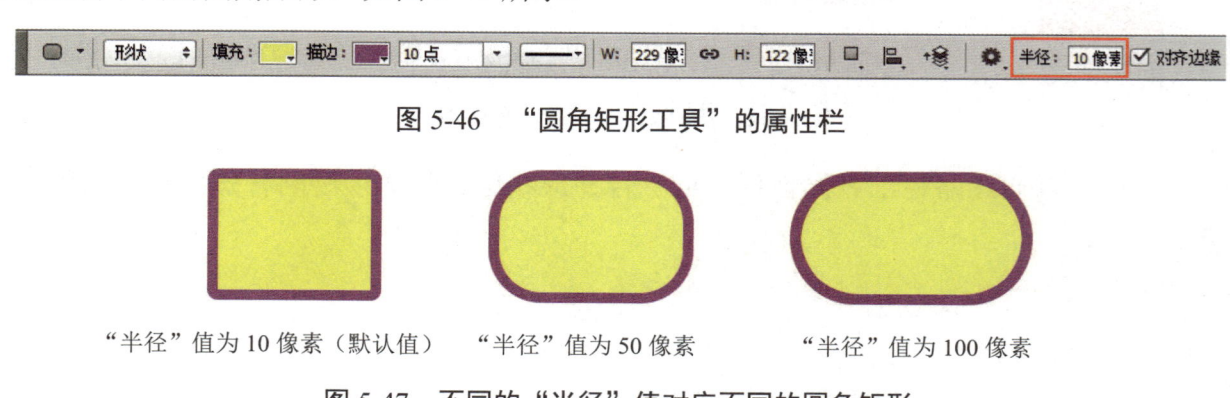

"半径"值为 10 像素（默认值）	"半径"值为 50 像素	"半径"值为 100 像素

图 5-47　不同的"半径"值对应不同的圆角矩形

5.4.3　"椭圆工具"

"椭圆工具"主要用于绘制椭圆形或正圆形，其属性栏及操作方法与"矩形工具"的相同，只是绘制的形状不一样。

5.4.4　"多边形工具"

"多边形工具"主要用于绘制每边等长的多边形图形，其属性栏如图 5-48 所示。在其属性栏中可以设置多边形的边数。

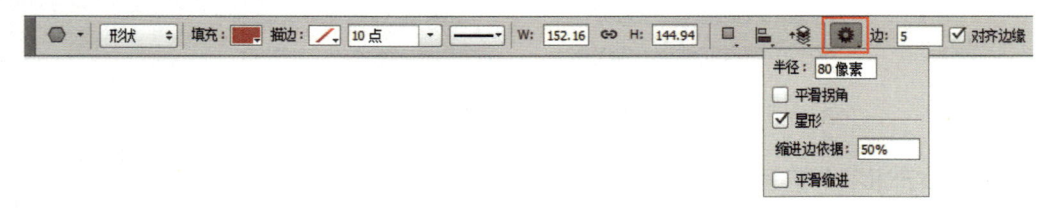

图 5-48 "多边形工具"的属性栏

边：设置多边形的边数。

半径：设置多边形的中心点到顶点的距离，可以决定多边形的固定大小。

平滑拐角：勾选该复选框，可以使各边之间实现平滑过渡。

星形：勾选该复选框，可以绘制星形。星形的形状由"缩进边依据"的值决定。星形的不同属性效果如图 5-49 所示。

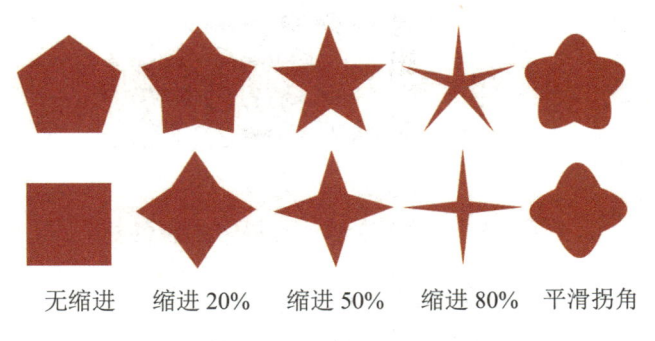

无缩进　　缩进 20%　　缩进 50%　　缩进 80%　　平滑拐角

图 5-49 星形的不同属性效果

5.4.5 "直线工具"

"直线工具"主要用于绘制粗细不同的直线，其属性栏如图 5-50 所示。在"直线工具"的属性栏中可以设置直线的宽度，也可以设置各种不同的箭头及箭头属性。

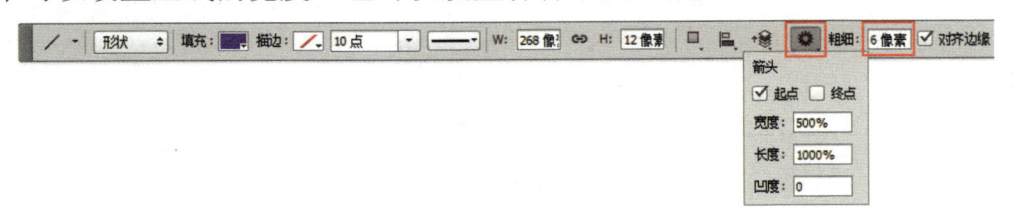

图 5-50 "直线工具"的属性栏

起点：勾选该复选框，可以在直线的起点处添加箭头。

终点：勾选该复选框，可以在直线的终点处添加箭头。

凹度：设置箭头最宽处的凹凸程度，正值为凹，负值为凸。

使用"直线工具"可以绘制不同粗细的直线及不同大小、形状的箭头，如图 5-51 所示。

在绘制时，按住 Shift 键，可以绘制水平、垂直或 45 度方向的直线或箭头。

图 5-51　不同粗细的直线及不同大小、形状的箭头

5.4.6 "自定形状工具"

Photoshop CS6 中内置了很多形状，供我们随时选用。"自定形状工具"主要用于提供这些形状，其属性栏如图 5-52 所示。在"自定形状工具"的属性栏中，可以在"形状"下拉面板中查找所需图形。在"形状"下拉面板中单击右上角的图标，在弹出的下拉列表中选择"全部"选项，即可在"形状"下拉面板中将所有的内置形状都列出来，拖曳右下角可以将所有形状展现。

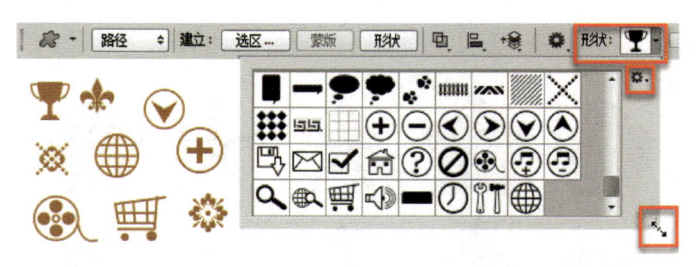

图 5-52　"自定形状工具"的属性栏

与自定义图案一样，我们也可以将所需图形设置为自定义形状，以便以后随时选用，具体方法如下：先使用路径工具绘制要定义的图形，再执行"编辑"→"定义自定形状"命令，即可在"形状"下拉面板中找到我们自定义的形状。

📖 小知识

自定义形状记录的只是图形的外框，因此，填充什么颜色并不重要。

小试牛刀

运用所学知识，制作"致妈妈"图像，如图 5-53 所示。

图 5-53　"致妈妈"图像

步骤解析。

（1）新建一个空白的图像文件，设置其尺寸为 1060 像素×710 像素、"分辨率"为 72 像素/英寸、"颜色模式"为"RGB 颜色"、"背景内容"为"淡蓝色"。

（2）执行"编辑"→"填充"命令，在弹出的"填充"对话框中找到"编织"图案，填充该图案，如图 5-54 所示。

(3)执行"图像"→"调整"→"亮度/对比度"命令,将图案调亮,如图5-55所示。

图5-54 填充"编织"图案　　　　图5-55 调整"亮度/对比度"后的效果

(4)设置前景色为白色,选择"自定形状工具",在其属性栏中将"工具模式"设置为"像素",将"形状"设置为"拼贴1",在画面中拖曳鼠标指针,形成一个"拼贴"图形,如图5-56所示。

(5)按Ctrl+J快捷键,复制若干个"拼贴"图形,将其对齐,形成条形图案,如图5-57所示。

图5-56 绘制"拼贴"图形　　　　图5-57 复制并排列"拼贴"图形

(6)选择"自定形状工具",在其属性栏中将"形状"设置为"装饰5",以同样的方法绘制一个"装饰"图形,如图5-58所示。

(7)按Ctrl+J快捷键,复制若干个"装饰"图形,将其对齐,形成花边图案,如图5-59所示。

图5-58 绘制"装饰"图形　　　　图5-59 复制并排列"装饰"图形

(8)对条形图案和花边图案进行拼接,得到如图5-60所示的拼接图案,将其放置于画面的下边沿。

图5-60 拼接图案

(9)复制拼接图案,对其进行"垂直翻转"变换,并且将其移动至画面的上边沿,完成衬布的制作。新建一个图层,选择"圆角矩形工具",在其属性栏中设置"工具模式"为"像素"、"半径"为10像素,在画面中绘制一个圆角矩形,如图5-61所示。

(10)载入圆角矩形的选区,在"路径"面板中单击"从选区生成工作路径"按钮,将选区转换为路径。设置前景色为白色，选择"画笔工具"，在"画笔"面板中设置画笔的"大小"为 20 像素、"硬度"为 100%、"间距"为 95%，在"路径"面板中单击"用画笔描边路径"按钮，隐藏路径，在"图层"面板中给图形添加"投影"图层样式，效果如图 5-62 所示。

图 5-61　绘制圆角矩形

图 5-62　描边路径

（11）使用同样参数的"圆角矩形工具"，设置"工具模式"为"形状"、描边颜色为浅灰色、描边宽度为 2 点，在图像中依靠大的白色图形，创建一个略小一些的白色带描边的圆角矩形，如图 5-63 所示。

（12）新建一个图层，设置前景色为蓝色，选择"自定形状工具"，在其属性栏中设置"工具模式"为"形状"，描边颜色及粗细保持不变，将"形状"设置为"横幅 4"，在画面中创建一个横幅图形，如图 5-64 所示。复制横幅图形，载入其选区，然后给其填充与原"横幅"图形相同的颜色，按 Ctrl+T 快捷键，将其放大并放置于原"横幅"图形的下方，将原"横幅"图形的不透明度调低，在视觉

图 5-63　创建带描边的圆角矩形

上产生绸带效果，如图 5-65 所示。

图 5-64　创建横幅图形

图 5-65　制作绸带效果

（13）合并两个横幅图层，设置其不透明度为 80%，按 Ctrl+T 快捷键，将其旋转一个角度，并且使用"矩形选框工具"框选一部分绸带图形，如图 5-66 所示；先按 Ctrl+C 快捷键复制，再按 Ctrl+V 快捷键粘贴，载入下方纸张花边图形选区，借助该选区将复制的图形边裁剪成与纸张边缘吻合，给其添加"斜面和浮雕"和"外发光"图层样式，并且将外发光的颜色设置为深蓝色，如图 5-67 所示。在图层中的图层样式名称上右击，在弹出的快捷菜单中选择"创建图层"命令，将图层样式与图像分离，合并分离后的图层样式图层，将不需要的图层样式阴影去除（可以借助绸带的选区，在进行反选后将其删除），降低不透明度，形成丝质绸带效果，如图 5-68 所示。

图 5-66　选取框选绸带图形　　　　图 5-67　添加图层样式　　　　图 5-68　处理图层样式

（14）输入点文字"致妈妈""I Love You"和段落文字"你养我小，我养你老。世上最美好的事莫过于，我已长大，你还未老，我有能力报答，你仍然健康。对不起，从未让你骄傲，你却待我如宝！妈妈，今天是你的节日，祝老妈身体健康！——你的宝贝"，编辑文字，效果如图 5-69 所示。

（15）使用"钢笔工具"创建一条开放的曲线路径，使用"画笔描边路径"的方法绘制曲线，复制 3 条，分别调整其方向和位置，去除超出信纸的曲线；使用不同笔尖大小的"画笔工具"，在曲线上绘制一些不同大小的散落的点作为点缀，效果如图 5-70 所示。

图 5-69　输入并编辑文字　　　　图 5-70　绘制曲线和点缀

（16）新建一个图层，设置前景色为淡蓝色，选择"自定形状工具"，在其属性栏中设置"工具模式"为"像素"，将"形状"设置为"红心形卡"，在画面中创建一个红心形卡，按 Ctrl+T 快捷键，将其旋转一个角度，载入其选区，通过变换选区的方法制作一个心形图形，如图 5-71 所示。复制心形图形，调整其大小、角度、不透明度和位置，效果如图 5-72 所示。

图 5-71　制作心形图形　　　　图 5-72　复制并调整心形图形

（17）置入素材 01 中的图像，调整其大小和位置，完成任务操作。

展身手

运用形状工具的相关知识及基本操作方法，绘制禁止标志，如图 5-73 所示。

图 5-73　绘制禁止标志

5.5　画笔与路径

相关知识

画笔主要用于绘制和编辑图像，路径主要用于创建图像的轮廓，二者似乎没有什么必然的联系，但是"路径"面板中有一个"用画笔描边路径"功能，我们可以充分利用该功能，制作所需的图形。

5.5.1　"画笔工具"

使用"画笔工具"可以模拟真实的画笔绘制图像，但"画笔工具"比真实画笔的灵活性更高，通过设置其属性栏中的相关参数，我们可以随时更换画笔的大小、硬度、模式及不透明度等，从而形成不断变化的图像样式和效果。"画笔工具"的属性栏如图 5-74 所示。

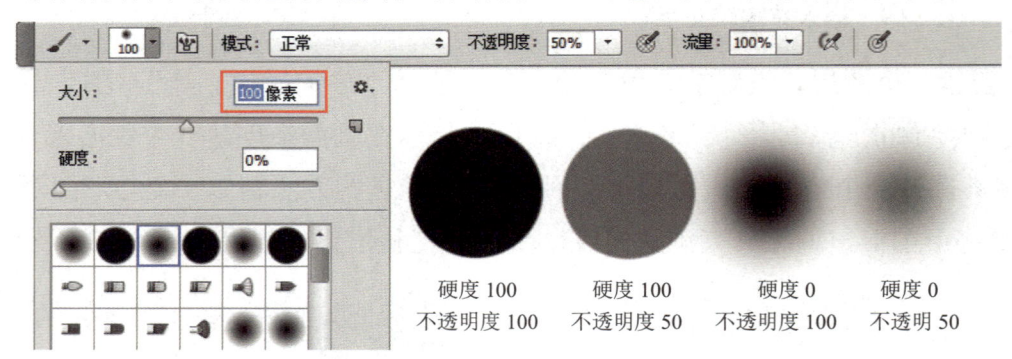

硬度 100　　硬度 100　　硬度 0　　硬度 0
不透明度 100　不透明度 50　不透明度 100　不透明 50

图 5-74　"画笔工具"的属性栏

5.5.2　"画笔"面板

除了在"画笔工具"的属性栏中对画笔进行相关的设置，我们还可以通过"画笔"面板对画笔进行更加详细的功能设置。例如，通过"画笔"面板不仅可以设置画笔的大小和硬度，还可以设置画笔的角度、间距、笔尖形状、形状动态、纹理、散布、颜色动态、其他动态等，从而帮助我们快速地绘制丰富、逼真的图像。"画笔"面板如图 5-75 所示。

只有在工具箱中选择"画笔工具"时，才能使用"画笔"面板，否则"画笔"面板呈灰色，是不可用的。

在设置好"画笔工具"的相关参数后，就可以在画面上绘制图形了，如图 5-76 所示。按住 Shift 键可以绘制水平或垂直方向的图形。"画笔工具"的颜色为前景色。

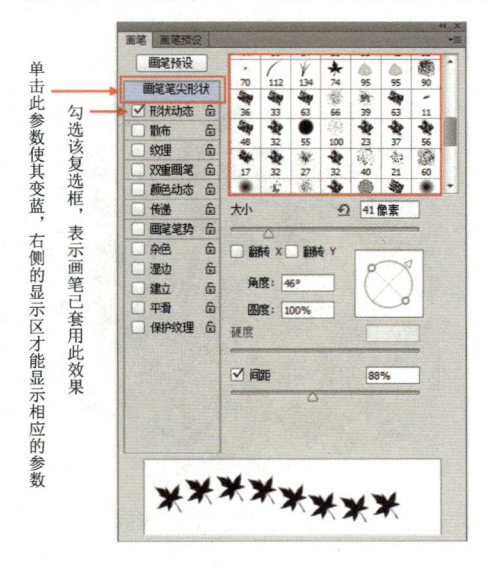

图 5-75　"画笔"面板

图 5-76　使用"画笔工具"绘制图形

常用的参数说明如下。

形状动态：通过设置画笔的"形状动态"参数，可以控制画笔的笔迹变化，可以使画笔的大小、圆度、角度及渐隐方面发生意想不到的变化。"形状动态"的相关参数如图 5-77 所示，不同参数设置的效果如图 5-78 所示。

图 5-77　"形状动态"的相关参数

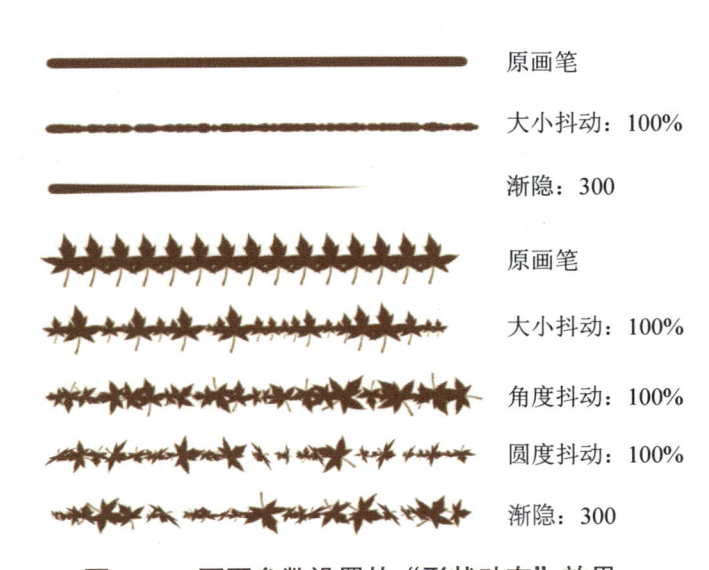

图 5-78　不同参数设置的"形状动态"效果

散布：通过设置画笔的"散布"参数，可以控制画笔在绘制过程中笔迹的数量和位置。

"散布"参数主要用于设置画笔的离散度,该值越大,离散的程度越高;"数量抖动"参数主要用于设置散布点的数量,该值越大,聚集的散布点越多;"数量抖动"参数主要用于设置画笔的抖动幅度,该值越大,画笔效果越不规则。"散布"的参数设置如图 5-79 所示,相应的效果如图 5-80 所示。

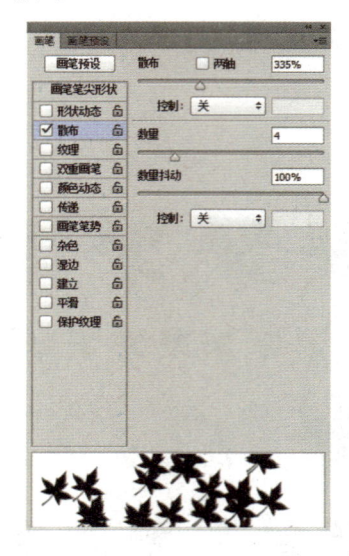

图 5-79 "散布"的参数设置   图 5-80 "散布"效果

5.5.3 自定义画笔

在实际应用中,我们可以自定义所需的画笔,其方法与自定义图案的方法类似:将需要定义的图形或图像选中,执行"编辑"→"定义画笔"命令,即可将选中的图形或图像定义为画笔,在"画笔"面板中可以找到自定义的画笔,如图 5-81 所示。当然,在自定义画笔时,也需要将背景设置为透明的。

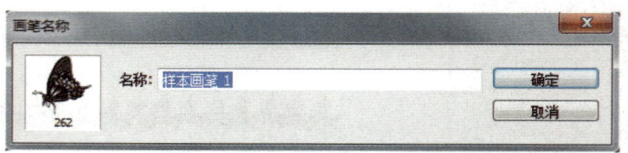

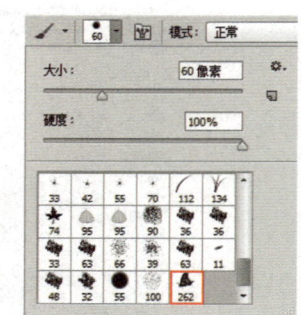

图 5-81 自定义画笔

5.5.4 "画笔工具"与路径

"画笔工具"主要用于绘制图形或图像,但是如果需要绘制特定形状的图形或图像,则很难只使用"画笔工具"完成,如很难用上一节自定义的画笔绘制一个圆形图像。此时我们需要借助路径完成操作,具体方法如图 5-82~图 5-84 所示:首先绘制一个圆形路径;然后选择"画笔工具",在"画笔"面板中找到自定义的画笔,调整其大小、角度和间距;最后在"路径"面板中单击"用画笔描边路径"图标 ○，即可得到所需的圆形图像。

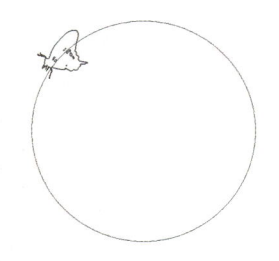

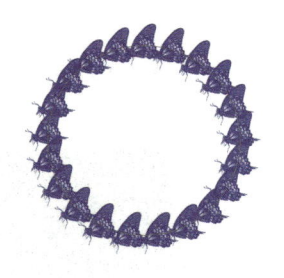

图 5-82　创建圆形路径　　　图 5-83　参数设置完成后的画笔　　　图 5-84　所需的圆形图像

使用"画笔工具"与路径创建特殊形状的示例如图 5-85 所示。

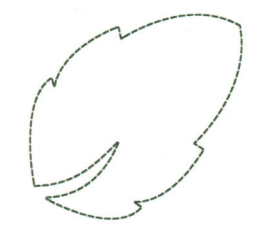

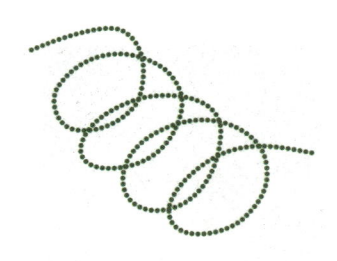

图 5-85　使用"画笔工具"与路径创建特殊形状的示例

小试牛刀

运用所学知识，结合"画笔工具"与路径，制作"梦幻雪乡"图像，如图 5-86 所示。

步骤解析。

（1）新建一个空白的图像文件，设置其尺寸为 850 像素×710 像素、"分辨率"为 72 像素/英寸、"颜色模式"为"RGB 颜色"、"背景内容"为"白色"。

（2）打开素材 05，使用"移动工具"将其移动到新图像文件中，按 Ctrl+T 快捷键调整其大小，将其作为新图像文件的背景。

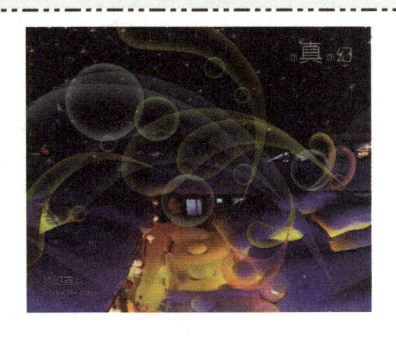

图 5-86　"梦幻雪乡"图像

（3）新建一个图层，使用"钢笔工具"创建一条特殊形状的封闭路径，然后使用"直接选择工具"调整路径的形状及平滑度，因为图形需要，所以有些图形部分要溢出画面，如图 5-87 所示。

（4）按 Ctrl+Enter 快捷键，将路径转换为选区，选择"画笔工具"，在其属性栏中设置"大小"为 180 像素、"硬度"为 0、"不透明度"和"流量"为 20%，使用"吸管工具"吸取背景图像中的某个颜色，再使用"画笔工具"沿选区外侧仔细地涂抹，效果如图 5-88 所示。

（5）在"路径"面板中新建一条路径，返回"图层"面板，新建一个图层，使用"钢笔工具"创建第二条路径，使用"直接选择工具"调整路径的形状及平滑度，如图 5-89 所示。

143

（6）按 Ctrl+Enter 快捷键，将路径转换为选区，选择"画笔工具"，在其属性栏中设置"大小"为 100 像素，其他参数保持不变，先使用"吸管工具"吸取背景图像中的某个颜色，再使用"画笔工具"沿选区外侧仔细地涂抹，可以根据需要多次涂抹，直到达到满意的效果，如图 5-90 所示。

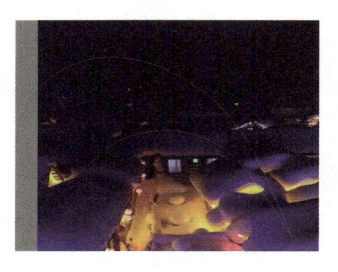

图 5-87 创建并调整路径 　　　　　图 5-88 使用"画笔工具"涂抹的效果（1）

图 5-89 创建并调整第二条路径 　　图 5-90 使用"画笔工具"涂抹的效果（2）

（7）按 Ctrl+D 快捷键取消选区。在"图层"面板中分别将两个图形的不透明度设置为 50%，效果如图 5-91 所示。使用同样的方法绘制第三个图形，形状、颜色及位置如图 5-92 所示。

（8）通过复制、变换等操作，得到其他类似的图形效果，如图 5-93 所示。

图 5-91 调整图形的不透明度 　　图 5-92 绘制第三个图形 　　图 5-93 复制、变换图形

（9）新建一个图层，使用"椭圆选框工具"创建一个正圆形选区。选择"画笔工具"，在其属性栏中设置画笔的"大小"为 100 像素（此为参考，根据实际图形设置）、"硬度"为 0，并且适当减小"不透明度"和"流量"的值，使用"画笔工具"沿选区边缘进行涂抹，得到一个圆形，如图 5-94 所示。

（10）为了节省时间，可以通过复制图层的方法复制多个圆形，调整复制得到的各个圆形的大小、颜色和位置，效果如图 5-95 所示。

（11）添加其他图形，效果如图 5-96 所示。

（12）新建一个图层，选择"画笔工具"，在"画笔"面板中设置"画笔笔尖形状"为"Star70"、"间距"为 50%，在左侧的列表框中勾选"散布"复选框，在右侧的参数设置区内设置散布形式为"两轴",并且将其值设置为975%,设置"数量"为5,如图5-97所示;在"画笔工具"的属性栏中,将"不透明度"和"流量"设置为100%,设置前景色为白色,使用"画笔工具"在画面中进行点刷,然后使用"橡皮擦工具"有选择性地擦掉一些星星,可以分图层点刷星星,以便调整不透明度,从而分出星星的层次,效果如图5-98所示。

图 5-94 绘制圆形　　　图 5-95 复制并调整圆形　　　图 5-96 添加其他图形

（13）添加主题文字"亦真亦幻",设置字体为幼圆、文字颜色为白色,将"真"和"幻"放大一些,用于切合主题,在"图层"面板中将"不透明度"设置为70%;然后输入图片文字"梦幻雪乡,冬日里的那一抹暖色",设置字体为微软雅黑、文字颜色为浅灰色,最终效果如图5-99所示。

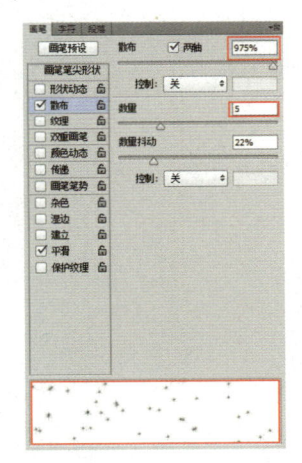

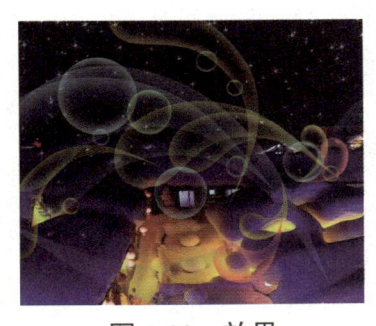

图 5-97 "散布"参数设置　　　图 5-98 效果　　　图 5-99 最终效果

展身手

运用画笔、路径的相关知识及基本操作方法,绘制壁纸,如图5-100所示。

图 5-100 绘制壁纸

145

熟记以下快捷键。

- 先按 Ctrl 键，再单击鼠标，可以绘制开放路径。
- Ctrl+Enter：将路径转换为选区。
- F5：打开"画笔"面板。
- 按 B 键切换为"画笔工具"。
- 按 Shift 键绘制直线。
- Shift+Alt：切换"画笔工具"与拾色器。
- Ctrl：切换"画笔工具"和"移动工具"。

5.6 习题

一、选择题

1. 在图像上绘制曲线路径，可以使用下列哪一个工具？（　　）
   A．画笔工具　　　　　B．铅笔工具　　　　　C．钢笔工具

2. 使用下列哪一个工具，可以用拖曳鼠标指针的方式直接在图像上绘制曲线路径？（　　）
   A．画笔工具　　　　　B．铅笔工具　　　　　C．自由钢笔工具

3. 使用下列哪一个工具，可以选取整条路径？（　　）
   A．魔术棒工具　　　　B．路径选择工具　　　C．滴管工具

4. 执行下列哪条命令，可以将矢量图存储为自定义图案？（　　）
   A．"编辑"→"定义画笔预设"
   B．"编辑"→"定义图案"
   C．"编辑"→"定义自定形状"

5. 使用下列哪一个工具可以绘制矢量图？（　　）
   A．矩形选框工具　　　B．矩形工具　　　　　C．画笔工具

6. 调整路径应该使用下列哪一个工具？（　　）
   A．路径选择工具　　　B．直接选择工具　　　C．移动工具

7. 使用下列哪一个工具，可以用拖曳鼠标指针的方式在图像上绘制图形，绘制出来的线条边缘比较硬且带有锯齿？（　　）
   A．笔刷工具　　　　　B．铅笔工具　　　　　C．模糊工具

二、简答与练习

1. 理解角点与平滑点的不同，并且掌握它们之间的互换方法。
2. 练习并掌握"画笔"面板中各个参数的效果。
3. 熟记本章中的常用快捷键。
4. 制作"齿轮"图像，如图 5-101 所示。
5. 制作"洗消间"图像，如图 5-102 所示。

图 5-101　"齿轮"图像

图 5-102　"洗消间"图像

6. 制作"冲高"图像，如图 5-103 所示。
7. 制作"消火栓使用方法"图像，如图 5-104 所示。

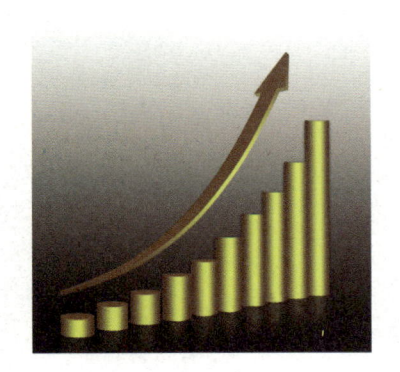

图 5-103　"冲高"图像

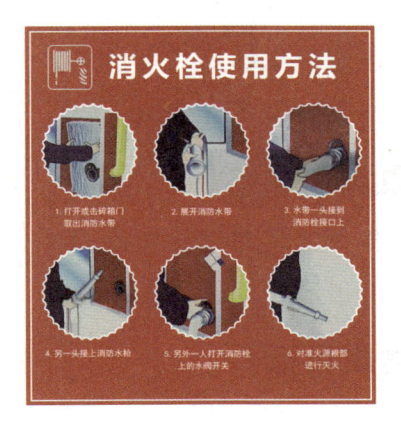

图 5-104　"消火栓使用方法"图像

滤镜特效

第 6 章

↓ 本章学习要点

- 了解滤镜。
- 了解使用滤镜的基本原则。
- 了解滤镜的作用及使用范围。
- 掌握各滤镜组的功能与特点。
- 掌握滤镜的使用方法。

↓ 重点和难点

- 熟悉各种常用滤镜的功能与特点。
- 灵活使用滤镜编辑图像效果。

↓ 达成目标

- 了解滤镜及其功能。
- 掌握常用滤镜的操作方法。
- 能够灵活使用滤镜创新或编辑特殊图像效果。

6.1 关于滤镜

▶ 相关知识

滤镜就像摄影师在照相机镜头前安装的各种特殊镜头，Photoshop 将这种特殊镜头的理念延伸到图像处理技术中，进而产生了"滤镜"这项图像处理技术，在很大程度上丰富了图像效果，使普通的图像作品变得更加生动，更加具有艺术感。

Photoshop CS6 中的滤镜功能主要用于实现特殊的图像效果，具有非常神奇的作用。灵活运用滤镜，不但可以为图像添加不同寻常的艺术效果，而且可以对图像的最终效果起决定性的作用。滤镜的操作非常简单，但是真正用起来很难恰到好处，需要有丰富的想象力，并且需要在不断的实践中积累经验，才能使应用滤镜的水平达到一个较高的境界，从而创作出具有神奇效果的艺术作品。

在 Photoshop CS6 中，我们可以将滤镜分为两大类，分别为独立滤镜和滤镜组，如图 6-1 所示。这些滤镜共有 100 多种，下面主要介绍这两大类中的常用滤镜。

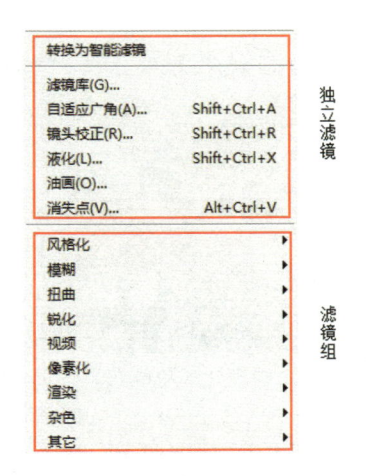

图 6-1 滤镜命令

6.2 独立滤镜

独立滤镜包括滤镜库、液化、智能滤镜、油画、自适应广角、镜头校正、消失点等。

6.2.1 滤镜库

滤镜库是一个集成了 Photoshop 中大部分常用滤镜的集合体，不仅可以方便地对图像应用一个滤镜效果，还可以对同一个图像应用多个滤镜效果，使图像产生更加丰富多变的效果。

对滤镜库的操作非常简单，执行"滤镜"→"滤镜库"命令，即可打开"滤镜库"面板，如图 6-2 所示。

图 6-2 "滤镜库"面板

在"滤镜库"面板中选择某个滤镜组后，对应的节点下会有多种滤镜效果，单击所需的滤镜效果，即可在图像中应用该滤镜效果。在左边的预览图中可以直接观察图像效果，在右侧的参数区中可以对图像效果进行参数设置。参数设置不同，相应的效果不同，因此图像效果是丰富多彩的。"纹理"滤镜组中的滤镜效果（默认参数设置）示例如图6-3所示。

原图像　　　　　　　　纹理化（粗麻布）　　　　　　染色玻璃

马赛克拼贴　　　　　　　拼缀图　　　　　　　　龟裂缝

图6-3　"纹理"滤镜组中的滤镜效果示例

6.2.2　"液化"滤镜

使用"液化"滤镜，可以对图像中的任意区域进行多种类似液化效果的变形，如向前变形、褶皱、膨胀等。变形的程度可以随意控制，可以是轻微的变形，也可以是非常夸张的变形。

执行"滤镜"→"液化"命令，打开"液化"面板，如图6-4所示，所有的操作都在该面板中进行，可以边操作边预览图像效果。

图6-4　"液化"面板

"液化"面板可以分为3部分：左侧为工具栏，中间为操作区，右侧为参数区。工具栏中有 7 种工具，选择这些工具，就可以在操作区中通过拖曳、涂抹的方式，让图像产生相应的效果。

"向前变形工具" ：在图像上拖曳鼠标指针，图像会随着鼠标指针的移动产生变形，效果如图 6-5 所示。

原图像　　　　　　　　　　　　　　　　向前变形效果

图 6-5　向前变形效果对比

"重建工具" ：在图像发生变形后，使用该工具可以完全或部分修复变形。

"褶皱工具" ：将图像像素向画笔区域的中心移动，从而产生褶皱效果。

"膨胀工具" ：将图像像素向背离画笔区域中心的方向移动，从而产生膨胀效果，如图 6-6 所示。

原图像　　　　　　　　　　　　　　　　膨胀效果

图 6-6　膨胀效果对比

"左推工具" ：直接拖曳鼠标指针，可以使图像像素向左推移，如图 6-7 所示。按住 Alt 键并拖曳鼠标指针，可以将像素向右推移。

原图像　　　　　　　　　　　　　　　　左推效果

图 6-7　左推效果

"抓手工具" ：移动图像，使未在窗口中显示的图像显示出来。

"缩放工具" ：放大或缩小操作区中的预览图像，直接单击可以放大预览图像，按住 Alt 键并单击，可以缩小预览图像。

6.2.3 智能滤镜

智能滤镜是结合智能对象产生的，只有将普通图层转换为智能对象图层，才能应用智能滤镜图层。可以将整个图像转换为智能对象，以便应用智能滤镜。在将图像转换为智能对象后，对图像执行的所有滤镜操作都会自动默认为智能滤镜操作。通过智能滤镜可以进行反复编辑、修改、删除、停用等操作。

将图像转换为智能滤镜对象的方法有两种：一种是校正好需要转换的图像，然后执行"滤镜"→"转换为智能滤镜"命令；另一种是在"图层"面板中右击需要转换的图层，在弹出的快捷菜单中选择"转换为智能对象"命令，将其转换为智能对象，然后给其添加滤镜，形成智能滤镜对象，效果如图 6-8 所示。

添加一个智能滤镜，然后在智能对象图层下面创建一个对应的智能滤镜。智能对象图层主要是由智能蒙版和智能滤镜构成的，智能蒙版主要用于隐藏或显示智能滤镜对图像的处理效果，而智能滤镜主要用于显示当前智能滤镜图层中用到的滤镜名称，如图 6-9 所示。

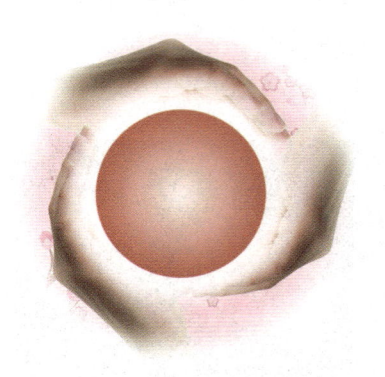

图 6-8　使用智能滤镜效果后的图像 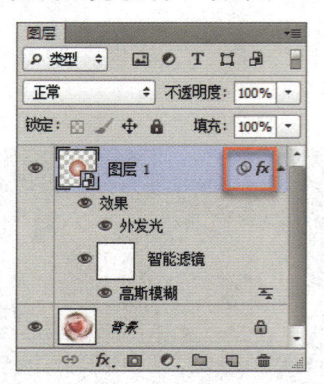　　　　图 6-9　智能滤镜图层

6.2.4 "油画"滤镜

使用"油画"滤镜可以快速、逼真地模拟出油画效果，应用该滤镜前后的效果对比如图 6-10 所示。

原图像　　　　"油画"滤镜效果

图 6-10　应用"油画"滤镜前后的效果对比

6.2.5 "自适应广角"滤镜

"自适应广角"滤镜主要用于校正广角镜头（如广角、鱼眼等）透视变形的问题。

执行"滤镜"→"自适应广角"命令,打开"自适应广角"面板,如图6-11所示。

图6-11 "自适应广角"面板

"自适应广角"面板可以分为3部分:左侧为工具栏,中间为操作区,右侧为参数区。

"约束工具" ：绘制曲线约束线条,图像会沿着曲线位置校正图像。

"多边形约束工具" ：绘制多边形约束区域,图像会沿着约束点位置校正图像。

应用"自适应广角"滤镜前后的效果对比如图6-12所示。

原照片　　　　　　　　　　　　　　"自适应广角"滤镜效果

图6-12 应用"自适应广角"滤镜前后的效果对比

6.2.6 "消失点"滤镜

使用"消失点"滤镜可以在选定的图像区域内进行复制、粘贴操作,操作对象会根据区域内的透视关系进行自动调整,通常用于制作画册、宣传单等。

执行"滤镜"→"消失点"命令,打开"消失点"面板,如图6-13所示。

可以使用"消失点"滤镜去除图6-13中沙发部分的图像,具体步骤如下。

(1)使用"创建平面工具"选取所需的图像部分,如图6-14所示。

(2)使用"创建选区工具"沿着创建的平面框选出选区,如图6-15所示。

图 6-13 "消失点"面板

图 6-14 选取所需的图像部分

图 6-15 创建选区

（3）按住 Alt 键，复制并移动所选图像，如图 6-16 所示。

（4）使用"变换工具"将复制的图像水平翻转（拖曳图中的控制点进行操作），如图 6-17 所示。

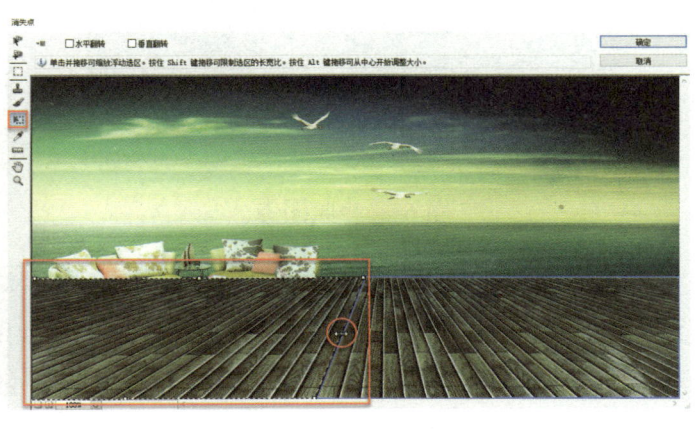

图 6-16　复制并移动图像

图 6-17　将复制的图像水平翻转

（5）使用同样的方法处理草地部分的图像，最终效果如图 6-18 所示。

图 6-18　最终效果

使用修饰工具（如"仿制图章工具"）也可以对图像进行修饰，但不能实现接缝和透视效果。

小试牛刀

运用所学的滤镜相关知识，对图像进行校正，效果如图 6-19 所示。

步骤解析。

（1）打开素材 08，如图 6-20 所示。

（2）执行"滤镜"→"自适应广角"命令，打开"自适应广角"面板，使用"约束工具"在图像中弧形海面的左侧单击，添加第一个约束点；然后在弧形海面的右侧单击，添加第二个约束点，如图 6-21 所示。

图 6-19　校正图像

图 6-20　原图像 　　　　　　　　　　　　　　图 6-21　添加约束点

（3）在添加约束点后，Photoshop 会自动生成一个曲线约束线条，并且对图像进行自动校正，同时出现一个变形控制圆，拖动变形控制圆的圆心，可以对画面进行调整；拖动变形控制图左右两侧的控制点，可以调整曲线约束线条的方向（画面的方向），进而调整海平面，效果如图 6-22 所示。

（4）在"自适应广角"面板的参数区中，调整"校正"选区中的"缩放"参数，使图像最大限度地适合画面，效果如图 6-23 所示。

图 6-22　拖动圆心调整海平面 　　　　　　　　图 6-23　"缩放"图像至适合画面

（5）执行"滤镜"→"液化"命令，打开"液化"面板，使用"左推工具"对缺损的沙滩图像进行修复，如图 6-24 所示。

（6）最终效果如图 6-25 所示。

图 6-24　使用"左推工具"修复缺损的沙滩图像 　　　　图 6-25　最终效果

展身手

运用滤镜的相关知识,制作滤镜特效,如图 6-26 所示。

原图像 　　　　　　　　　　　滤镜特效

图 6-26　制作滤镜特效

6.3　滤镜组

常用的滤镜组包括"风格化"滤镜组、"模糊"滤镜组、"扭曲"滤镜组、"像素化"滤镜组、"渲染"滤镜组和"纹理"滤镜组。

6.3.1　"风格化"滤镜组

执行"滤镜"→"风格化"命令,打开"风格化"滤镜组菜单,如图 6-27 所示。

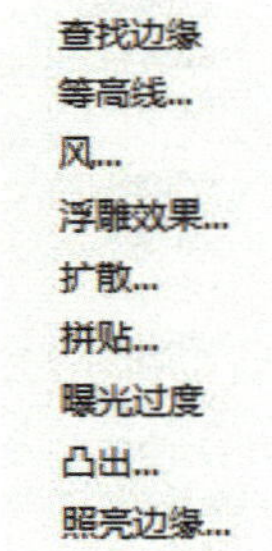

图 6-27　"风格化"滤镜组菜单

"风格化"滤镜组中包含查找"边缘""等高线""风""浮雕效果""扩散""拼贴""曝光过度""凸出""照亮边缘"共 9 个滤镜。给图像添加不同的滤镜,可以产生不同的图像效果;参数设置不同,也可以产生不同的图像效果。"风格化"滤镜组中的部分滤镜效果如图 6-28 所示。

原图像 　　　　　　　查找边缘 　　　　　　　风(从右)

图 6-28　"风格化"滤镜组中的部分滤镜效果

浮雕效果 　　　　　　　　　拼贴 　　　　　　　　　曝光过度

凸出（块） 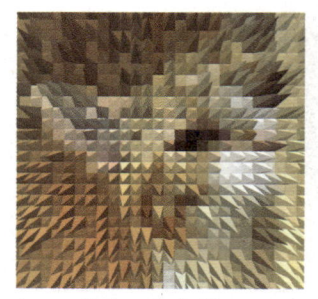　　　　　　　凸出（金字塔） 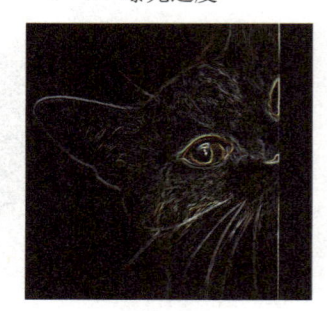　　　　　照亮边缘

图 6-28　"风格化"滤镜组中的部分滤镜效果（续）

6.3.2　"模糊"滤镜组

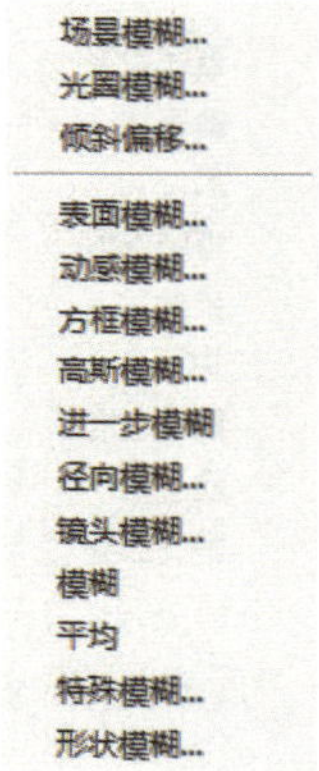

"模糊"滤镜组中的滤镜主要用于使图像产生不同程度的模糊效果，使图像看起来更朦胧，也就是降低图像的清晰度，降低图像局部细节的相对反差，从而使图像更加柔和，增加图像的修饰效果。"模糊"滤镜组中滤镜的基本算法是将图像颜色边缘的像素与其周围邻近的像素颜色平均，从而产生一种平滑的过渡效果，模糊值越高，混合程度越高。

执行"滤镜"→"模糊"命令，打开"模糊"滤镜组菜单，如图 6-29 所示。

图 6-29　"模糊"滤镜组菜单

"模糊"滤镜组中常用的滤镜效果如图 6-30 所示。

原图像 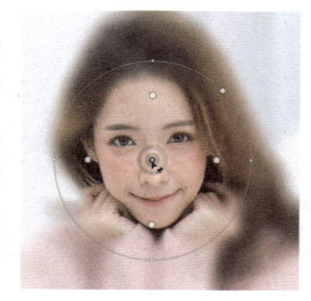　　　　　　　光圈模糊 　　　　　　　场景模糊 　　　　　　　倾斜偏移模糊

图 6-30　"模糊"滤镜组中常用的滤镜效果

第 6 章 滤镜特效

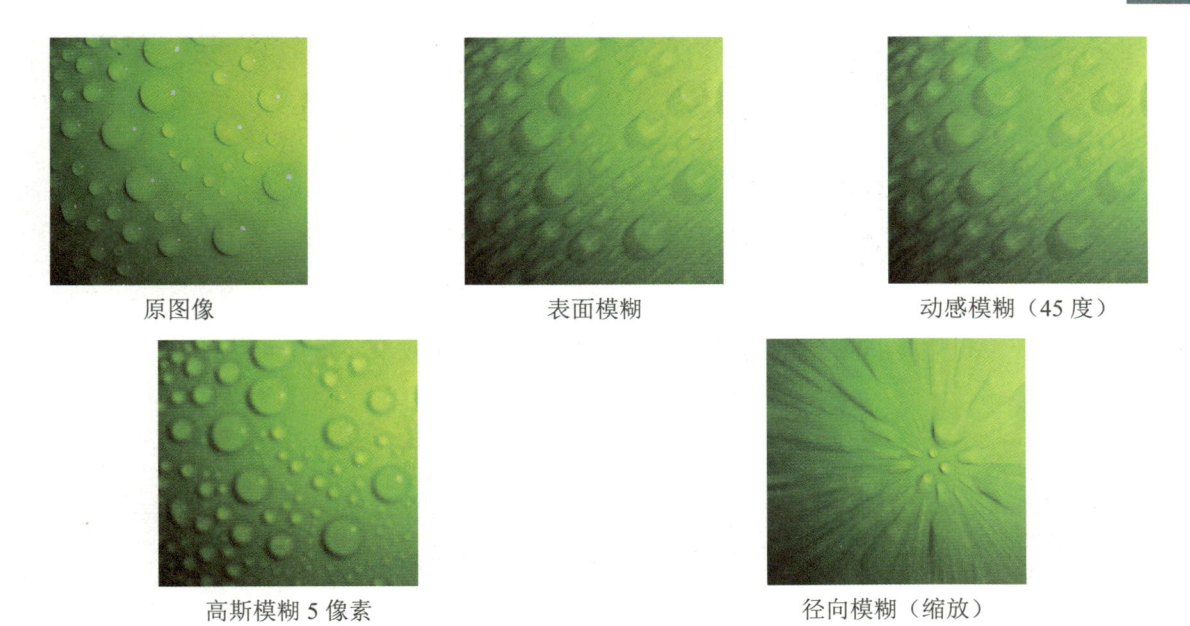

原图像　　　　　　　　　表面模糊　　　　　　　动感模糊（45 度）

高斯模糊 5 像素　　　　　　径向模糊（缩放）

图 6-30　"模糊"滤镜组中常用的滤镜效果（续）

6.3.3　"扭曲"滤镜组

"扭曲"滤镜组中的滤镜主要用于对图像进行各种扭曲变形，使图像产生挤压、水波等变形效果。

执行"滤镜"→"扭曲"命令，打开"扭曲"滤镜组菜单，如图 6-31 所示。

"扭曲"滤镜组中包含"波浪""波纹""玻璃""海洋波纹""极坐标""挤压""扩散亮光""切变""球面化""水波""旋转扭曲""置换"共 12 个滤镜。

"扭曲"滤镜组中常用的滤镜效果如图 6-32 所示。

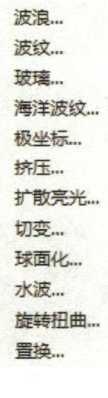

图 6-31　"扭曲"滤镜组菜单

原图像　　　　　　　　　波浪　　　　　　　　　　波纹

玻璃　　　　　　　　　　挤压　　　　　　　　　　极坐标

图 6-32　"扭曲"滤镜组中常用的滤镜效果

159

球面化 　　　　　　　　　水波 　　　　　　　　　旋转扭曲

图 6-32　"扭曲"滤镜组中常用的滤镜效果（续）

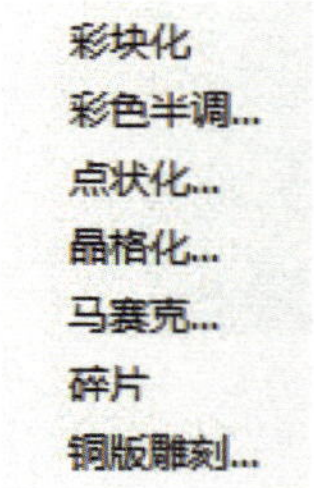

6.3.4 "像素化"滤镜组

"像素化"滤镜组中的滤镜主要通过使单元格中颜色相近的像素结成块来清晰地定义一个选区。

执行"滤镜"→"像素化"命令，打开"像素化"滤镜组菜单，如图 6-33 所示。

图 6-33　"像素化"滤镜组菜单

"像素化"滤镜组中包含"彩块化""彩色半调""点状化""晶格化""马赛克""碎片""铜版雕刻"共 7 个滤镜，其中，铜版雕刻中又分为 10 个类型，此处不再一一展示，只展示几个常用的滤镜效果，如图 6-34 所示。

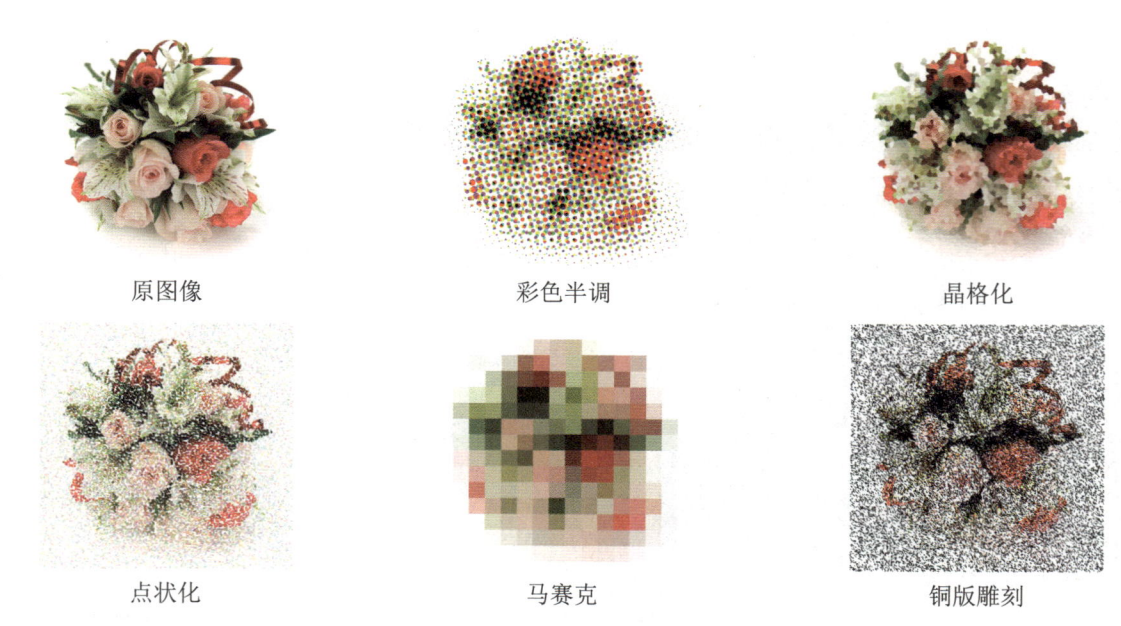

原图像　　　　　　　　彩色半调　　　　　　　　晶格化

点状化　　　　　　　　马赛克　　　　　　　　铜版雕刻

图 6-34　"像素化"滤镜组中常用的滤镜效果

6.3.5 "渲染"滤镜组

"渲染"滤镜组中的滤镜主要用于在图像中加入一些光影变化，或者在图像中制作云彩效果，或者设置照明及镜头光晕效果，使图像看起来更舒服、美观。

执行"滤镜"→"渲染"命令，打开"渲染"滤镜组菜单，如图 6-35 所示。

"渲染"滤镜组中包含"分层云彩""光照效果""镜头光晕""纤维""云彩"共 5 种滤镜。

光照效果：模拟光源照射在图像上的效果，可以直接拖动控制点，调节光源的位置。在属性栏中单击"添加新的聚光灯"按钮，可以添加一个光源。"光照效果"滤镜效果示例如图 6-36 所示。

图 6-35　"渲染"滤镜组菜单

图 6-36　"光照效果"滤镜效果

镜头光晕：为图像添加不同类型的镜头，用于模拟镜头产生的光晕效果，示例如图 6-37 所示。

原图像　　　　　　　50～300 毫米变焦　　　　　　　105 毫米聚焦

图 6-37　"镜头光晕"滤镜效果

分层云彩：可以将当前使用的前景色与背景色混合，形成云彩的纹理，并且与底图以"差值"的方式合成，如果前景色、背景色发生变化，那么图像颜色也会随之发生变化，示例如图 6-38 所示。

纤维：使用前景色与背景色混合填充图像，使图像形成类似于纤维质地的效果，示例如图 6-39 所示。

图 6-38　"分层云彩"滤镜效果　　　　　　图 6-39　"纤维"滤镜效果

云彩：直接以当前使用的前景色与背景色之间的变化随机生成柔和的云纹图案，并且将原稿内容全部覆盖，示例如图 6-40 所示。

图 6-40　"云彩"滤镜效果

6.3.6　"纹理"滤镜组

"纹理"滤镜组中的滤镜主要用于生成纹路，使图像产生某种材质的质感。使用"纹理"滤镜组中的滤镜，在纯白或纯黑的背景上也能生成纹理。

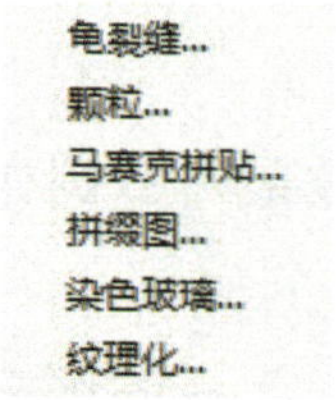

执行"滤镜"→"纹理"命令，打开"纹理"滤镜组菜单，如图 6-41 所示。

"纹理"滤镜组中包含龟裂缝、颗粒、马赛克拼贴、拼缀图、染色玻璃、纹理化共 6 个滤镜。

图 6-41　"纹理"滤镜组菜单

"纹理"滤镜组中常用的滤镜效果如图 6-42 所示。

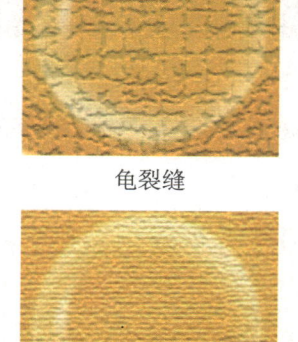

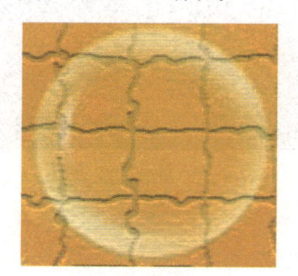

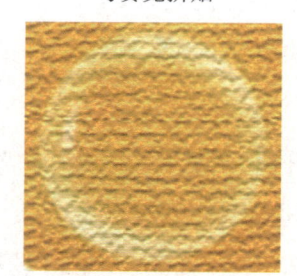

原图像　　　　　　龟裂缝　　　　　　马赛克拼贴

染色玻璃　　　　纹理化（画布）　　纹理化（粗麻布）

图 6-42　"纹理"滤镜组中常用的滤镜效果

小试牛刀

结合所学的滤镜知识，制作大理石台面，如图 6-43 所示。

步骤解析。

（1）新建一个空白的图像文件，设置其尺寸为 800 像素×600 像素、"分辨率"为 72 像素/英寸、"颜色模式"为"RGB 颜色"、"背景内容"为"白色"。

（2）使用"矩形选框工具"沿画面下边创建一个矩形选区，给其填充深灰色，取消选区，复制图像图层，设置前景色为白色、背景色为黑色，执行"滤镜"→"渲染"→"云彩"命令，添加"云彩"滤镜效果，如图 6-44 所示。

图 6-43　制作大理石台面

（3）执行"滤镜"→"风格化"→"查找边缘"命令，添加"查找边缘"滤镜效果，如图 6-45 所示。

图 6-44　"云彩"滤镜效果

图 6-45　"查找边缘"滤镜效果

（4）执行"图像"→"调整"→"反相"命令，效果如图 6-46 所示。

（5）执行"图像"→"调整"→"色阶"命令，弹出"色阶"对话框，进行相应的参数设置，使大理石纹理更清晰，效果如图 6-47 所示。

图 6-46　"反相"效果

图 6-47　"色阶"效果

（6）执行"编辑"→"变换"→"透视"命令，对图像进行"透视"变换，使其实现近大远小的效果，给图像添加"斜面和浮雕"和"外发光"图层样式，外发光颜色选择黑色，在样式图层上右击，在弹出的快捷菜单中选择"创建图层"命令，将"外发光"图层样式与图像分离，对不需要的部分进行裁剪，效果如图 6-48 所示。

（7）选中深灰色图像图层，执行"滤镜"→"纹理"→"纹理化"命令（如果在菜单中找不到，则可以在滤镜库中寻找），使深灰色台面产生皮质效果，如图 6-49 所示。

图 6-48　添加图层样式

图 6-49　"纹理化"滤镜

（8）将相应的素材置入文件，调整其大小和位置，完成任务制作。

展身手

运用"水波""动感模糊"滤镜效果，结合"画笔工具"的相关知识，制作雨夹雪效果，如图 6-50 所示。

图 6-50　雨夹雪效果

熟记以下快捷键。

- 按 Esc 键，可以取消当前操作的滤镜。
- Ctrl+Z：还原滤镜操作执行前的图像。
- Ctrl+F：再次应用滤镜。
- Ctrl+Alt+F：弹出上一次应用的滤镜。

6.4　习题

一、选择题

1. 要制作蓝天白云的效果，应该选用下列哪一种滤镜？（　　）
   A．扭曲　　　　　　B．风格化　　　　　　C．纹理　　　　　　D．渲染
2. 要制作涟漪效果，应该选用下列哪一种滤镜？（　　）
   A．扭曲　　　　　　B．模糊　　　　　　　C．纹理　　　　　　D．渲染
3. 给图像添加镜头光晕效果，应该选用下列哪一种滤镜？（　　）
   A．渲染　　　　　　B．模糊　　　　　　　C．扭曲　　　　　　D．像素化
4. 使用下列哪一种滤镜可以实现爆炸效果？（　　）
   A．渲染　　　　　　B．模糊　　　　　　　C．扭曲　　　　　　D．风格化
5. 使用下列哪一种滤镜可以实现风吹效果？（　　）
   A．扭曲　　　　　　B．风格化　　　　　　C．纹理　　　　　　D．渲染
6. 使用下列哪一种滤镜可以实现球面效果？（　　）
   A．风格化　　　　　B．纹理　　　　　　　C．扭曲　　　　　　D．渲染

7. 使用下列哪一种滤镜可以实现马赛克效果？（　　）

  A．风格化　　　　　　B．扭曲　　　　　　C．像素化　　　　　　D．纹理

8. 给人物添加浅浮雕效果，使用下列哪一种滤镜最好？（　　）

  A．纹理　　　　　　　B．风格化　　　　　　C．素描　　　　　　　D．艺术效果

二、简答与练习

1. 简述"液化"滤镜的功能并操作练习。

2. 练习并记忆滤镜库中的各种滤镜效果。

3. 熟记本章中的常用快捷键。

4. 结合素材制作"珍惜每一滴水"图像，如图 6-51 所示。

操作提示：

（1）使用"云彩"滤镜可以实现蓝天白云效果。

（2）使用"海洋波纹"滤镜可以实现海水效果。

（3）使用"水波"滤镜可以实现涟漪效果。

图 6-51　珍惜每一滴水

5. 结合素材制作巧克力效果，如图 6-52 所示（操作提示：使用"旋转扭曲"滤镜）。

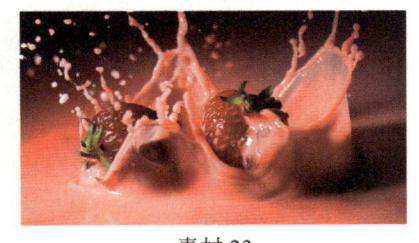

素材 23 　　　　　　　　　素材 24 　　　　　　　　巧克力效果

图 6-52　制作巧克力效果

6. 制作鹅卵石效果，如图 6-53 所示。

操作提示：

（1）绘制一个深棕色正方形，设置前景色为白色、背景色为深棕色。

（2）执行"滤镜"→"纹理"→"染色玻璃"命令。

（3）使用"魔术棒工具"结合"选取相似"命令将鹅卵石形状全部选中。

（4）执行"选择"→"反选"命令，删除所选图像。

（5）选中鹅卵石图像，执行"滤镜"→"模糊"→"高斯模糊"命令，将鹅卵石模糊 1 像素。

（6）给鹅卵石图像添加"浮雕和投影"图层样式。

图 6-53　鹅卵石效果

7. 制作球体效果，如图 6-54 所示（操作提示：使用"高斯模糊滤镜"）。

8. 制作"灯笼"图像，如图 6-55 所示（操作提示：使用"球面化"滤镜）。

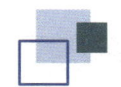

9. 制作"智慧之光"图像,如图 6-56 所示(操作提示:为素材 26 添加"径向模糊"滤镜效果)。

图 6-54　球体效果　　　　　　图 6-55　"灯笼"图像　　　　图 6-56　"智慧之光"图像

企业 VI 设计

第 7 章

↓ 本章学习要点

- 了解什么是企业形象设计。
- 了解企业 VI 设计的概念。
- 了解企业 VI 设计的主要内容。
- 了解企业 VI 设计的注意事项。
- 了解 VI 对企业的作用。
- 了解企业 VI 设计的基础原则。
- 应用 Photoshop CS6 为某公司进行 VI 设计。

↓ 重点和难点

- 了解什么是企业形象设计。
- 为企业进行 VI 设计。

↓ 达成目标

- 理解企业 VI 设计的概念及主要内容。
- 掌握企业 VI 设计的基本流程、方法及注意事项。

▶ 相关知识

1. 企业 VI 设计的概念

企业的形象设计（CI 设计）有 3 个组成部分，分别为理念识别设计（MI 设计）、行为识别设计（BI 设计）和视觉识别设计（VI 设计）。企业 VI 设计就是对企业的视觉识别进行设计，它是企业形象设计中极其重要的部分，位于企业形象系统中传播力和感染力非常强的层面。

企业 VI 设计是指利用平面设计等方法将企业的内在气质和市场定位视觉化、形象化。设计科学、实施有利的 VI，有助于快速、便捷地传播企业经营理念、提高企业知名度、塑造企业形象。优秀的企业 VI 设计可以帮助企业提升自身形象，但失败的企业 VI 设计也会给企业带来负面影响。

2. 企业 VI 设计的主要内容

VI 是以标志、标准字、标准色为核心展开的完整、系统的视觉表达体系，可以将企业理念、企业文化、服务内容、企业规范等抽象概念转换为具体、可识别的形象符号，从而塑造出排他性的企业形象。

VI 设计一般包括两部分，分别为基础部分设计和应用部分设计。其中，基础部分一般包括企业的名称、标志、标识、标准字体、标准色、辅助图形、标准印刷字体、禁用规则等；应用部分一般包括企业的标牌旗帜、办公用品、公关用品、办公环境、办公服装、专用车辆等。

3. VI 对企业的作用

通过 VI 可以明确地将企业与其他企业区分开，并且确立企业的明显行业特征和其他重要特征，确保企业在经济活动中的独立性和不可替代性，明确企业的市场定位，是企业无形资产的重要组成部分。

VI 可以传达企业的经营理念和企业文化，以形象的视觉形式宣传企业。

VI 能以自己特有的视觉符号系统吸引公众的注意力并使其产生记忆，使消费者对企业提供的产品产生更高的品牌忠诚度，提高企业员工对企业的认同感，提振企业士气。

4. 企业 VI 设计的基本原则

- 风格的统一性原则。
- 强化视觉冲击的原则。
- 强调人性化的原则。
- 增强民族个性与尊重民族风俗的原则。
- 可实施性原则：企业 VI 设计不是设计师的异想天开，它应该具有较强的可实施性。如果实施起来过于麻烦，或者因成本昂贵而影响实施，那么即使是非常优秀的 VI 设计，也会因难以落实而成为纸上谈兵。
- 符合审美规律的原则。
- 严格管理的原则。

初战告捷

乐活居家连锁企业自创业以来，始终以"建设温馨、和谐的家园，提升消费者的居家生活品位"为己任，至今已在全国 26 个城市开办了 38 家市场。乐活居家连锁企业始终秉承"一丝不苟，视信誉为生命；勤奋务实，视今天为落后"的企业精神，在全国领先推出了"市场化经营，商场化管理"的模式，得到了多位权威专家的高度肯定，在中国家居行业首创了"所有售出商品由乐活居家负全责"的诚信创举，为中国家居市场的发展与繁荣做出了创造性的贡献。

根据以上信息，对乐活居家连锁企业进行相关的 VI 设计，包括 7 个任务，分别为企业标志图形、Logo 设计，企业信封、便笺、信纸设计，企业员工名片、胸牌、工作证设计，企业礼仪活动邀请函设计，企业纸质购物袋设计，企业文化衫、广告帽设计，企业路灯柱广告设计。

任务一

设计并制作企业标志图形、Logo

企业的标志图形可以说是"企业的造型",它通过平易近人、亲切可爱的造型,给人留下强烈的印象,成为视觉的焦点,主要用于塑造企业识别的造型符号,直接体现出企业的经营管理理念和服务特质,其图案形象应具有亲切感,让人喜爱,从而达到传递信息、增强记忆的目的。企业的标准色是象征公司或产品特性的指定颜色,是标志图形、标准字体及宣传媒体的专用色彩。在企业信息传递的整体色彩计划中,具有明确的视觉识别效应,因此具有在市场竞争中制胜的感情魅力。

企业 Logo 是企业的标志,是视觉形象的核心,是企业形象的基本特征,可以体现企业的内在素质。企业 Logo 是调动所有视觉要素的主导力量,也是整合所有视觉要素的中心,更是社会大众认同企业品牌的代表。

企业 Logo 设计不是简单地设计一个图案,而是要创造一个具有商业价值和艺术欣赏价值的符号,其设计的难点是如何准确地将形象概念转换为视觉符号,既要有新颖、独特的创意,用于表现企业的特征,又要用形象化的艺术语言表达出来。

乐活居家连锁企业的标志图形和 Logo 如图 7-1 所示。

标志图形　　　　　　　　　　　logo

图 7-1　乐活居家连锁企业的标志图形和 Logo

下面介绍企业标志图形、Logo 设计中的几种常用方法。

"一笔勾销"法:将字符连成一笔,不切口、不断气,会有让人意想不到的视觉效果,示例如图 7-2 所示。

中线合一法:相邻字符之间的笔画可以连接起来,相交处的切口会使 Logo 看起来没那么突兀,示例如图 7-3 所示。

添加修饰法:如果一个字符太单调,则可以在它的边缘添加动感的修饰,使其更加生动、漂亮,示例如图 7-4 所示。

中分白线法:选择粗笔画的字体,在笔画中间画一条白线,如果有必要,那么在笔画相接的地方保留切口,使字符原本的造型可以正确显示出来,如图 7-5 所示。

图 7-2 "一笔勾销"法示例　图 7-3　中线合一法示例　图 7-4　添加修饰法示例　图 7-5　中分白线法示例

"穿针引线"法：简单地在一串字符中添加一条白线，即可使造型不再呆板。如果觉得这样过于简单，那么不要一线穿到底，错位一下，示例如图 7-6 所示。

共用笔画法：相邻的两个字符共用笔画或笔画中的一部分，会有很好的整体效果，示例如图 7-7 所示。需要注意的是，保留适当的切口很重要，营造一种似离非离的感觉。

画 i 点睛法：让英文字母 i 作"龙的眼睛"，对 i 上面的点进行设计，使整个 Logo 生动起来，示例如图 7-8 所示。英文字母 j 同样适用该方法。

漂亮的 L 法：英文字母 L 是一个很飘逸的字符，可以使用流线很美的字体组成 Logo，示例如图 7-9 所示。

图 7-6　"穿针引线"法示例　图 7-7　共用笔画法示例　图 7-8　画 i 点睛法示例　图 7-9　漂亮的 L 法示例

让 O 生辉法：巧妙地利用英文字母 O 或数字 0，可以使死板的文字活跃生辉，示例如图 7-10 所示。

涟漪效果法：线条集中在字符的上部或下部，使人联想到水面上的涟漪，示例如图 7-11 所示。

阴阳结合法：阴阳结合会让人的目光驻留更长的时间，设计一些曲线变化，虽然会多花费时间，但可以让客户更容易接纳，示例如图 7-12 所示。

情趣图案法：将某个笔画换成有意义或有趣的图形，可以使整个图形活跃起来，示例如图 7-13 所示。

图 7-10　让 O 生辉法示例　　图 7-11　涟漪效果法示例　　图 7-12　阴阳结合法示例　　图 7-13　情趣图案法示例

Logo 设计的方法还有很多，万变不离其宗，有兴趣的读者可以慢慢琢磨。

任务分析：本任务主要制作乐活居家连锁企业的标志图形和 Logo。标志图形运用中线合一法，也就是将相邻字符之间的笔画连接起来，充分利用了字符本身的笔画特点，形成了连贯的图形形象，遵循了设计中的均衡美、形式美的原则，新颖、美观、切题，使人一目了然。Logo 运用情趣图案法，也就是将某个笔画换成有意义或有趣的图形，使整个图形活跃起来，使用了"文字工具""路径工具""自定形状工具""选框工具"等绘制图形，充分应用点、线、面等设计形式，新颖、美观、象形达意，使人一目了然。

案例解析：企业标志图形设计。

（1）新建一个空白的图像文件，设置其尺寸为300像素×300像素，"分辨率"为72像素/英寸、"颜色模式"为"RGB颜色"、"背景内容"为"白色"。

（2）使用"横排文字工具"输入"乐活"的英文缩写字母"LH"，设置字体为Magneto、字号为120点、文字颜色为蓝色，如图7-14所示。载入文字选区，新建一个图层，给其填充蓝色，使用"多边形套索工具"选中字母L，选择"移动工具"，按键盘方向键，使其向右上方移动，使字母L中的横笔与字母H中的横笔在一条线上，如图7-15所示。

（3）使用"多边形套索工具"将字母H中的一部分选中，执行"编辑"→"变换"→"扭曲"命令，将其向右上方扭曲拉长，然后给其填充黄色，效果如图7-16所示。

（4）使用"横排文本工具"输入中文名称"乐活"，执行"文字"→"栅格化文字"命令，将文本图层转换为图像图层，然后用"锁定透明"的方法将文字的下半部分填充为黄色，形成阴阳字，完成企业标志图形的设计与制作，最终效果如图7-17所示。

图7-14 输入英文并设置其格式　　图7-15 调整字母L　　图7-16 调整字母H　　图7-17 企业标志图形的最终效果

依据标志设计中用色不宜多的原则，本图形中只使用了两种颜色，将蓝色作为企业的标准色，搭配黄色，显得既华丽又稳重，符合该企业"建设温馨、和谐的家园，提升消费者的居家生活品位"的营销理念。

案例解析：企业Logo设计。

（1）新建一个空白的图像文件，设置其尺寸为400像素×300像素、"分辨率"为72像素/英寸、"颜色模式"为"RGB颜色"、"背景内容"为"白色"。

（2）使用"横排文字工具"输入文字"乐活"，设置字体为幼圆、字号为140点、文字颜色为红色，如图7-18所示。

（3）执行"图层"→"栅格化"→"文字"命令，将文字图层转换为图像图层，在图像图层中选中"乐"字，将其剪切并粘贴，得到新图层，借助文字创建路径，如图7-19所示。新建一个图层，设置前景色为蓝色，选择"画笔工具"，设置笔尖大小为8像素，在"路径"面板中单击"用画笔描边路径"按钮，得到如图7-20所示的形状。

（4）新建一个图层，使用"圆角矩形工具"绘制一个圆角半径为6像素的蓝色圆角矩形，载入其选区，执行"选择"→"变换选区"命令，将该选区缩小约8个像素，按Delete键删除中间部分，得到一个圆角矩形框，然后使用"多边形套索工具"选取不要的部分并将其删除，效果如图 7-21 所示。

图 7-18　设置文字格式　　图 7-19　创建路径　　图 7-20　描边路径　　图 7-21　制作图形

（5）在图像图层中选中"活"字，将偏旁三点水选中并删除，对余下的部分进行调整，效果如图 7-22 所示。

（6）依据文字制作图形，效果如图 7-23 所示。

（7）复制第（3）步中得到的图形，将其向右移动到两个字形之间，将上部拉长，与其他字形的上部对齐，将不要的部分选中并删除，效果如图 7-24 所示。

（8）切掉不需要的部分并补齐圆角（包括"乐"字中被删除的地方），可以通过复制圆角的方法完成，效果如图 7-25 所示。

图 7-22　变换"活"字　　图 7-23　依据文字制作图形　　图 7-24　编辑文字形状　　图 7-25　切换不需要的部分并补齐圆角

（9）添加其他点缀，完成图形设计，如图 7-26 所示。

（10）加入企业中文名称"乐活居家"，设置字体为微软雅黑；加入企业英文名称"LOHOUS HOMESTAY"，设置字体为 Broadway；调整文字的大小和位置，完成企业 Logo 的设计与制作，最终效果如图 7-27 所示。将其背景设置为透明的，保存一份 PNG 格式的文件备用。

图 7-26　完成图形设计　　图 7-27　企业 Logo 的最终效果

任务二

设计并制作企业信封、便笺、信纸

现在已经很少有人使用信封了，但公函信封还是会用到的，而且有时用量很大。虽然现在企业之间的信息交流主要以电子邮件的方式完成，但在实际应用中，信封、信纸、名片等还是企业对外进行形象宣传的常用实体。

标准信封设计常识：信封分为普通信封、航空信封、大型信封、国际信封四大类，共有 10 种规格。纸张要求是每平方米不低于 80 克的 B 等书皮纸、B 等胶版纸和 B 级牛皮纸。国家标准信封一律采用横式。国内信封的封舌应在正面的右边或上边，国际信封的封舌应在正面的上边。在信封正面的左上角，收信人的邮政编码方格颜色为黄色，除红框外，不可以印刷任何图案和文字。信封正面右下角应印有"邮政编码"字样，字体为宋体，字号为小四号。信封正面右上角应印有贴邮票的方框，方框内应印有"贴邮票处"字样，字体为宋体，字号为小四号。

关于信封的其他知识，读者可以自行查阅相关资料。

乐活居家连锁企业的信封、便笺、信纸如图 7-28 所示。

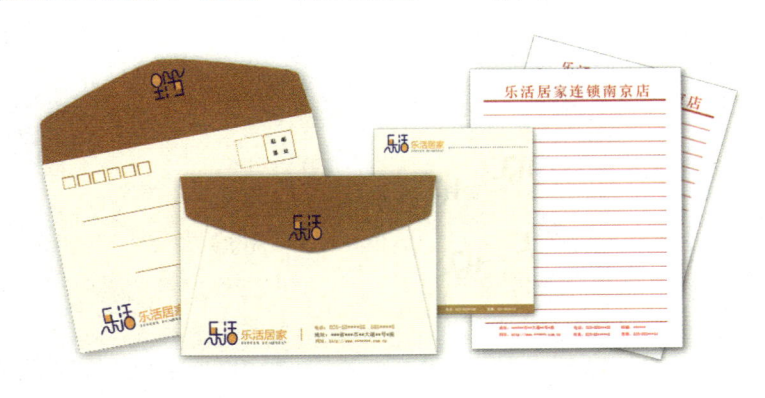

图 7-28　乐活居家连锁企业的信封、便笺、信纸

任务分析：本任务是设计一套普通信封、便笺和信纸。在设计时，要注意信封和信纸的设计要求和设计规则，熟练运用所学的知识，学以致用。

案例解析：信封（正面）设计。

（1）新建一个空白的图像文件，设置其尺寸为 700 像素×600 像素、"分辨率"为 72 像素/英寸、"颜色模式"为"RGB 颜色"、"背景内容"为"白色"。

（2）新建一个图层，使用"矩形选框工具"创建一个矩形选区，将其填充为淡黄色，如图 7-29 所示。

（3）新建一个图层，使用"矩形选框工具"创建一个正方形选区，给其添加 2 像素的黄色描边，得到一个正方形框，将其作为邮政编码的方格，复制 5 个方格，使 6 个方格平均分布，如图 7-30 所示。

（4）将制作好的企业 Logo 拖动到画面中，将其放置于信封左下角，调整其大小，如图 7-31 所示。

（5）使用"矩形工具"创建一个正方形路径，选择"横排文字工具"，将鼠标指针放置于该路径上，以路径文字的方法制作贴邮票处的虚线框，如图 7-32 所示。将路径转换为选区并描边，完成贴邮票处的方框。

图 7-29　绘制矩形（信封正面形状）

图 7-30　制作邮政编码方格

图 7-31　置入企业 Logo

图 7-32　制作贴邮票处的虚线框

（6）按照信封的设计要求添加相关文字及书写线，如图 7-33 所示。

（7）使用"圆角矩形工具"创建一个圆角半径为 8 像素的圆角矩形路径，在该路径上方的中间位置添加一个锚点，使用"直接选择工具"将其向上拖曳，将其调整成封舌的形状，如图 7-34 所示。

图 7-33　添加相关文字及书写线

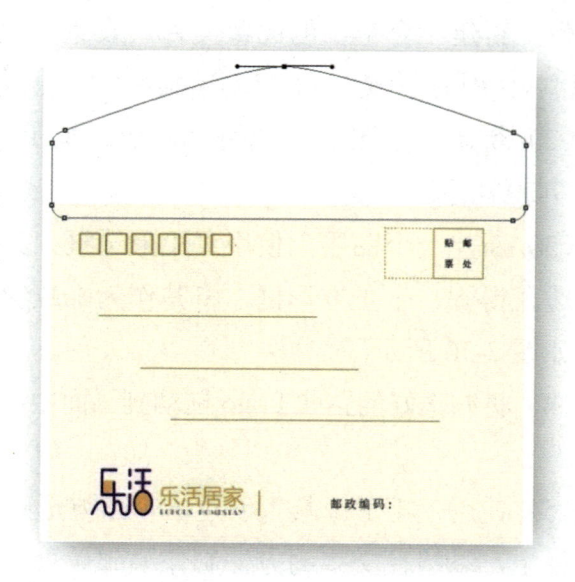

图 7-34　创建路径（封舌形状）

（8）在调整好封舌形状的路径后，将其转换为选区。新建一个图层，设置前景色为黄色，给该选区填充前景色，执行"编辑"→"变换"→"透视"命令，对其进行"透视"变换，得到封舌，如图 7-35 所示。

（9）将企业 Logo 移动到画面中，调整其大小，将其放置于封舌上，并且分别对其进行"垂直翻转"和"水平翻转"变换，效果如图 7-36 所示（两次翻转的目的是实现折向后面以后看到的效果）。

图 7-35　制作封舌 　　　　　　　　图 7-36　给封舌添加企业 Logo

（10）将企业 Logo 与封舌合并，执行"滤镜"→"杂色"→"添加杂色"命令，弹出"添加杂色"对话框，设置相关参数，如图 7-37 所示，给封舌添加杂色效果。将封舌与信封正面形状合并，给其添加"投影"图层样式。

（11）虽然国家信封标准目前没有关于二维码的相关规定，但根据目前的形势，二维码可能会成为连接现实与虚拟世界的得力工具。因此，这里将一个虚拟二维码放置于信封上，完成信封（正面）的设计与制作，最终效果如图 7-38 所示。

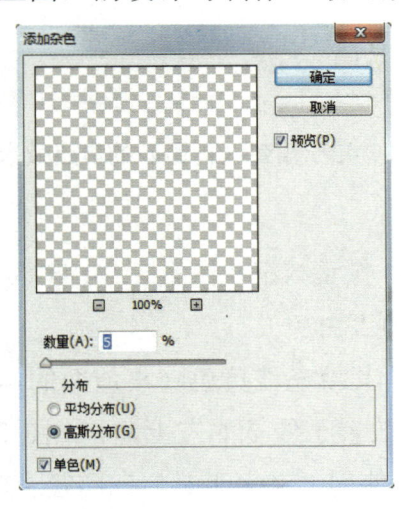

图 7-37　"添加杂色"对话框中的参数设置 　　　图 7-38　信封（正面）的最终效果

案例解析：信封（背面）设计。

（1）新建一个空白的图像文件，设置其尺寸为 700 像素×500 像素、"分辨率"为 72 像素/英寸、"颜色模式"为"RGB 颜色"、"背景内容"为"白色"。

（2）将信封正面与封舌一起移动到新图像文件中，选中封舌图层，执行"编辑"→"变换"命令，对封舌进行"垂直翻转"和"水平翻转"变换，得到封舌正面，调整其位置，给其添加"投影"图层样式，效果如图 7-39 所示。

（3）复制信封图层，使用"多边形套索工具"选中不需要的部分并将其删除，给其添加"投影"图层样式，形成折页，如图 7-40 所示。

图 7-39　制作封舌正面　　　　　图 7-40　制作折页

（4）添加企业 Logo，调整其大小，效果如图 7-41 所示。

（5）添加企业联系方式，完成信封（背面）的制作，最终效果如图 7-42 所示。

图 7-41　添加企业 Logo　　　　　图 7-42　信封（背面）的最终效果

案例解析：便笺设计。

（1）新建一个空白的图像文件，设置其尺寸为 700 像素×600 像素、"分辨率"为 72 像素/英寸、"颜色模式"为"RGB 颜色"、"背景内容"为"白色"。

（2）使用"矩形选框工具"创建一个矩形选区，给其填充淡黄色（与前面的信封色保持一致），将 Logo 移动到画面中，调整其大小，并且将其放置于便笺的左上角，如图 7-43 所示。

（3）使用"钢笔工具"创建一条水平的直线路径，使用"文字工具"在路径上输入顿号，设置其字号及字符间距，形成一条虚线；在便笺的下方绘制一个黄色矩形，在其中输入企业的联系方式、网址、客服电话等信息，调整其大小与颜色，效果如图7-44所示。

图7-43　置入Logo

图7-44　添加企业信息

（4）将企业的标志图形定义为图案，载入便笺的选区，新建一个图层，执行"编辑"→"填充"命令，将自定义的图案填充到画面中，如图7-45所示。

（5）取消选区，将填充的图案旋转一定的角度，调整好位置，在图层中将其不透明度设置为4%，形成水印效果，完成便笺的设计与制作，最终效果如图7-46所示。

图7-45　填充自定义的图案

图7-46　便笺的最终效果

案例解析：信纸设计。

（1）新建一个空白的图像文件，设置其尺寸为750像素×800像素、"分辨率"为72像素/英寸、"颜色模式"为"RGB颜色"、"背景内容"为"白色"。

（2）新建一个图层，创建一个矩形选区，给其填充白色（信纸），并且添加"投影"图层样式；新建一个图层，创建一个细长的矩形选区，给其填充红色，并且将其移动到信纸的上端，如图7-47所示。

（3）使用"单行选框工具"绘制一条水平方向的红色格线，调整其宽度至与纸张合适的宽度（将多余的部分选中删除即可），调整其位置，复制15个该图层，得到16条红色格线；在调整好第一条红色格线与最后一条红色格线的位置后，选中这些图层，在"移动工具"属性栏中单击"垂直居中分布"按钮，使所有格线平均分布（需要根据实际情况确定，反复调试，直到格子的高度适宜），将最后一条格线加粗，如图7-48所示。

（4）使用"文本工具"输入企业名称及相关联系信息，设置字体为宋体，调整其大小和位置，完成信纸的设计与制作，最终效果如图7-49所示。

图7-47　制作信纸　　　　　　图7-48　制作格线　　　　　　图7-49　信纸的最终效果

任务三

设计并制作企业员工名片、胸牌、工作证

名片是一个人身份的象征，也是人们社交活动的重要工具。好的名片应该能够巧妙地展现名片原有的功能及精巧的设计。名片主要用于让人加深印象，因此引人注意的名片，活泼、趣味通常是共通点。名片常与信封、信纸一起设计。在设计名片时，应该多参考他人的意见和名片设计。设计精美的名片，无形中可以增加收名片者的信赖感。

名片设计的注意事项如下。

- 选择适合制作名片的纸张。
- 确定名片的尺寸和形状。
- 确定图案或公司标志的位置。
- 根据信封、信纸的图案色彩与字体进行设计。
- 名片的尺寸是55mm×90mm。

二维码是很多信息数据的钥匙。在现代商业活动中，二维码的应用十分广泛，在名片和公司证件上印制二维码是企业宣传的重要手段。在名片中加入公司的二维码，可以更好地宣传和推广公司。

乐活居家连锁企业的员工名片、胸牌、工作证如图7-50所示。

注重仪容仪表是对自己的尊重，也是对别人的尊重，因此胸牌设计应该简洁且方便。胸牌虽小，但五脏俱全，胸牌上一般都标有企业Logo、员工姓名、员工编号、员工职务、员工所属部门、企业形象等，可以对员工与公司有很好的宣传效果，也可以体现公司与员工对客户的尊重和负责。

企业 VI 设计 第 7 章

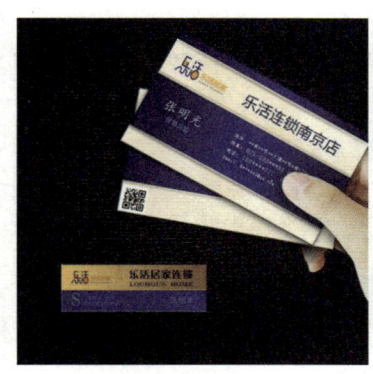

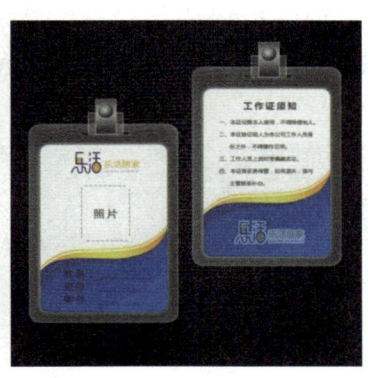

图 7-50 乐活居家连锁企业的员工名片、胸牌、工作证

胸牌有短形的、圆形的、椭圆形的，还有异形的（根据客户需求设计的形状）。胸牌颜色尽量采用与企业 Logo 相近的颜色，并且要搭配合理，引人注目。

胸牌的规格尺寸包括 6cm×2cm、5cm×2cm、5cm×2.5cm、5cm×3cm、6cm×2.5cm、2.5cm×2.5cm、3cm×3cm、6cm×1.5cm，也可以由客户自定义。

工作证是公司工作人员的身份证明，可以展示企业的形象。

任务分析：本任务运用所学知识为乐活居家连锁企业设计分店营销总监名片、胸牌和员工工作证。在设计时，要灵活运用企业员工身份证件的相关知识和设计技巧。

案例解析：名片设计。

（1）新建一个空白的图像文件，设置其尺寸为 600 像素×400 像素、"分辨率"为 72 像素/英寸、"颜色模式"为"RGB 颜色"、"背景内容"为"白色"。

（2）新建一个图层，设置前景色为黄色、背景色为白色，使用"矩形选框工具"创建一个矩形选区（与名片的宽高比一致），执行"滤镜"→"渲染"→"云彩"命令，可以按 Ctrl+F 键多次渲染，制作名片的纸质效果，如图 7-51 所示。

（3）新建一个图层，创建一个矩形选区，选择"渐变工具"，设置渐变色为浅蓝色—深蓝色（参考企业 Logo 的颜色），以"径向渐变"的方式给矩形选区填充渐变色；以同样的方法绘制一个大的蓝色矩形渐变色块，并且给其添加黑色的"外发光"效果，效果如图 7-52 所示。

图 7-51 制作名片的纸质效果

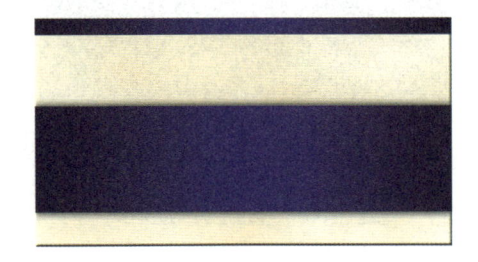

图 7-52 添加条纹效果

（4）新建一个图层，选择"画笔工具"，设置其"大小"为 5 像素、"硬度"为 0，在画面上单击，绘制一个圆点，按 Ctrl+T 快捷键，将其拉长，形成一条闪光线，如图 7-53 所示；将其移动至蓝色矩形渐变色块的边缘，给其添加"投影"效果，然后复制两条闪光线，分别放

179

在蓝色矩形渐变色块的边缘，制作边线效果，如图 7-54 所示。

图 7-53　绘制一条闪光线　　　　　　图 7-54　给蓝色矩形渐变色块制作边线效果

（5）将企业 Logo 移动到画面中，调整其大小和位置，输入企业名称，如图 7-55 所示。

（6）输入名片中的相关文字，完成名片正面的设计与制作，最终效果如图 7-56 所示。

图 7-55　植入企业 Logo 及名称 　　　　图 7-56　名片正面的最终效果

（7）名片的背面设计不宜太过复杂，应简洁明了，在颜色及风格上要与正面相互呼应。在名片正面设计的基础上，对色块稍做调整，如图 7-57 所示。

（8）将企业二维码移动到画面中，调整其大小，然后将其放置在名片右上角（考虑到人们的习惯，右上角便于手机扫描）。将企业 Logo 移动到画面中，调整其大小，然后将其放置在蓝色矩形渐变色块的中间位置，在"图层"面板中单击"锁定透明"图标，给其填充与背景色相似的黄色，执行"编辑"→"变换"→"斜切"命令，对企业 Logo 进行"斜切"变换，然后置入企业的网址，完成名片背面的设计与制作，最终效果如图 7-58 所示。

图 7-57　名片背面样式 　　　　　　　　图 7-58　名片背面的最终效果

案例解析：胸牌设计。

（1）新建一个空白的图像文件，设置其尺寸为 600 像素×300 像素、"分辨率"为 72 像素/英寸、"颜色模式"为"RGB 颜色"、"背景内容"为"白色"。

（2）设置前景色为蓝色、背景色为深蓝色，执行"滤镜"→"渲染"→"云彩"命令，给胸牌添加"云彩"滤镜效果，如图 7-59 所示；新建一个图层，绘制一个黄色矩形，如图 7-60

所示，在图形的下方将选区裁掉一小条，填充黄色—深黄色的线性渐变色，使胸牌产生一种金属质感，效果如图7-61所示。

图7-59 添加"云彩"滤镜效果　　图7-60 绘制黄色矩形　　图7-61 制作金属质感

（3）合并这些图形的图层，对下半部分进行适当的裁切，添加"斜面和浮雕"图层样式，实现立体效果，如图7-62所示。

（4）将企业Logo移动到画面中，调整其大小，然后将其放置于胸牌左上角。为了使企业Logo清晰，将其"图层混合模式"设置为"正片叠底"，输入企业名称，使用英文名进行点缀，效果如图7-63所示。

（5）在蓝色部分输入胸牌所有者的姓名和职务，设置字体及颜色，完成胸牌的设计与制作，最终效果如图7-64所示。

图7-62 实现立体效果　　图7-63 置入企业Logo及企业名称　　图7-64 胸牌的最终效果

案例解析： 工作证设计。

（1）新建一个空白的图像文件，设置其尺寸为500像素×500像素、"分辨率"为72像素/英寸、"颜色模式"为"RGB颜色"、"背景内容"为"黑色"。

（2）由于乐活居家连锁企业的工作证采用透明塑料材质，因此为了更好地显示材质效果，需要制作一个背景来衬托图像，具体方法如下：首先执行"滤镜"→"纹理"→"纹理化"→"粗麻布"命令，然后执行"滤镜"→"杂色"→"添加杂色"命令；最后执行"滤镜"→"渲染"→"光照效果"命令，制作图像背景效果，如图7-65所示。

（3）选择"圆角矩形工具"，设置圆角半径为20像素，绘制一个灰色的圆角矩形，如图7-66所示。设置灰色圆角矩形的不透明度为35%，给灰色圆角矩形添加"斜面和浮雕"图层样式，描1像素的白边。使用"圆角矩形工具"绘制一个小的圆角矩形路径，在将其转换为选区后，按Delete键，将选区范围内的图像删除，形成扣眼，效果如图7-67所示。

图7-65 制作图像背景效果

（4）使用"圆角矩形工具"绘制一个圆角半径为15像素的白色圆角矩形，给其添加"外发光"图层样式，制作纸板效果，如图7-68所示。

图7-66　绘制灰色的圆角矩形　　　图7-67　制作扣眼　　　图7-68　制作纸板效果

（5）使用"钢笔工具"创建一条弧形路径（以纸板中的形状为主、其余部分为辅助），在将其转换为选区后，以"线性渐变"的方式给其填充黄色，效果如图7-69所示；按Ctrl+D快捷键取消选区，载入纸板的选区（按住Ctrl键的同时单击纸板图层的预览区），如图7-70所示；执行"选择"→"反向"命令，将选区反选，然后按Delete键，删除黄色线性渐变图形中多余的部分，如图7-71所示。

图7-69　绘制黄色线性渐变图形　　　图7-70　载入纸板的选区　　　图7-71　借助选区删除黄色线性渐变图形中多余的部分

（6）使用同样的方法绘制其他图形，如图7-72所示。

（7）选择黄色线性渐变图层，按Ctrl+J快捷键复制图层，选择"移动工具"，按↑方向键3次，将图形向上移动3像素，载入其选区，选择"矩形选框工具"，按↓方向键3次，将选区向下移动3像素，按Delete键将其删除，得到弧形的黄色线性渐变细线，如图7-73所示。

（8）将企业Logo移动到画面中，调整其大小，然后将其放置在工作证的上方，输入姓名等相关信息，设置其字体、颜色、行距等，使用下画线绘制格线，如图7-74所示。

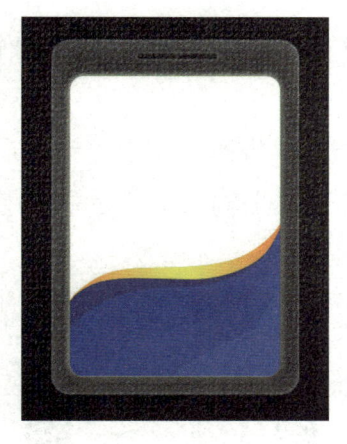

图 7-72 绘制其他图形 　　图 7-73 截取弧形的黄色
线性渐变细线 　　图 7-74 添加企业 Logo 和
相关信息

（9）创建一条矩形路径，以路径文字的方法沿矩形路径输入顿号，形成一个虚线框，如图 7-75 所示。

（10）隐藏路径（在"路径"面板中单击灰色部分），在虚线框中输入文字"照片"，表示该处为贴照片处；为增强塑料膜的质感，复制前面第（3）步中制作的透明图形，将其移动到最上层，盖住下方的所有图层，产生所有图层都被塑料膜覆盖的视觉效果，如图 7-76 所示。

图 7-75 制作虚线框 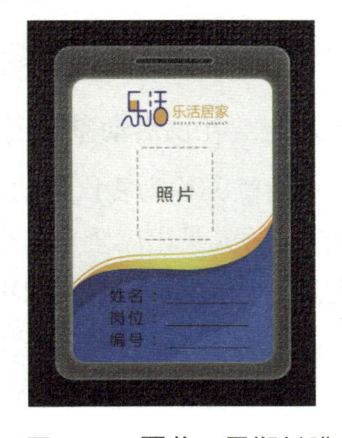　　图 7-76 覆盖一层塑料膜

（11）使用"矩形选框工具"创建一个矩形选区，给其填充灰色，描 1 像素的白色边，设置其不透明度为 50%，形成第一道塑料扣，如图 7-77 所示；使用"矩形选框工具"再创建一个矩形选区，给其填充深灰色—浅灰色—深灰色的渐变色，描 1 像素的白色边，设置其不透明度为 80%，形成第二道塑料扣，如图 7-78 所示。

图 7-77 制作第一道塑料扣 　　图 7-78 制作第二道塑料扣

（12）创建一个正圆形选区，使用径向渐变的方式填充浅灰色—深灰色的渐变色，形成金

属扣，给其添加"外发光"图层样式，用于增加金属质感，完成工作证正面的设计与制作，最终效果如图 7-79 所示。

（13）在工作证的正面设计的基础上，更换一些内容。将 Logo 移动到画面中，调整其大小和位置，设置其不透明度为 50%，如图 7-80 所示。使用"文字工具"输入证件的相关使用说明，完成工作证背面的设计与制作，最终效果如图 7-81 所示。

图 7-79　工作证正面的最终效果

图 7-80　设置 Logo

图 7-81　工作证背面的最终效果

任务四

设计并制作企业礼仪活动邀请函

礼仪活动邀请函又称为礼仪活动邀请信、礼仪活动邀请书，是礼仪活动主办方（单位、团体或个人）邀请有关人员出席隆重的会议、典礼，参加某些重大活动时发出的礼仪性书面函件。

礼仪活动邀请函的基本内容包括礼仪活动的背景、目的、名称、主办单位、组织机构、内容、形式、参加对象、时间、地点、联络方式，以及其他需要说明的事项。

乐活居家连锁企业的礼仪活动邀请函如图 7-82 所示。

图 7-82　乐活居家连锁企业的礼仪活动邀请函

任务分析：本任务要为企业周年庆设计一款礼仪活动邀请函，采用折页的方法进行设计，美观精致。在设计时，既要考虑企业的标准色，又要顾及活动的喜庆氛围，可以搭配红色和金色，尽显高端大气。三折页既美观大方，又小巧精致，方便携带。

案例解析：礼仪活动邀请函设计。

（1）新建一个空白的图像文件，设置其尺寸为 1000 像素×350 像素、"分辨率"为 72 像素/英寸、"颜色模式"为"RGB 颜色"、"背景内容"为"白色"。

（2）使用"矩形选框工具"创建一个矩形选区，选择"渐变工具"，设置渐变色为淡黄色—深黄色（参考企业 Logo 的颜色），以"径向渐变"的方法填充渐变色，效果如图 7-83 所示。

图 7-83　绘制矩形并填充渐变色

（3）按比例（两边的折页在对折后能覆盖中间页，并且保证插口衔接）绘制前后两个矩形色块；选择"圆角矩形工具"，设置圆角半径为 20 像素，沿矩形色块边缘绘制一个圆角矩形路径，然后将其转换成选区，将选区反选并删除，得到图形的圆角；然后绘制一个正圆形，将正圆形左侧的一半露出作为插口，效果如图 7-84 所示。

图 7-84　制作折页、圆角和插口

（4）以"线性渐变"的方法填充左边的折页，使用"矩形选框工具"在右边的折页上挖去一小条作为插槽，插槽位置不是随意的，可以通过将两边的折页水平翻转，然后调整位置，找到重叠的地方，从而确定插槽的位置。在插槽制作完成后，将两个折页水平翻转回原来的位置。在折页形状制作完成后，分别给它们制作"纹理"滤镜效果，增强礼仪活动邀请函的纸质质感，然后给其添加"斜面与浮雕"图层样式，效果如图 7-85 所示。需要注意的是，三折页应该分别在三个图层中进行制作。

（5）使用"圆角矩形工具"沿中间页创建一个圆角矩形路径，选择"画笔工具"，设置笔尖大小和颜色，调整好间距，在"路径"面板中单击"用画笔描边路径"图标，对路径进行描边，得到一个圆点虚线矩形，如图 7-86 所示。

图 7-85 制作插槽和纸质效果

图 7-86 使用"画笔工具"描边路径

（6）按 Ctrl+Enter 快捷键，将路径转换为选区，执行"选择"→"修改"→"收缩"命令，将选区收缩 1 像素，按 Delete 键将其删除；执行"选择"→"修改"→"扩展"命令，将选区扩展 3 像素；执行"选择"→"反向"命令，按 Delete 键将其删除，得到一个虚线圆角矩形；在"图层"面板中将其不透明度设置为 50%；载入左页的选区，执行"选择"→"修改"→"收缩"命令，将选区收缩 3 像素，然后执行描边命令，将选区描边 1 像素，颜色为灰色，效果如图 7-87 所示。

图 7-87 制作虚线圆角矩形和描边效果

（7）将企业 Logo 移动到画面中，调整其大小，执行"编辑"→"变换"→"顺时针旋转 90 度"命令，将其顺时针旋转 90 度，然后将其放置于左页上；输入企业的相关信息（与信封、信纸上的相关信息保持一致），调整其大小并将其放置于中间页的右下方，在中间页的主体位置输入欢迎词"WELCOME TO LOUHOUS"，字体可以自行设置；在右页中输入文字"邀请函"及其英文"INVITATION"，由于该页是下面页，在折叠后，"邀请函"3 个字与左页的企业 Logo 都在正面，因此也要将其顺时针旋转 90 度，颜色应醒目、大气，金黄色与大红色的底色形成鲜明的喜庆色彩，效果如图 7-88 所示。

（8）选择"自定形状工具"，在其属性栏的"形状"下拉面板中找到合适的图形，在创建路径后，将其转换为选区，以"径向渐变"的方式给该选区填充黄色渐变色，调整其大小，将其顺时针旋转 90 度并放置于右页中，给图像添加"投影"图层样式，完成邀请函正面的设计制作，最终效果如图 7-89 所示。

图 7-88　添加企业 Logo 和企业相关信息

图 7-89　邀请函正面的最终效果

因为有许多相似的图层，所以为了防止图层混乱，要对图层进行有序管理，即建立图层组并给其命名，将邀请函正面的图层和内容页的图层分别放在不同的组中。

（9）复制第（6）步中制作的图形，并且将左页与右页对调，创建一个矩形选区，给其填充黄色渐变色，将左页大面积的红"破开"，得到邀请函内页，效果如图 7-90 所示。

图 7-90　制作邀请函内页

（10）将企业 Logo 移动到画面中，调整其大小，并且将其放置于右页中间，设置其"图层混合模式"为"正片叠底"，用于解决颜色相近显示不够清晰的问题；按照邀请函的格式（可以上网查询相关知识）在中间页中输入邀请函内容，并且根据实际情况设置文字格式，效果如图 7-91 所示。

（11）在左页中进行一些基本设计，首先添加"恭候您的光临"等表达诚意的敬语，然后添加一些简单的点缀，再附带一些其他内容信息，但不宜过多，最后添加企业的二维码，给其添加"投影"图层样式，完成邀请函内页的设计与制作，最终效果如图 7-92 所示。

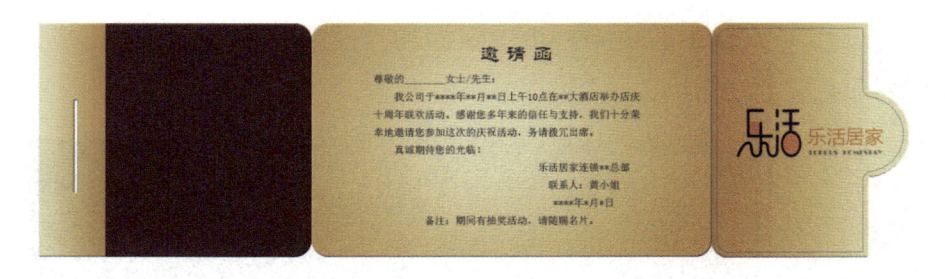

图 7-91　添加企业 Logo 并输入邀请函内容

图 7-92　邀请函内页的最终效果

有兴趣的学生可以试着将邀请函折叠，效果如图 7-93 所示。

图 7-93　将邀请函折叠

操作提示：在原图像的基础上，通过执行"编辑"→"变换"命令子菜单中的"透视"、"旋转"、"扭曲"和"变形"等变换命令，为图像添加不同的变换效果。

任务五

设计并制作企业纸质购物袋

顾名思义，购物袋就是用于购物的袋子，目前市场上可用的购物袋主要有塑料购物袋、无纺布购物袋、纸质购物袋、棉麻购物袋等。购物袋属于包装范畴，在现代人的生活中已经成为寻常之物了。

商业购物袋具备包装设计的基本要求，是企业形象识别系统的一部分，也是一种可以移动的广告。购物袋广告可以利用袋身有限的面积，向人们传播企业或产品服务的市场信息。当顾客提着印有商店广告的购物袋，穿行于大街小巷时，实际上相当于一个优秀的广告招牌，

企业 VI 设计　第 7 章

并且费用相对较低。一款设计精良的商业购物袋不仅可以作为一般的装运工具，还能给人以美的享受，并且成为品牌和消费者情感交流的纽带。

关于购物袋的功能、材质及环保等更多知识，可以在网上进行查询。

乐活居家连锁企业的纸质购物袋如图 7-94 所示。

拎带下垂 　　　　　　　　　拎带上提 　　　　　　　　　置入实景

图 7-94　乐活居家连锁企业的纸质购物袋

任务分析：本任务要为乐活居家连锁企业设计一款纸质购物袋，用于装消费者购买的该企业商品。在设计时，不仅要考虑材料质地，还要考虑购物袋的承载量、外形美观度及使用方便性等方面。

案例解析：企业纸质购物袋设计。

（1）新建一个空白的图像文件，设置其尺寸为 600 像素×600 像素、"分辨率"为 72 像素/英寸、"颜色模式"为"RGB 颜色"、"背景内容"为"白色"。

（2）打开素材，如图 7-95 所示。使用"矩形选框工具"选取素材图像中的跳绳部分，执行"编辑"→"填充"→"内容识别"命令，将不需要的部分去除，当然也可以使用"修饰工具"将其去除，效果如图 7-96 所示。在去除跳绳图像时，不要期望一下子全部去除，可以逐步将其去除，这样去除得比较干净、自然。

（3）使用"多边形套索工具"选取左边的手臂图像，将其复制到新图层中，按 Ctrl+T 快捷键，调整其位置，使其与右边的手臂图像平齐，如图 7-97 所示。

图 7-95　打开素材 　　　　　图 7-96　去除跳绳图像 　　　　　图 7-97　调整左边的手臂图像

（4）使用"涂抹工具"结合"橡皮擦工具"进行修饰，使图像看起来更自然，效果如图 7-98 所示。

（5）使用"椭圆选框工具"在左边手臂图像的位置创建一个小的正圆形选区，按 Delete 键挖出一个小洞，将其作为拎绳的孔，将选区水平向右移动到右边手臂图像的位置，再挖出一个孔；新建一个图层，在两个孔的位置将选区描边 3 像素并添加"浮雕"图层样式，形成拎绳的扣眼，效果如图 7-99 所示。

（6）根据扣眼的位置创建大的椭圆选区，描 3 像素的黄色边，添加"浮雕"图层样式（要勾选"等高线"和"纹理"复选框），调整各图层样式的参数，形成拎绳，效果如图 7-100 所示。

图 7-98　修饰图像 　　　　图 7-99　制作拎绳的扣眼 　　　　图 7-100　制作拎绳

（7）将拎绳一分为二，上下各放一条，分别如图 7-101 和图 7-102 所示。

（8）将所有图层链接，执行"编辑"→"变换"→"扭曲"命令，将图形扭曲成立面视觉效果，形成购物袋的正面，效果如图 7-103 所示。

图 7-101　下面的拎绳 　　　　图 7-102　上面的拎绳 　　　　图 7-103　制作购物袋的正面

（9）复制该组图层，执行"编辑"→"变换"→"扭曲"命令，将购物袋面向另一个方向扭曲，形成购物袋的背面，将拎绳放置于其后方（在"图层"面板中将拎绳图层移动到袋面图层的下一层），效果如图 7-104 所示。

（10）使用"矩形选框工具"选取袋面的一块，将其复制、粘贴，然后执行"编辑"→"变换"→"扭曲"命令，将其扭曲，形成购物袋的侧面，如图 7-105 所示。

（11）载入购物袋的正面选区，使用"多边形套索工具"减选上方的大部分选区，得到下部的一条选区；新建一个图层，选择"渐变工具"，以"线性渐变"的方式给选区填充黄色渐变色；将企业 Logo 移动到画面中，调整其大小及方向，然后将其放置于黄色渐变条上，设置其"图层混合模式"为"点光"，输入带有企业经营理念的主广告语"惬意生活从此开始"，并且设置其文字格式，效果如图 7-106 所示。

图 7-104　制作购物袋的背面　　图 7-105　制作购物袋的侧面　　图 7-106　添加企业 Logo 和广告语

（12）首先复制黄色渐变条，然后将其旋转、扭曲，再将其放置于购物袋的侧面，使其与购物袋的侧面吻合，接下来将这两个图层合并，最后将其放置于袋面的下方。使用"多边形套索工具"依据购物袋的折叠线创建一个选区，用于制作侧面折面，执行"编辑"→"调整"→"亮度/对比度"命令，调整折面的明暗度，效果如图 7-107 所示。

（13）使用"多边形套索工具"制作袋口的折面，效果如图 7-108 所示。企业纸质购物袋的最终效果如图 7-109 所示。

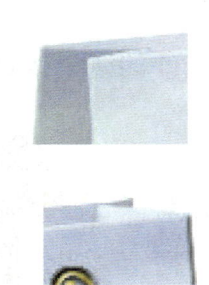

图 7-107　制作侧面折面　　图 7-108　制作袋口折面　　图 7-109　企业纸质购物袋的最终效果

有兴趣的同学可以尝试将制作的企业纸质购物袋置入实景。

任务六

设计并制作企业文化衫、广告帽

企业文化衫可以代表企业形象，是进行企业宣传的方法之一。

企业文化衫的款式设计以简单、简洁为主，主要是平面设计，面料、款式是一个承载体，在根本上决定企业文化衫价值的是图案、装饰，此处主要表现为企业的标志图形、企业的营销理念及企业的主要广告用语。

广告帽作为一种现代、新颖的广告载体，具有流动性强、色彩鲜艳和视觉效果良好的特点，其图案和样式设计不受限制，具有美观、耐用、质优、价惠等优点，是企业宣传的一种形式。

乐活居家连锁企业的文化衫、广告帽如图 7-110 所示。

文化衫正面 　　　　　　　　　文化衫背面 　　　　　　　　　广告帽

图 7-110　乐活居家连锁企业的文化衫、广告帽

任务分析：设计简洁的单色文化衫，印上企业的 Logo、文字或标志图案，再加上一些简单、别致的装饰，不但广告效果极佳，而且穿着效果很好。同样，广告帽具有阴天挡风、晴天遮阳的功能，并且男女老少皆宜，具有流动性大、物美价廉、实际用途广、广告时间长等特点，在广告帽上印上企业 Logo 及相关信息，可以随时随地为企业做宣传。

案例解析：企业文化衫设计。

（1）新建一个空白的图像文件，设置其尺寸为 800 像素×400 像素、"分辨率"为 72 像素/英寸、"颜色模式"为"RGB 颜色"、"背景内容"为"白色"。

（2）将素材 T 恤图像移动到新图像文件中，执行"图像"→"调整"→"色相/饱和度"命令，将 T 恤图像的颜色调整为与企业 Logo 的颜色接近的黄色，效果如图 7-111 所示。

素材 T 恤图像 　　　　　　　　　调整颜色后的 T 恤图像

图 7-111　调整 T 恤图像的颜色

（3）使用"钢笔工具"绘制衣领形状的路径，使用"直接选择工具"将其调整平滑，然后按 Ctrl+Enter 快捷键，将路径转换为选区，执行"编辑"→"描边"命令，给选区"居中"描 2 像素的黄色（Logo 中的颜色）边，形成领形钳边，效果如图 7-112 所示。

（4）新建一个图层，执行"选择"→"修改"→"扩展"命令，将选区扩展 3 像素，给其填充黑色，将该图层与上面的图层交换位置，稍做调整，形成衣领雏形，效果如图 7-113 所示。

图 7-112　绘制领形钳边　　　　　　　图 7-113　绘制衣领雏形

（5）绘制一个心形路径，将其转换为选区，然后给其填充深黄色—黄色的渐变色，形成衣服内部的阴影效果，擦除黄色描边的上边部分，形成衣领的镶边。至此，完成衣领的制作，效果如图 7-114 所示。

（6）选择"圆角矩形工具"，设置圆角半径为 5 像素，以"像素"的方法绘制一个细长的黑色圆角矩形作为衣襟部分；载入其选区，执行"选择"→"修改"→"收缩"命令，将选区收缩 2 像素；执行"编辑"→"描边"命令，给选区"居中"描 1 像素的黄色（Logo 中的颜色）边，选择"铅笔工具"，按住 Shift 键，绘制一个 2 像素的短直线作为拉链头。至此，完成衣襟的制作效果如图 7-115 所示。

图 7-114　完成衣领的制作　　　　　　　图 7-115　完成衣襟的制作

（7）将企业的标志图形移动到画面中，按 Ctrl+T 快捷键，将其等比例缩小并放置于 T 恤的左胸部，复制一个标志图形，将其旋转一个合适的角度并放置于 T 恤的左袖口上侧，效果如图 7-116 所示。

（8）使用"多边形套索工具"将翻转到后面的部分选中，按 Ctrl+X 快捷键剪切，按 Ctrl+V 快捷键粘贴，对粘贴后的半个标志图形执行"编辑"→"变换"→"水平翻转"命令，调整其角度，然后将其放置于 T 恤背面的左袖口上侧。新建一个图层，使用"钢笔工具"创建梯形路径，调整该路径，形成后视领子的形状，将该路径转换为选区，然后给其填充黑色，效果如图 7-117 所示。

图 7-116　置入企业的标志图形　　　　　　　图 7-117　绘制后视衣领（1）

（9）将选区向上移动（按键盘中的↑方向键）6 像素，给其描 2 像素的黄色边；使用"多边形套索工具"将不需要的部分选中并删除，形成衣领后视的镶边；使用"手指涂抹工具"

将衣领下方缺损的部分涂满（也可以复制 T 恤的一小块补上），效果如图 7-118 所示。

（10）将企业 Logo 移动到画面中，调整其大小，然后将其放置于 T 恤背面的上方，将企业 Logo 图层移动到 T 恤图层的上方，设置其"图层混合模式"为"强光"，此时企业 Logo 中的"乐活居家"几个字可能不太清楚，选中它们并复制，设置其"图层混合模式"为"正常"即可，效果如图 7-119 所示。

图 7-118 制作后视衣领（2）　　　　图 7-119 添加企业 Logo

案例解析：广告帽设计。

（1）新建一个空白的图像文件，设置其尺寸为 800 像素×400 像素、"分辨率"为 72 像素/英寸、"颜色模式"为"RGB 颜色"、"背景内容"为"白色"。

（2）使用"钢笔工具"绘制一个梯形路径，使用"直接选择工具"将其调整成帽身形状，将其转换为选区，然后以"线性渐变"的方式给其填充黑色—灰色的渐变色，效果如图 7-120 所示。执行"滤镜"→"纹理"→"纹理化"→"粗麻布"命令，给帽身添加"粗麻布"滤镜效果，如图 7-121 所示。执行"滤镜"→"杂色"→"添加杂色"命令，加强帽身的粗麻布质感，效果如图 7-122 所示。

图 7-120 填充线性渐变色　　图 7-121 添加"粗麻布"滤镜效果　　图 7-122 加强粗麻布质感

（3）在帽身的下方新建一个图层，使用"钢笔工具"创建帽舌路径，将其调整平滑，然后将其转换为选区，给其填充渐变色，效果如图 7-123 所示。执行"滤镜"→"杂色"→"添加杂色"命令，给其添加"杂色"滤镜效果，如图 7-124 所示。

（4）载入帽舌的选区，执行"编辑"→"描边"命令，给其描一个 5 像素的黄色边，并且添加"斜面和浮雕"图层样式，效果如图 7-125 所示。

图 7-123 绘制帽舌　　　　图 7-124 添加杂色　　　　图 7-125 描边效果

（5）新建一个图层，使用"椭圆选框工具"依据帽身创建一个椭圆形选区作为帽顶，用同样的方法给其填充渐变色、添加杂色，效果如图7-126所示。

（6）将企业Logo移动到画面中，调整其大小和位置，效果如图7-127所示。执行"编辑"→"变换"→"变形"命令，仔细调整其形状，使其产生贴在帽身上的视觉效果，如图7-128所示。

图 7-126　绘制帽顶　　　　　图 7-127　添加企业 Logo　　　　　图 7-128　调整企业 Logo

（7）使用"钢笔工具"沿着企业Logo的形状绘制一个路径，效果如图7-129所示。使用"横排文字工具"选择"顿号"，在路径上添加路径字，在"文字"面板中调整顿号的大小、颜色和间距，形成缝制效果，如图7-130所示。

（8）选择企业Logo图层，在"图层"面板中将其"图层混合模式"设置为"线性光"，将其"不透明度"调整为80%，给帽舌添加"投影"图层样式，完成帽子正面的设计，效果如图7-131所示。

图 7-129　绘制路径　　　　　图 7-130　制作缝线效果　　　　　图 7-131　帽子正面的效果

（9）复制帽子正面效果图中的帽身和帽顶，将其旋转到一个角度并稍加调整，效果如图7-132所示。

（10）使用"钢笔工具"依据帽身形状绘制半侧面的帽舌形状路径，将其转换为选区，然后给其填充渐变色、添加杂色，效果如图7-133所示。载入帽舌选区，描5像素黄色边，添加"浮雕"图层样式，效果如图7-134所示。

图 7-132　半侧面帽身　　　　　图 7-133　半侧面帽舌　　　　　图 7-134　加边

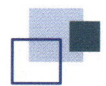

（11）将企业 Logo 移动到画面中，调整其大小、方向及位置，效果如图 7-135 所示。执行"编辑"→"变换"→"变形"命令，仔细调整其形状，使其产生贴在帽身上的视觉效果，如图 7-136 所示。

（12）采用第（7）步中路径字的方法制作绗缝，将帽顶形状适当变形，使其与企业 Logo 的边形相适应，选择企业 Logo 图层，在"图层"面板中，设置"图层混合模式"为"线性光"、"不透明度"为 80%，给帽舌添加"投影"图层样式，微调帽舌形状，完成半侧面帽子的设计，效果如图 7-137 所示。

图 7-135　置入企业 Logo 　　　　图 7-136　调整企业 Logo 　　　　图 7-137　帽子的半侧面效果

任务七

设计并制作企业路灯柱广告

路灯柱广告是指设置在路灯柱上的广告，又称为灯箱海报、夜明宣传画，是户外广告的一种，有用招贴的，也有用耐久搪瓷牌的，其应用场所分布于道路、街道两旁，以及影（剧）院、展览（销）会、商业闹市区、车站、机场、码头、公园等公共场所，国外将其称为半永久街头艺术。

乐活居家连锁企业的路灯柱广告如图 7-138 所示。

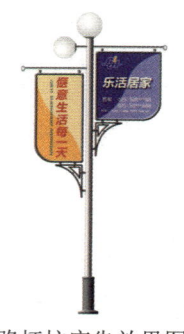

路灯柱广告效果图 　　　　　　　　　　　　路灯柱广告实景图

图 7-138　乐活居家连锁企业的路灯柱广告

任务分析：本任务要制作一个不锈钢结构带铁艺的双面广告牌，它的优点是不管站在哪个角度观看广告，都能看到广告内容，并且广告内容简洁、醒目、美观。

案例解析：路灯柱广告设计。

（1）新建一个空白的图像文件，设置其尺寸为 500 像素×900 像素、"分辨率"为 72 像素/英寸、"颜色模式"为"RGB 颜色"、"背景内容"为"白色"。

（2）使用"矩形选框工具"创建一个纵向的矩形选区，选择"渐变工具"，设置渐变色为浅灰色—白色—深灰色，以"线性渐变"的方式给矩形填充渐变色，形成不锈钢灯柱，效果如图 7-139 所示。

（3）使用"椭圆选框工具"创建一个正圆形选区，选择"渐变工具"，以"径向渐变"的方法给正圆形选区填充白色渐变色，形成灯泡，为了使其与白色背景有所区分，可以描 2 像素的浅灰色边，效果如图 7-140 所示。

（4）新建一个图层，创建一个小的矩形选区，给其填充深灰色渐变色，将其移动到灯泡的下方，使用"橡皮擦工具"擦去左下角和右下角不要的部分，形成灯座，如图 7-141 所示。

图 7-139　绘制不锈钢灯柱　　　图 7-140　制作灯泡　　　图 7-141　制作灯座

（5）使用绘制灯柱的方法再绘制一条横向的钢管，将其作为广告的挂杆，效果如图 7-142 所示。

（6）将灯泡与灯座合并并复制，执行"编辑"→"变换"→"旋转 90 度（逆时针）"命令，将复制的灯旋转，然后将其缩小并旋转于钢管的前端；绘制一个球状图形，将其置于钢管尾部作为装饰；使用"多边形套索工具"仔细地对钢管与灯柱交叠的部分进行处理，形成钢管与灯柱焊接的效果，如图 7-143 所示。

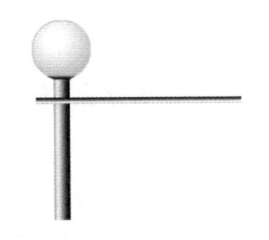

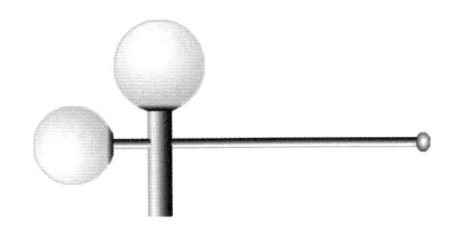

图 7-142　制作广告的挂杆　　　　　图 7-143　制作钢管与灯柱焊接的效果

（7）复制钢管，将其水平翻转并移动到灯柱的左侧；选择"圆角矩形工具"，设置其圆角半径为 50 像素，在灯柱的右侧创建一个圆角矩形路径，按 Ctrl+Enter 快捷键，将其转换为选区，使用"矩形选框工具"减去上边和左边的圆角选区部分，得到如图 7-144 所示的选区。

（8）新建一个图层，执行"编辑"→"描边"命令，以"居外"的方式将选区描 4 像素的灰色边，给其添加"斜面和浮雕"图层样式，形成铁质框架，效果如图 7-145 所示。

（9）复制一个铁质框架，将其水平翻转并移动至灯柱的左侧，将其拉长压窄一点（如果按 Ctrl+T 快捷键进行调整，则会使图形的边框出现粗细变化，此处可以使用"矩形选框工具"选取铁质框架的一部分，然后选择"移动工具"，按键盘中的方向键进行移动），形成左侧的铁质框架，效果如图 7-146 所示。

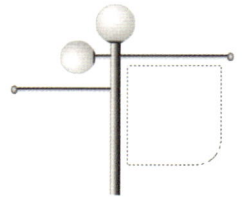

图 7-144　创建选区 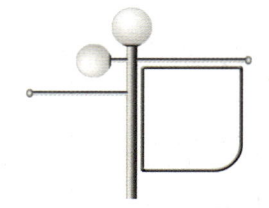　　　　图 7-145　制作铁质框架 　　　　图 7-146　制作左侧的铁质框架

（10）使用"矩形选框工具"创建一个矩形选区，给其填充灰色并添加"浮雕"图层样式，将其作为铁质框架与横向钢管之间的焊接段，复制 3 个，分别移动到相应的位置，效果如图 7-147 所示。先使用"矩形选框工具"创建一个正方形选区，再使用"椭圆选框工具"以减选的方式对正方形选区进行减选，形成三角支架选区，效果如图 7-148 所示。

图 7-147　制作铁质框架与横向钢管之间的焊接段 　　　　图 7-148　创建三角支架选区

（11）新建一个图层，以"居外"的方式给三角支架选区描 4 像素的灰边，然后给其添加"浮雕"图层样式，形成三角支架，效果如图 7-149 所示。将选区收缩 4 像素，以同样的方式描边，将大的三角支架的浮雕效果复制给小的三角支架（按住 Alt 键拖曳即可），然后为三角支架制作相应的焊接效果，形成三角支撑架，效果如图 7-150 所示。

（12）将三角支撑架的所有图层合并并复制，将复制的三角支撑架水平翻转并移动到灯柱的左侧，形成左侧的三角支撑架，效果如图 7-151 所示。

图 7-149　制作三角支架 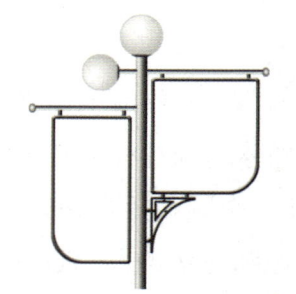　　　　图 7-150　制作三角支撑架 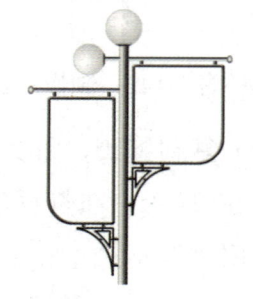　　　　图 7-151　制作左侧的三角支撑架

（13）在完成路灯广告架子的制作后，就可以进行广告的设计和制作了。使用"魔术棒工具"在左侧的铁质框架中单击，创建相应的选区，给其填充黄色（可以使用"吸管工具"在企业 Logo 上吸取需要的颜色），效果如图 7-152 所示。

（14）使用"钢笔工具"在左侧的铁质框架中绘制一个曲线路径，如图 7-153 所示；按 Ctrl+Enter 快捷键，将其转换为选区，然后给其填充浅黄色，效果如图 7-154 所示。

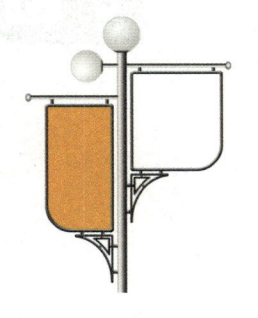

图 7-152　给左侧的铁质框架填充黄色 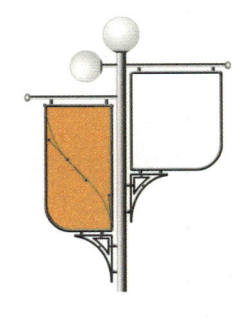　　　图 7-153　绘制曲线路径 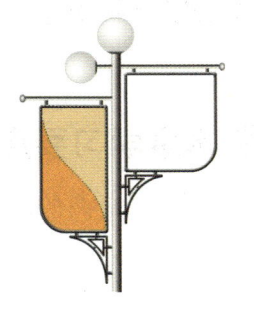　　　图 7-154　给曲线路径选区填充浅黄色

（15）以相同的方法制作右侧铁质框架的底色，效果如图 7-155 所示。添加主广告语，效果如图 7-156 所示。

（16）将企业标志图形移动到右侧的铁质框架中，调整其大小和位置，为了突出效果，载入其选区并给其描 2 像素的浅灰色边，然后添加企业的其他信息，完成广告部分的制作，效果如图 7-157 所示。

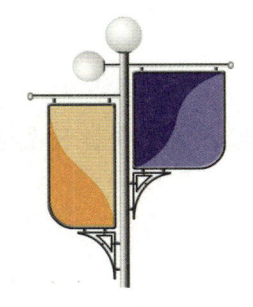

图 7-155　制作右侧铁质框架的底色 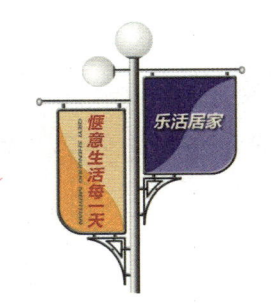　　图 7-156　添加主广告语 　　图 7-157　广告部分的效果

（17）完成灯柱底座的设计与制作，最终效果如图 7-158 所示。

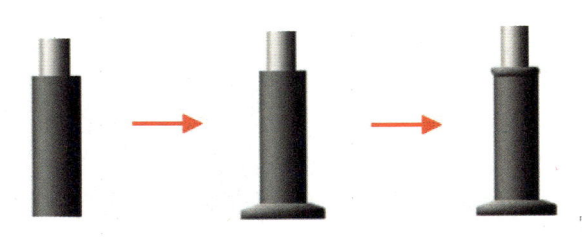

图 7-158　灯柱底座的最终效果

课后练习：分组合作，各组自行拟定一个企业名称，并且拟定该企业的相关信息，然后为该企业设计并制作一系列的 VI 内容。

宣传图设计

第 8 章

↓ 本章学习要点

- 了解垃圾分类的基本概念。
- 了解并熟记垃圾的类别。
- 了解垃圾分类的经济价值。
- 了解垃圾分类对现实生活的意义。
- 应用 Photoshop CS6 设计并制作各种垃圾分类的宣传图。

↓ 重点和难点

- 熟记垃圾的类别。
- 设计并制作垃圾分类宣传图。

↓ 达成目标

- 了解垃圾分类的相关知识。
- 懂得垃圾分类在现实生活中的重要作用。
- 能够设计并制作各种垃圾分类宣传图,并且模拟设计、制作生活垃圾分类收集点展示图。

▶ 相关知识

1. 什么是垃圾分类

垃圾分类是对按一定的规定或标准将垃圾分类存储、分类投放和分类搬运,从而将其转变成公共资源这一系列活动的总称。垃圾分类的目的是提高垃圾的资源价值和经济价值,确保物尽其用。

2. 垃圾分类

1) 可回收垃圾

可回收垃圾是指适合回收和可循环利用的废弃物,主要包括废纸、塑料、玻璃、金属和布料共五大类。

2) 厨余垃圾

厨余垃圾又称为湿垃圾,包括剩菜、剩饭、果皮等食品类废弃物。可以使用生物技术将厨余垃圾就地处理堆肥,每吨厨余垃圾可以生产 0.6~0.7 吨有机肥料。

3) 有害垃圾

有害垃圾是指含有对人体健康有害的重金属、有毒的物质,或者会对环境造成现实危害或潜在危害的废弃物，包括电池、荧光灯管、灯泡、水银温度计、油漆桶、部分家电、过期药品、过期化妆品等。在通常情况下，会对有害垃圾进行单独回收或填埋处理。

4）其他垃圾

其他垃圾又称为干垃圾，是指除上述几类垃圾外的难以回收的废弃物，包括砖瓦陶瓷、渣土、卫生间废纸、尘土、食品袋（盒）等。对其他垃圾进行卫生填埋处理，可以有效减少其对地下水、地表水、土壤及空气的污染。

3. 垃圾分类的意义

1）改善生活环境

垃圾分类是破解垃圾难题，实现垃圾减量化、资源化、无害化处理的重要手段。通过普遍推行垃圾分类制度，建立垃圾分类投放、分类收集、分类运输和分类处理系统，实现垃圾的高效处理及安全利用，营造优美的居住环境。

2）节约和利用资源

对垃圾进行分类，可以将部分垃圾转换为资源。例如，回收 1 吨废塑料，可以提炼约 600 千克柴油；回收 1500 吨废纸，可以减少砍伐约 1200 吨树木；食品、草木和织物可以堆肥，生产有机肥料。

3）提高文明水平

垃圾分类可以使每个人从点滴小事做起，改变生活习惯，提高文明素养，推进资源再利用，进一步促进经济绿色发展和社会文明进步，共建更加美丽的居住环境。

垃圾分类回收说难不难，分而用之实为关键，因地制宜提供方便，自觉自治行为规范。

下面，我们模拟设计并制作一系列垃圾分类宣传图，用于讲解垃圾分类回收点的形式。

任务一

设计并制作有害垃圾图标及有害垃圾分类贴图

任务分析：本任务主要使用"钢笔工具"创建有害垃圾图标和有害垃圾分类贴图，对于有害垃圾图标，可以使用"锁定透明"的方法给图形填充反相色，从而完成有害垃圾图标的制作；对于有害垃圾图标，可以使用"圆角矩形工具"绘制贴图框，再使用"贴入"的方法贴入有害垃圾的相关图片。在制作过程中，要注意有害垃圾相关图片的选择，并且保证颜色的一致性。本任务要设计并制作的有害垃圾图标和有害垃圾分类贴图分别如图 8-1 和图 8-2 所示。

案例解析。

（1）新建一个空白的图像文件，设置其尺寸为 400 像素×400 像素、"分辨率"为 90 像素/英寸、"颜色模式"为"RGB 颜色"、"背景内容"为"白色"。

（2）设置前景色为大红色，给"背景"图层填充前景色。新建一个图层，使用"矩形选框工具"先创建一个正方形选区，给其填充白色；再创建一个矩形选区，给其填充大红色，效果如图 8-3 所示。

图 8-1　有害垃圾图标

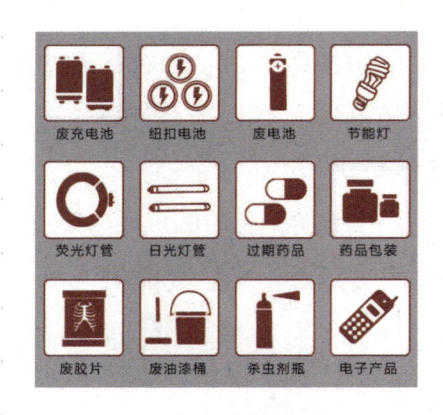

图 8-2　有害垃圾分类贴图

（3）选择"自定形状工具"，在其属性栏中设置"工具模式"为"像素"，设置"形状"为"装饰 6"，设置前景色为白色，按住 Shift 键，在白色正方形中绘制一个图形，如图 8-4 所示。

（4）选中上一步绘制的图形，在"图层"面板中单击激活"锁定透明像素"按钮，使用"矩形选框工具"选取该图形的下半部分，给其填充红色，效果如图 8-5 所示。

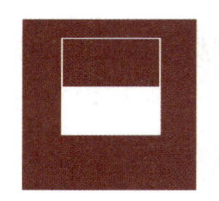

图 8-3　绘制正方形和矩形　　图 8-4　绘制图形　　图 8-5　调整图形

（5）取消选区，新建一个图层，绘制一个细长的矩形，复制该矩形，按 Ctrl+T 快捷键，将其旋转 90 度，使其与下一个矩形组成十字图形，如图 8-6 所示。按 Ctrl+E 快捷键，将十字图形合并；然后按 Ctrl+T 快捷键，将十字图形旋转 45 度，调整十字图形的位置，使其与下方的图形契合，效果如图 8-7 所示。

（6）使用"矩形选框工具"沿红色矩形的下边沿将十字图形的下半部分选中，在"图层"面板中单击激活"锁定透明像素"按钮，将十字图形的透明部分锁定，给其填充大红色，效果如图 8-8 所示。

图 8-6　绘制十字图形　　图 8-7　调整十字图形（1）　　图 8-8　调整十字图形（2）

（7）输入文字"有害垃圾"，设置字体为微软雅黑、字号为 36 点、字符间距为 240、文字颜色为白色，效果如图 8-9 所示，完成有害垃圾图标的设计与制作。

（8）新建一个空白的图像文件，设置其尺寸为 500 像素×500 像素、"分辨率"为 90 像素/英寸、"颜色模式"为"RGB

图 8-9　输入并设置文字

颜色"、"背景内容"为"白色"。

（9）设置前景色为浅灰色，给"背景"图层填充前景色。新建一个图层，选择"圆角矩形工具"，在其属性栏中设置圆角半径为 6 像素，按住 Shift 键并拖动鼠标指针，创建一个圆角正方形路径，将其转换为选区，设置前景色为白色，给该选区填充前景色。执行"编辑"→"描边"命令，以"居外"的方式给该选区描 2 像素的红色边，效果如图 8-10 所示。

（10）按 Ctrl+J 快捷键 3 次，复制 3 个圆角正方形，将所有圆角正方形对齐，效果如图 8-11 所示。

图 8-10 绘制圆角正方形 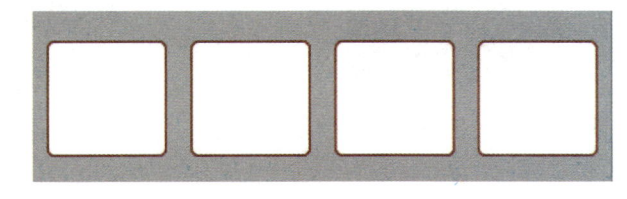　　　　　图 8-11 复制并对齐所有圆角正方形

（11）首先合并所有圆角正方形图层，然后复制两个合并图层，最后将所有合并图层对齐，效果如图 8-12 所示。

（12）输入与有害垃圾有关的文字内容（根据提供的素材仔细分辨哪些是有害垃圾），设置字体为微软雅黑、字号为 13 点、字符间距为 140、文字颜色为深灰色，效果如图 8-13 所示。

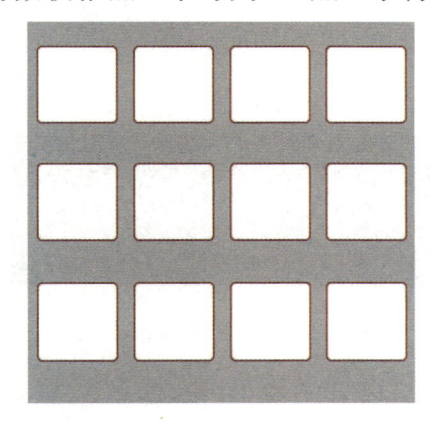

图 8-12 复制并对齐所有合并图层 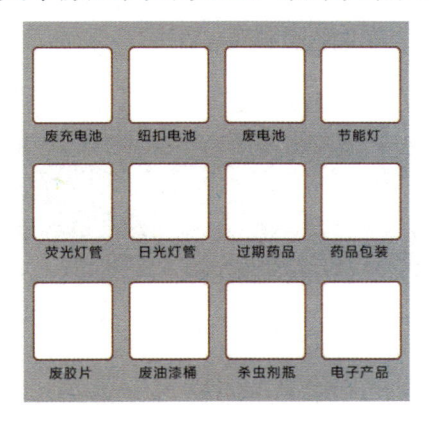　　　　　图 8-13 输入文字并设置相关属性

（13）在提供的素材中找到有害垃圾的相关图片，并且将其放置于相应的格子中，完成有害垃圾分类贴图的设计与制作。

任务二

设计并制作可回收垃圾图标及可回收垃圾分类贴图

任务分析：本任务主要运用"矩形工具""直线工具"创建可回收垃圾的基本图形，再通过旋转变换的方法完成可回收垃圾图标的设计与制作。在设计与制作可回收垃圾分类贴图时，可以参考有害垃圾分类贴图的设计与制作方法，将边框颜色设置为与图标颜色一致的蓝色；在贴入图片时，注意可回收垃圾相关图片的选择，并且保证颜色的一致性。本任务要设计与制作的可回收垃圾图标和可回收垃圾分类贴图分别如图 8-14 和图 8-15 所示。

图 8-14　可回收垃圾图标

图 8-15　可回收垃圾分类贴图

案例解析。

（1）新建一个空白的图像文件，设置其尺寸为 400 像素×400 像素、"分辨率"为 90 像素/英寸、"颜色模式"为"RGB 颜色"、"背景内容"为"白色"。

（2）设置前景色为蓝色，给"背景"图层填充前景色。新建一个图层，使用"矩形工具"创建一个矩形路径，然后选择"直线工具"，在其属性栏中设置"粗细"为 28 像素，打开"箭头"下拉面板，勾选"起点"复选框，设置"宽度"为 150%、"凹度"为 0，创建一个箭头，效果如图 8-16 所示。

（3）使用"直接选择工具"调整箭头的路径，效果如图 8-17 所示。

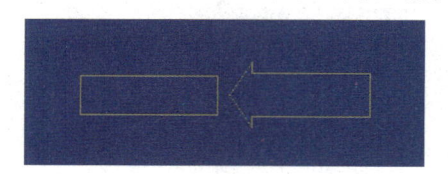

图 8-16　创建箭头

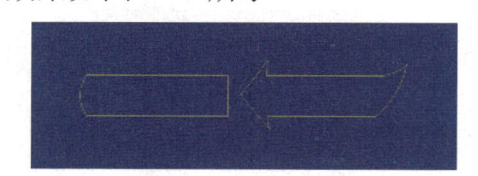

图 8-17　调整箭头的路径

（4）按 Ctrl+Enter 快捷键，将箭头路径转换为选区，给其填充白色，效果如图 8-18 所示。使用"矩形选框工具"选取部分白色图形并删除，效果如图 8-19 所示。

图 8-18　填充白色

图 8-19　减去部分白色图形

（5）复制上一步得到的图形，按 Ctrl+T 快捷键，将其旋转 120 度，效果如图 8-20 所示。使用相同的方法，再次复制并旋转图形，效果如图 8-21 所示。输入文字"可回收物"，文字的属性参数设置与有害垃圾图标中的文字相同，效果如图 8-22 所示，完成可回收垃圾图标的设计与制作。

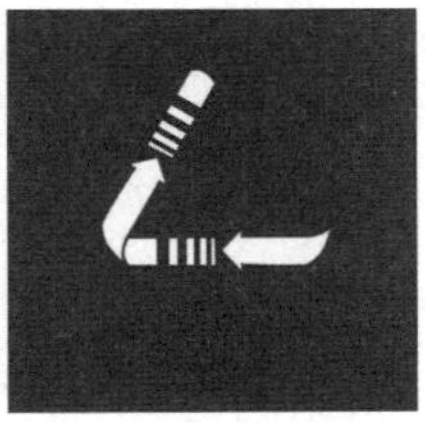

图 8-20　复制并旋转图形（1） 　　图 8-21　复制并旋转图形（2） 　　图 8-22　输入并设置文字

（6）新建一个空白的图像文件，设置其尺寸为 650 像素×500 像素、"分辨率"为 90 像素/英寸、"颜色模式"为"RGB 颜色"、"背景内容"为"白色"。

（7）设置前景色为浅灰色，给"背景"图层填充前景色。新建一个图层，选择"圆角矩形工具"，在其属性栏中设置圆角半径为 6 像素，按住 Shift 键并拖动鼠标指针，创建一个圆角正方形路径，将其转换为选区，设置前景色为白色，给该选区填充前景色。执行"编辑"→"描边"命令，以"居外"的方式给该选区描 2 像素的蓝色边，按 Ctrl+J 快捷键 4 次，复制4 个圆角正方形，将 5 个圆角正方形对齐，效果如图 8-23 所示。此步操作可以参照有害垃圾分类贴图的设计与制作方法。

图 8-23　复制并对齐圆角正方形

（8）首先合并所有的圆角正方形图层，然后复制两个合并图层，最后对齐所有的合并图层，效果如图 8-24 所示。

（9）输入与可回收垃圾有关的文字内容（根据提供的素材仔细分辨哪些是可回收垃圾），设置字体为微软雅黑、字号为 13 点、字符间距为 140、文字颜色为深灰色，效果如图 8-25 所示。

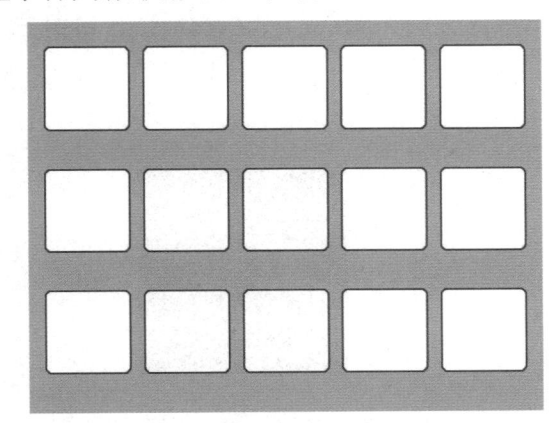

图 8-24　复制并对齐所有合并图层 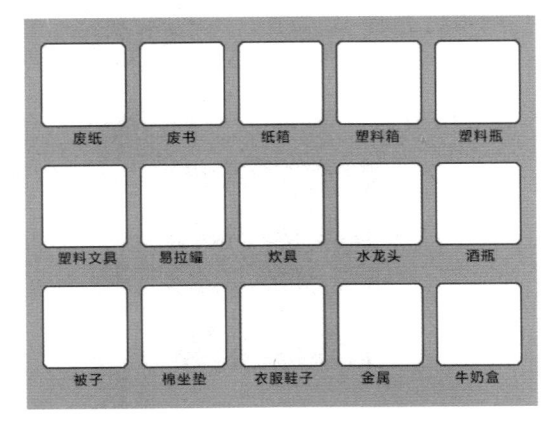　　　　图 8-25　输入文字并设置相关属性

（10）在提供的素材中找到可回收垃圾的相关图片，并且将其放置于相应的格子中，完成可回收垃圾分类贴图的设计与制作。

任务三

设计并制作厨余垃圾图标及厨余垃圾分类贴图

任务分析：本任务中的厨余垃圾图标是使用 Photoshop 中的"自定形状工具"制作的。在设计与制作厨余垃圾分类贴图时，可以参考可回收垃圾分类贴图的设计与制作方法，将边框颜色设置为与图标颜色一致的绿色；在贴入图片时，注意厨余垃圾相关图片的选择，并且保证颜色的一致性。本任务要设计与制作的厨余垃圾图标和厨余垃圾分类贴图分别如图 8-26 和图 8-27 所示。

图 8-26 厨余垃圾图标

图 8-27 厨余垃圾分类贴图

案例解析。

（1）新建一个空白的图像文件，设置其尺寸为 400 像素×400 像素、"分辨率"为 90 像素/英寸、"颜色模式"为"RGB 颜色"、"背景内容"为"白色"。

（2）设置前景色为绿色，给"背景"图层填充前景色。新建一个图层，选择"自定形状工具"，在其属性栏中设置"工具模式"为"像素"、"形状"为"溅泼"，设置前景色为白色，按住 Shift 键并拖动鼠标指针，绘制一个自定义图形，效果如图 8-28 所示。复制该自定义图形，调整其大小和位置，效果如图 8-29 所示。

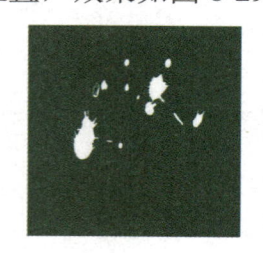

图 8-28 绘制自定义图形

图 8-29 复制并调整自定义图形

（3）将"自定形状工具"中的"骨头"和"鱼"都添加到图像中，调整其大小和位置，效果如图 8-30 所示。输入文本"厨余垃圾"，文字参数设置与有害垃圾图标中的文字参数设置相同，完成厨余垃圾图标的设计与制作，效果如图 8-31 所示。

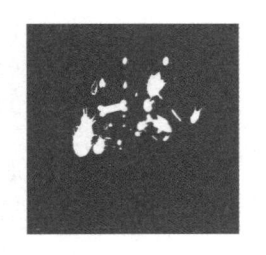

图 8-30　添加自定义图形 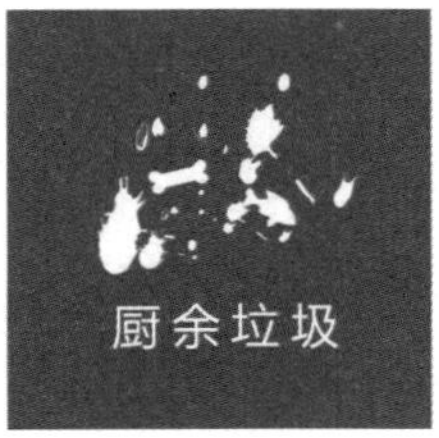　　　　　　　　图 8-31　输入并设置文字

（4）新建一个空白的图像文件，设置其尺寸为 650 像素×500 像素、"分辨率"为 90 像素/英寸、"颜色模式"为"RGB 颜色"、"背景内容"为"白色"（也可以在可回收垃圾分类贴图文件的基础上进行设计与制作）。

（5）设置前景色为浅灰色，给"背景"图层填充前景色。新建一个图层，选择"圆角矩形工具"，在其属性栏中，设置圆角半径为 6 像素，按住 Shift 键并拖动鼠标指针，创建一个圆角正方形路径，将其转换为选区，设置前景色为白色，给该选区填充前景色。执行"编辑"→"描边"命令，以"居外"的方式给该选区描 2 像素的绿色边。按 Ctrl+J 快捷键 4 次，复制 4 个圆角正方形，将 5 个圆角正方形对齐，效果如图 8-32 所示。此步操作可以参照可回收垃圾分类贴图的设计与制作方法。

图 8-32　复制并对齐圆角正方形

（6）首先合并所有的圆角正方形图层，然后复制两个合并图层，最后对齐所有的合并图层，效果如图 8-33 所示。

（7）输入与厨余垃圾有关的文字内容（根据提供的素材仔细分辨哪些是厨余垃圾），设置字体为微软雅黑、字号为 13 点、字符间距为 140、文字颜色为深灰色，效果如图 8-34 所示。

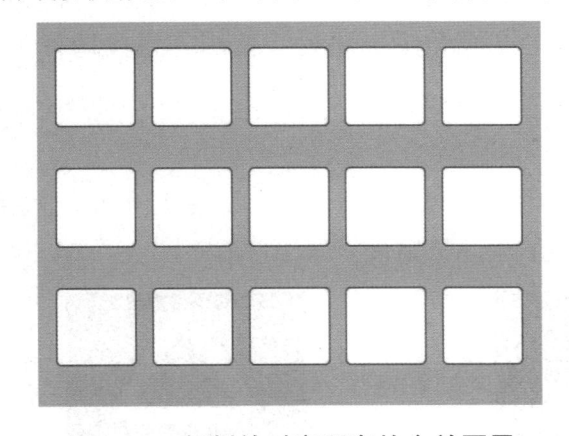

图 8-33　复制并对齐所有的合并图层 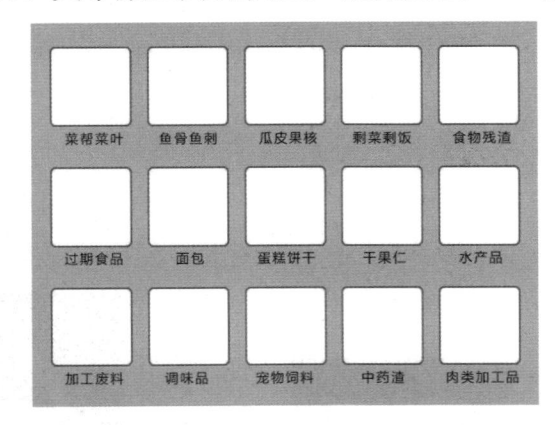　　　　图 8-34　输入文字并设置相关属性

（8）在提供的素材中找到厨余垃圾的相关图片，并且将其放置于相应的格子中，完成厨余垃圾分类贴图的设计与制作。

任务四

设计并制作其他垃圾图标及其他垃圾分类贴图

任务分析：本任务主要运用"圆角矩形工具"创建其他垃圾的基本图形（可以基于可回收垃圾的基本图形进行编辑和调整），通过旋转变换对其他垃圾基本图形进行调整，使用"箭头工具"绘制箭头，对其他垃圾的基本图形进行修剪，完成其他垃圾图标的设计与制作。在设计与制作其他垃圾分类贴图时，可以参考有害垃圾分类贴图的设计与制作方法，将边框颜色设置为与图标颜色一致的蓝灰色；在贴入图片时，注意其他垃圾相关图片的选择，并且保证颜色的一致性。本任务要设计与制作的其他垃圾图标和其他垃圾分类贴图分别如图 8-35 和图 8-36 所示。

图 8-35　其他垃圾图标　　　　图 8-36　其他垃圾分类贴图

案例解析。

（1）新建一个空白的图像文件，设置其尺寸为 400 像素×400 像素、"分辨率"为 90 像素/英寸、"颜色模式"为"RGB 颜色"、"背景内容"为"白色"。

（2）设置前景色为蓝灰色，给"背景"图层填充前景色。新建一个图层，选择"圆角矩形工具"，在属性栏中设置圆角半径为 3 像素，创建一个圆角矩形路径，使用"直接选择工具"对该路径进行调整，按 Ctrl+Enter 快捷键，将该路径转换为选区，给该选区填充白色，效果如图 8-37 所示。

（3）取消选区，复制上一步绘制的图形，按 Ctrl+T 快捷键，将其旋转 120 度，效果如图 8-38 所示；再复制一个图形，同样将其旋转 120 度，效果如图 8-39 所示。

图 8-37　绘制图形　　　图 8-38　复制并旋转图形（1）　　　图 8-39　复制并旋转图形（2）

（4）选择"直线工具"，在其属性栏中设置"工具模式"为"像素"、"粗细"为 100 像素，

打开"箭头"下拉面板,设置"宽度"为100%、"长度"为50%、"凹度"为0%,设置前景色为白色,按住Shift键,绘制一个白色箭头,将其移动至合适的位置,然后使用"矩形选框工具"将不需要的部分选中并删除,效果如图8-40所示。

(5)选中第一个基本形,使用"矩形选框工具"参照箭头创建一个矩形选区,将不需要的部分选中并删除(可以将箭头的不透明度降低,以便操作,在完成后,将箭头的不透明度恢复),然后对箭头进行修剪,效果如图8-41所示。输入文字"其他垃圾",文字参数设置与有害垃圾图标中的文字参数设置相同,完成其他垃圾图标的设计与制作,效果如图8-42所示。

图8-40 绘制箭头　　　　图8-41 调整箭头　　　　图8-42 输入并设置文字

(6)新建一个空白的图像文件,设置其尺寸为500像素×500像素、"分辨率"为90像素/英寸、"颜色模式"为"RGB颜色"、"背景内容"为"白色"。借助有害垃圾分类贴图中的图形,载入选区,设置前景色为蓝灰色,新建一个图层,执行"编辑"→"描边"命令,以"居外"的方式给该选区描2像素的蓝灰色边,效果如图8-43所示。

(7)输入与其他垃圾有关的文字内容(根据提供的素材仔细分辨哪些是其他垃圾),设置字体为微软雅黑、字号为13点、字符间距为140、文字颜色为深灰色(也可以复制有害垃圾分类贴图中的文字内容,然后更改内容,保持文字的参数设置),效果如图8-44所示。

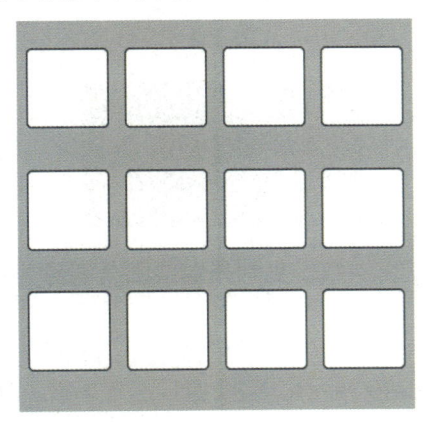

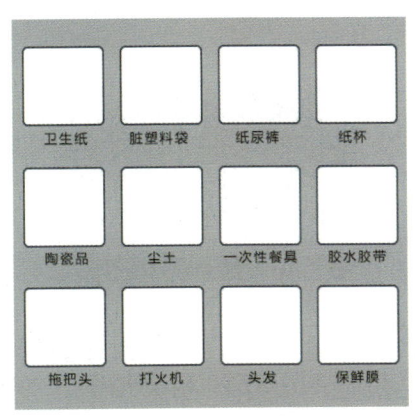

图8-43 描边图形　　　　图8-44 输入文字并设置相关属性

(8)在提供的素材中找到其他垃圾的相关图片,并且将其放置于相应的格子中,完成其他垃圾分类贴图的设计与制作。

任务五

综合布局(设计并制作生活垃圾分类收集点展示图)

任务分析:本任务是一个综合性的制作任务,使用的工具较多,主要是综合运用前面4个任务中的相关知识，模拟设计并制作一幅生活垃圾分类收集点展示图。在日常生活中，垃圾分类收集点（站）很多，形式也各有不同，但大致的功能是相似的，本任务仅作为模拟练习。本任务要设计并制作的生活垃圾分类收集点展示图如图 8-45 所示。

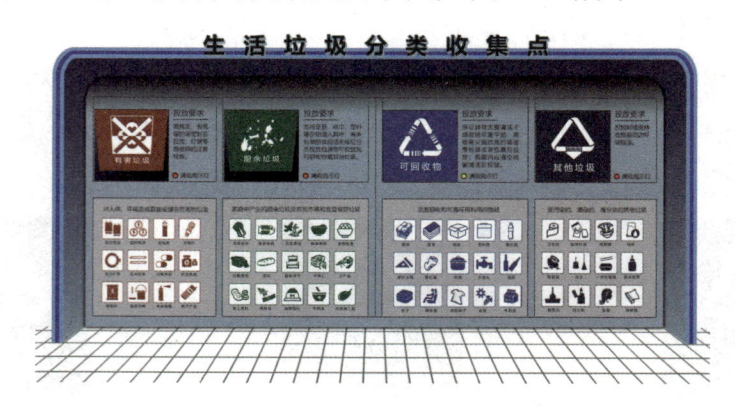

图 8-45　设计并制作生活垃圾分类收集点展示图

案例解析。

（1）新建一个空白的图像文件，设置其尺寸为 1500 像素×800 像素、"分辨率"为 72 像素/英寸、"颜色模式"为"RGB 颜色"、"背景内容"为"白色"。

（2）选择"圆角矩形工具"，在其属性栏中设置圆角半径为 50 像素，在画面中创建一个圆角矩形路径，使用"直接选择工具"对该路径进行调整，按 Ctrl+Enter 快捷键，将该路径转换为选区，给该选区填充浅蓝色，得到一个圆角图形，效果如图 8-46 所示。

（3）复制上一步绘制的圆角图形，载入其选区并给其填充深蓝色，将其缩小一点，效果如图 8-47 所示。

图 8-46　绘制圆角图形　　　　图 8-47　复制并调整圆角图形

（4）重复第（3）步中的操作两次，重叠所有的圆角图形，效果如图 8-48 所示。

（5）给最上面一层的图形填充渐变色，效果如图 8-49 所示。

图 8-48　重复操作并重叠所有的圆角图形　　　图 8-49　填充渐变色

（6）新建一个图层，再绘制一个圆角图形，给其填充渐变色并添加"外发光"图层样式，设置外发光颜色为黑色，效果如图 8-50 所示。

(7)使用"单行选框工具"在画面中单击,创建一个选区,给其填充深灰色并添加"斜面和浮雕"图层样式,按 Ctrl+J 快捷键 4 次,复制 4 个图层,对其进行排列,效果如图 8-51 所示。

图 8-50 绘制圆角矩形并填充渐变色

图 8-51 绘制横线

(8)复制一条横线,将其旋转 90 度,与横线上下对接,将不需要的部分去除,按 Ctrl+J 键 8 次,复制 8 个图层,对其进行排列,效果如图 8-52 所示。

(9)将横线与竖线合并,使用"矩形选框工具"仔细地将不需要的部分选中并删除,再补充所需的缝线,形成组合垃圾箱的门缝,效果如图 8-53 所示。

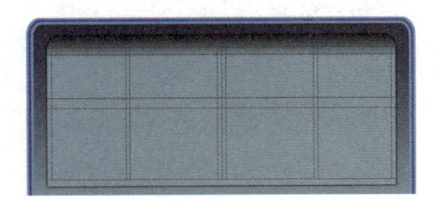

图 8-52 绘制竖线

图 8-53 制作组合垃圾箱的门缝

(10)将 4 种垃圾图标分别贴入四个格子,效果如图 8-54 所示。

图 8-54 贴入 4 种垃圾图标

(11)选中有害垃圾图标图层,执行"编辑"→"变换"→"扭曲"命令,将图形向上扭曲一点;使用"多边形套索工具"将两边套选并删除;载入蒙版选区,新建一个图层,给其填充黑色—灰色的渐变色,产生门向里打开的视觉效果。厨余垃圾图标图层采用同样的操作,效果如图 8-55 所示。

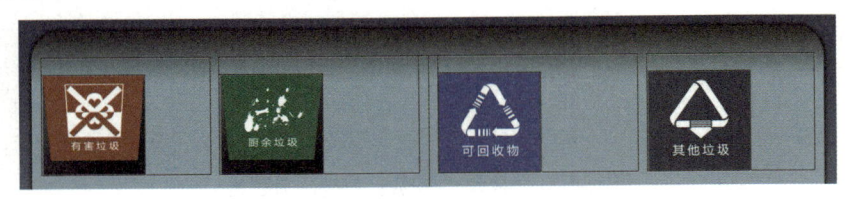

图 8-55 制作开门效果

(12)将制作好的垃圾分类贴图贴入相应的格子,效果如图 8-56 所示。

图 8-56 贴入相应的垃圾分类贴图

（13）设计垃圾分类的投放要求，如图 8-57～图 8-60 所示。以文本文字的方式输入文本，有文本框的限制可以很好地排版文字，设置字体为微软雅黑、字号分别为 17 点和 13 点、文字颜色为深灰色；给满载指示灯描 2 像素的深灰色边。

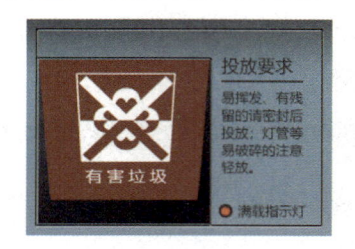

图 8-57　有害垃圾的投放要求

图 8-58　厨余垃圾的投放要求

图 8-59　可回收垃圾的投放要求

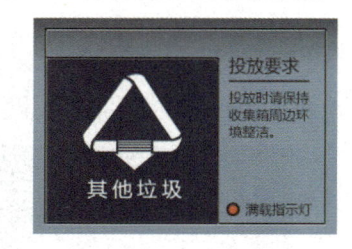

图 8-60　其他垃圾的投放要求

（14）开门按钮的设计很简单。绘制一个黑色的正圆形，给其添加"斜面和浮雕"及"描边"图层样式即可。需要注意的是，不要做得太大，在实际使用中只是手指按压的面积。

（15）设计地面效果。使用"矩形选框工具"在画面的下方创建一个矩形选区，执行"编辑"→"填充"命令，在弹出的"填充"对话框中找到"拼贴-平滑"图案，单击"确定"按钮，使用该图案填充矩形选区，效果如图 8-61 所示。

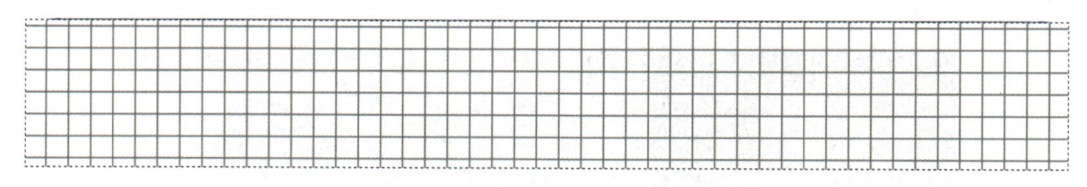

图 8-61　填充"拼贴-平滑"图案

（16）取消选区，首先执行"编辑"→"变换"→"透视"命令，对地面图形进行"透视"变换，为其添加近大远小的透视效果；然后按 Ctrl+T 快捷键，将地面图形拉宽至页面外；最

宣传图设计 第8章

后使用"多边形套索工具"将遮住的外墙部分抠出来,最终的地面效果如图 8-62 所示。

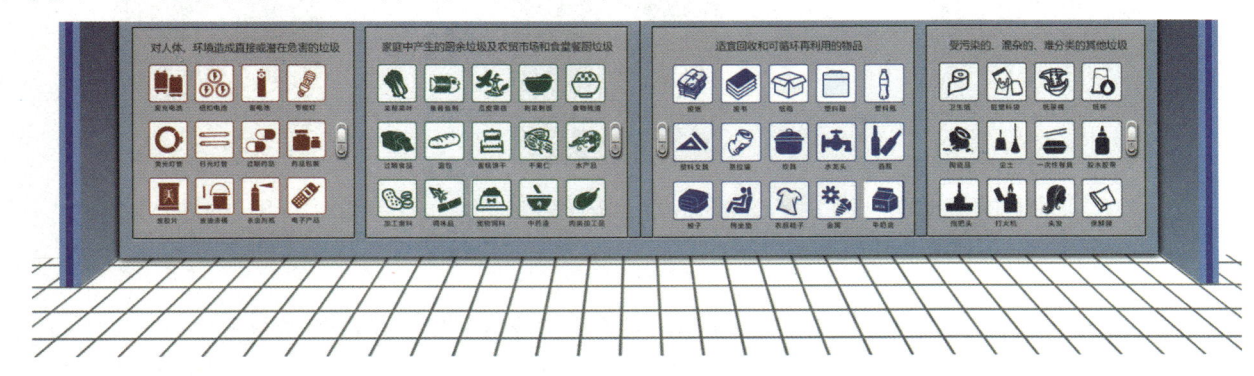

图 8-62　最终的地面效果

保存以上操作。

(17) 新建一个空白的图像文件,设置其尺寸为 500 像素×500 像素、"分辨率"为 90 像素/英寸、"颜色模式"为"RGB 颜色"、"背景内容"为"绿色"。

(18) 新建一个图层,选择"圆角矩形工具",在其属性栏中设置圆角半径为 60 像素,在画面中创建一个圆角矩形路径,将其转换为选区并给其填充白色。执行"滤镜"→"杂色"→"添加杂色"命令,弹出"添加杂色"对话框,将"数量"设置为 5%,将"分布"设置为"平均分布",勾选"单色"复选框,效果如图 8-63 所示。

(19) 复制上一步绘制的圆角矩形,按 Ctrl+T 快捷键,对其进行"垂直翻转"变换并将其缩小一些,执行"滤镜"→"模糊"→"高斯模糊"命令,对其进行 1.5 像素的模糊处理,使其边缘柔化,效果如图 8-64 所示。再复制一个图形,载入选区并给其填充黑色,效果如图 8-65 所示。

图 8-63　绘制圆角矩形并对其进行调整 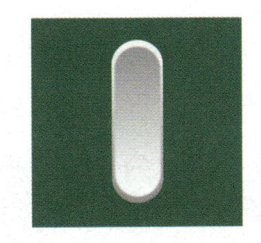　　图 8-64　复制圆角矩形并对其进行调整(1) 　　图 8-65　复制圆角矩形并给其填充黑色

(20) 再复制一个圆角矩形,将其放置于上层并稍微缩小一点,露出下方的黑色边即可(产生暗影效果),使用"矩形选框工具"将其截断,然后给其添加"斜面和浮雕"图层样式,效果如图 8-66 所示。

(21) 给下方的半圆形单独添加"浮雕"和"投影"图层样式,右击"投影"图层样式,在弹出的快捷菜单中选择"创建图层"命令,将投影与图像分离,将超出半圆形上方的投影部分选取并删除,完成按钮的制作,效果如图 8-67 所示。

(22) 绘制一个正圆形,给其填充浅灰色(颜色可以使用"吸管工具"在图形上吸取),描 2 像素的黑色边;再绘制一个小的矩形,给其填充黑色,完成钥匙孔的制作,效果如图 8-68 所示。

213

图 8-66　复制圆角矩形并对其进行调整（2）

图 8-67　按钮效果

图 8-68　钥匙孔效果

在完成锁的制作后，将其另存为 PNG 格式备用（先将背景设置为透明的，再保存）。

（23）返回主图像文件，打开备用的锁图，将其移动到新图像文件中，调整其大小，给其添加"投影"图层样式，然后将其复制 3 个，并且分别放置于 4 个垃圾箱的门上，效果如图 8-69 所示。

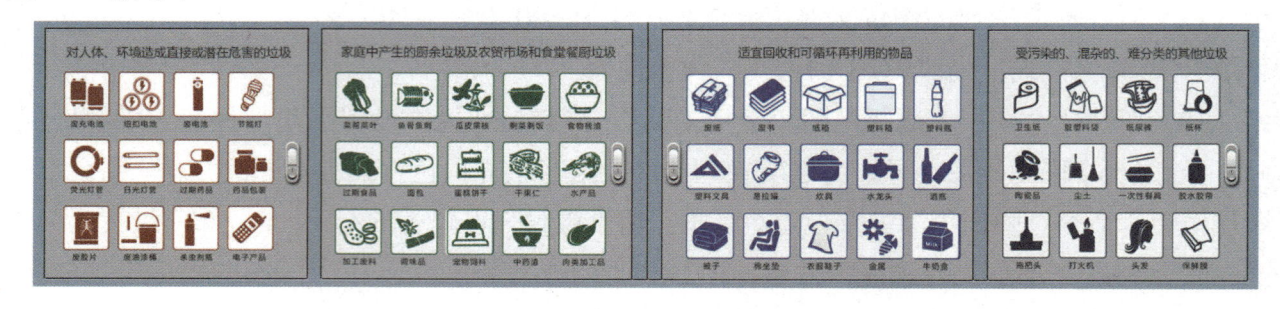

图 8-69　置入锁图

（24）输入标题文字"生活垃圾分类收集点"，设置字体为微软雅黑、字体样式为粗体、字号为 50 点、字符间距为 800，载入文字选区，隐藏文字，给文字选区填充淡绿色，使用"移动工具"在画面中单击一下，按住 Alt 键，通过按键盘方向键形成立体字，在文字达到一定的厚度后，给其填充深绿色，完成本任务操作，最终效果如图 8-70 所示。

图 8-70　最终效果

垃圾分类图标的形状和颜色在各地是相似的，具有很高的识别度。本章的主要目的是让学生们在制作的过程中进一步熟悉 Photoshop 的功能，并且更清晰地了解垃圾分类的知识及垃圾分类的意义，从而在现实生活中能够更好地进行垃圾分类投放。

课外练习：各组分工合作，根据提供的素材资料，自行选择垃圾桶进行垃圾分类的相关设计，有能力的学生可以自行设计垃圾桶。

广告设计

第 9 章

本章学习要点

- 了解什么是广告设计。
- 了解平面广告设计的要求。
- 了解平面广告设计的就业方向及前景。
- 了解平面广告设计的注意事项。
- 应用 Photoshop CS6 设计并制作几款海报。

重点和难点

- 了解各种广告的特征。
- 掌握广告设计的创意。

达成目标

- 理解平面广告设计的主要内容。
- 掌握平面广告设计的基本流程、方法及注意事项。

相关知识

1. 什么是广告设计

广告就是广而告之的意思,是为了某种特定的需要,通过一定形式的媒体,公开而广泛地向公众传递信息的宣传手段。

广告只是传递信息的一种方式,是广告主与受众之间的媒介,主要用于达到一定的商业目的或政治目的。广告作为现代人类生活的一种特殊产物,人们对其的评价褒贬不一。但我们要正视一个事实,那就是在我们的日常生活中,随时都有可能接收到广告信息,翻开报纸、打开电视、浏览网页,处处都会看到广告,可以说广告已经渗透进我们生活的方方面面。

从整体上来看,广告可以分为媒体广告和非媒体广告。媒体广告是指通过媒体传播信息的广告,如电影广告、电视广告、手机广告、广播广告、报纸广告、杂志广告等;非媒体广告是指直接面向受众的广告,如路牌广告、平面招贴广告、商业环境中的购买点广告、车体广告、DM 广告等。

随着新媒介的不断增加,根据媒介划分的广告种类越来越多。

广告设计在非媒体广告中占有重要的位置,是学习平面设计必须要掌握的一门技术。广告设计是一种时尚艺术,其作品要能体现时代的潮流。设计者应该保持职业的敏感,在不同的艺术形式中吸取营养,创作出既符合大众审美、又符合时代潮流的作品。

平面广告设计包括两方面：创意与表现。创意是指思维能力，表现是指造型能力。没有造型能力，即使创意再好也不可能将其表现出来；没有创意和审美意识，也是不可行的。广告的基本功能是传递信息，信息如何传递，体现了设计者的思维能力。现在广告的功能不只是简单地传递信息，独特的创意，恰如其分的表现，是一则广告成功的关键。因此，创意与表现既有不同之处，又相互统一，这两方面能力的培养具有很强的专业性。

2. 平面广告设计的要求

设计是指有目的地策划，平面广告设计是指利用视觉元素（如文字、图片等）传播广告项目的设想和计划，并且通过视觉元素向目标客户表达。

评价平面广告设计的好坏，不仅要看其创意，还要看其是否准确地将广告主的诉求点表达出来，是否符合商业需要。优秀的平面广告作品，应该是点、线、面和谐的组合，有创意但不失大体。

广告设计是一门综合性很强的专业，随着经济的迅速发展，其前景越来越广阔。学科特点是知识涵盖面宽，社会需求量大。要将学生培养成广告设计、包装设计、装帧设计、VI设计的人才，要求学生具备一定的审美能力、创新能力和沟通能力。

3. 平面广告设计的就业方向及前景

平面广告设计师可以在广告公司、影楼、印刷公司、报社、杂志社、网络公司、教育机构等企业工作。可以说，有公司的地方就需要平面广告设计师。

平面广告设计与商业活动紧密结合，在国内的就业范围非常广泛，与各行业密切相关，也是其他各设计门类（如网页设计、展览展示设计、三维设计、影视动画等）的基石。

4. 平面广告设计的注意事项

- 广告创意要具有艺术性，但只应该是实用艺术，因此创意不能随心所欲，不能因求"奇"而离谱，让人无法理解。
- 广告创意应该突出主题，不要喧宾夺主。
- 广告创意要表现文化精华，而不能污染文化。

海报又称为招贴画，是贴在街头墙上、挂在橱窗里的大幅画作，利用醒目的画面吸引路人的注意。在学校里，海报通常应用于文艺演出、运动会、展览会、家长会、节庆日、竞赛游戏等。海报设计的总体要求是使人一目了然。海报通常具有通知性，因此海报主题应该明确、显眼、使人一目了然（如××比赛、打折等），要以简洁的语句概括出时间、地点、附注等主要内容。海报的插图、布局要美观，用于吸引人们的眼球。海报的制作方式有抽象的和具体的。

海报是非媒体广告的一种主要形式，与商业活动有紧密联系，是商家进行实体宣传的重要手段。

广告设计　第9章

海报设计必须有较高的号召力与艺术感染力，要调动形象、色彩、构图、形式感等因素，形成强烈的视觉效果。海报的画面应该有较强的视觉中心，力求新颖、单纯，并且具有独特的艺术风格和设计特点。

下面根据平面广告设计的相关知识，设计并制作以下4个任务的海报内容。

任务一

设计并制作招商海报

设计并制作招商海报"幸福结婚季"，如图9-1所示。

招商海报通常以商业宣传为目的，采用引人注目的视觉效果，达到宣传某种商品或服务的目的。招商海报设计应该明确其商业主题，在文案的应用上要突出重点，不宜太花哨。

店堂海报的设计需要考虑到店内的整体风格、色调及营业的内容，力求与环境相融。

任务分析：本任务综合运用了"文字工具""自定形状工具""路径工具""画笔工具"等绘制图形，根据设计的原理，充分应用点、线、面等设计形式和语言，做到新颖、美观、切题、画面精美、色彩和谐。

案例解析。

（1）新建一个空白的图像文件，设置其尺寸为700像素×900像素、"分辨率"为72像素/英寸、"颜色模式"为"RGB颜色"、"背景内容"为"白色"。

（2）将本任务中的素材01拖动到新图像文件中，调整其大小和位置，效果如图9-2所示。将本任务中的素材02拖动到新图像文件中，使用"多边形套索工具"和"磁性套索工具"相结合的方法，设置羽化值为1像素，将人物手臂以上的图像选中并删除，露出下方素材01中的图像，如图9-3所示。

（3）在画面左上角设置Logo的位置（Logo可以自行设计），输入主题文字"幸福结婚季"，设置字体为华文中宋、字号为70点、文字颜色为任意颜色、字体样式为倾斜，效果如图9-4所示。

图9-1　招商海报"幸福结婚季"

图9-2　置入并调整背景素材　　图9-3　置入并调整处理人物素材　　图9-4　设计Logo及主题文字

217

（4）使用剪切的方式将文字分别放在不同的图层中，调整其大小、颜色、粗细、位置等，使主题文字产生一定的变化，看起来活泼又温馨，富有情趣；在独字"季"图层下方新建一个图层，给其添加一个圆形白色底衬，设置一定的不透明度，效果如图9-5所示。

（5）新建一个图层，使用"钢笔工具"顺着主题文字的下方形状创建一条开放路径，选择"画笔工具"，打开"画笔"面板，设置"画笔笔尖形状"为圆点、"大小"为28像素、"硬度"为100%，勾选"间距"复选框并将其值设置为最小值；在左侧的列表框中勾选"形状动态"复选框，在右侧的参数区中设置"大小抖动"为0、"控制"为"渐隐338"、"最小直径"为18%；设置前景色为黄色，在"路径"面板中单击"用画笔描边路径"按钮，效果如图9-6所示。

图9-5　编辑主题文字　　　　　　　　图9-6　绘制渐隐图形

（6）隐藏路径（在"路径"面板的灰白处单击），返回"图层"面板，给图形添加"投影"图层样式。打开本任务中的素材03，抠取一对金戒指并将其拖动到新图像文件中，调整其大小，然后将其放置于黄色图形的前端，将戒指下方多余的黄色部分删除（方法不限），效果如图9-7所示。

（7）设计点缀性的文字，如"真爱 唯一""情满七夕 定制浪漫"等富有情趣又切合主题的文字，并且设置文字格式，既可以起点缀、美化的作用，又不会喧宾夺主，效果如图9-8所示。

图9-7　处理图形　　　　　　　　图9-8　设计点缀性的文字

（8）打开本任务中的素材04，将其自定义为画笔（前面已经学习过，这里不再重复），也可以自行设计画笔。选择"画笔工具"，在"画笔"面板中找到自定义的画笔，在左侧的列表框中勾选"散布"复选框，在右侧的参数区中设置"散布"为300%、"控制"为"渐隐300"、"数量抖动"为10%；新建一个图层，设置前景色为白色、画笔大小为47像素，在画面中拖曳鼠标指针，形成一组散布的星星，可以通过复制图层的方法得到更多星星，调整其大小和不透明度，形成深浅远近的不同效果，如图9-9所示。

（9）选择"自定形状工具"，在属性栏中设置相关参数，如图9-10所示。新建一个图层，在画面中绘制一个四边星形，通过复制、旋转等操作制作一个星形图形，将星形图层合并，执行"滤镜"→"模糊"→"高斯模糊"命令，对星形图形进行1像素的模糊处理。

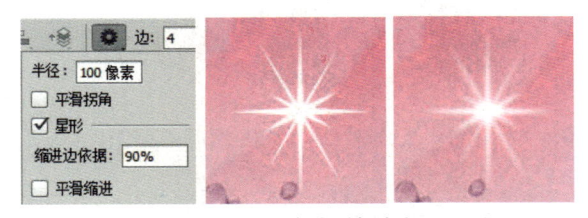

图 9-9　绘制星星　　　　　　　　　　图 9-10　设置星形参数并绘制星形图形

（10）打开本任务中的素材 05，将其拖动到新图像文件中，调整其大小并将其旋转一定的角度，然后将其放置于人物旁边，执行"图像"→"调整"→"亮度/对比度"命令，调整图像的亮度，效果如图 9-11 所示。

（11）在"图层"面板中给图像添加图层蒙版，设置前景色为黑色，选择"画笔工具"，设置合适的大小，设置笔尖硬度为 0，为图像添加图层蒙版，效果如图 9-12 所示。

图 9-11　置入并调整素材 05　　　　　　图 9-12　添加图层蒙版

（12）将制作的星形图形旋转一定的角度，然后将其放置于戒指的发光点上，形成闪光效果，如图 9-13 所示。

图 9-13　戒指闪光效果

（13）打开本任务中的素材 06，将其拖动到新图像文件中，调整其大小，将其放置于画面下方；在"图层"面板中设置其不透明度为 40%，再给其添加图层蒙版，选择"渐变工具"，设置渐变色为黑色—白色，以"线性渐变"的方式给图像添加图层蒙版，效果如图 9-14 所示。

（14）输入活动内容，并且设置文字格式，效果如图 9-15 所示。

图 9-14　置入并调整素材 06

图 9-15　输入活动内容并设置文字格式

（15）使用"自定形状工具"创建一个圆角矩形和一个矩形，给文字添加分类提示，效果如图 9-16 所示。

（16）使用"自定形状工具"绘制一个心形图形，给其填充粉红色，并且给其添加"斜面和浮雕""投影"图层样式，将其缩小并放置于文字前端，复制几个心形图形，并且将它们分别放置于文字前端，效果如图 9-17 所示。

图 9-16　给文字添加分类提示

图 9-17　绘制心形并复制

（17）在画面的底端绘制一个深棕色的长条矩形，使用"文字工具"输入活动时间，将文字颜色设置为白色，完成操作，最终效果如图 9-18 所示。

图 9-18　最终效果

任务二

设计并制作公益海报

设计并制作公益海报"手中有粮　心中不慌"，如图 9-19 所示。

粮食安全是一个国家的战略底线。《2020 年世界粮食安全和营养状况报告》指出：2020 年，全球有近 6.9 亿人处于饥饿状态，占全球总人口的 8.9%。

一方面是世界饥饿人口的庞大数字，另一方面，粮食浪费现象触目惊心：联合国粮农组织统计显示，全球每年约三分之一的粮食被损耗和浪费，总量约 13 亿吨，而这些被浪费掉的粮食主要来源于餐饮。

广告设计　第 9 章

图 9-19　公益海报"手中有粮　心中不慌"

任务分析：公益海报是不以营利为目的的海报，主要用于推动公益事业的发展，其作用是用直白且艺术的形式，告诉人们应该怎样面对某些正在发生的事，此类海报通常张贴于车站、地铁、街头等公共场所，也可见于报纸广告栏。本任务以"手中有粮，心中不慌"为主题，运用素材，结合所学技能、技巧，制作一张关于节约粮食的公益海报，旨在让学生熟练并综合运用所学的专业知识和技能，学以致用，并且学习一些公益海报与粮食安全的相关知识，拓展知识面。

案例解析。

（1）新建一个空白的图像文件，设置其尺寸为 920 像素×460 像素、"分辨率"为 72 像素/英寸、"颜色模式"为"RGB 颜色"、"背景内容"为"白色"。

（2）打开本任务中的素材 01 并将其拖动到新图像文件中，调整其大小，然后将其放置于画面左下角，如图 9-20 所示，使用"吸管工具"吸取素材中的背景色，填充背景，将素材与背景融合。

（3）打开本任务中的素材 02，在"通道"面板中选择"蓝"通道，复制"蓝"通道，按 Ctrl+L 快捷键，弹出"色阶"对话框，相关参数设置如图 9-21 所示，图像的"色阶"效果如图 9-22 所示。

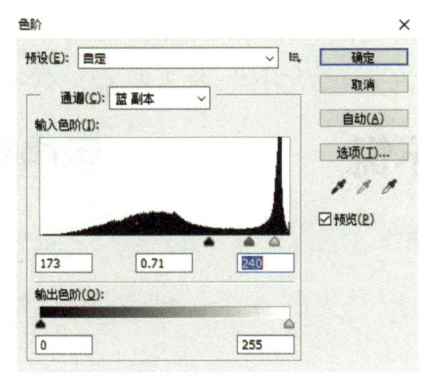

图 9-20　置入调整素材　　图 9-21　"色阶"对话框中的参数设置　　图 9-22　图像的"色阶"效果

（4）选择"蓝"通道副本，单击"通道"面板中的"将通道作为选区载入"按钮，载入图像背景选区，单击 RGB 通道，返回"图层"面板。

221

（5）执行"选择"→"反向"命令，得到图像选区，如图 9-23 所示。使用"移动工具"将图像拖动到新图像文件中，调整其大小，复制几个并调整其大小和位置，效果如图 9-24 所示。

图 9-23　图像选区

图 9-24　编辑图像

（6）打开本任务中的素材 03，创建图像选区并将其拖动到新图像文件中，调整其大小并将其放置于画面右下角，再复制一个麦穗图像，对其进行"水平翻转"变换并将其放置于画面右下角，效果如图 9-25 所示。

（7）输入主题文字"手中有粮 心中不慌"，设置字体为微软雅黑、字体样式为粗体、字号为 53 点、文字颜色为任意颜色，将其放置于画面中间偏右上方，效果如图 9-26 所示。

图 9-25　编辑其他素材

图 9-26　输入主题文字并设置其格式

（8）按住 Ctrl 键，单击文字缩略图，载入文字选区，新建一个图层，选择"渐变工具"，设置渐变色为深红色—浅红色—深红色，采用"线性渐变"的方式，按住 Shift 键，在文字选区中从左向右拖曳鼠标指针，给其填充水平渐变色，效果如图 9-27 所示。新建一个图层，给文字选区描 3 像素的白色边。取消选区，给图形添加"投影"图层样式，设置"角度"为 120 度、"距离"为 3 像素、"扩展"为 0、"大小"为 3 像素，效果如图 9-28 所示。

图 9-27　填充水平渐变色

图 9-28　编辑主题文字

（9）绘制一个小的红色正圆形并复制 4 个，使 5 个红色正圆形水平居中分布，效果如图 9-29 所示。

（10）输入文字"节约是美德"，设置字体为隶书、字号为 23 点、文字颜色为白色、字符间距为 260（该值可以根据实际情况进行调整，使这 5 个字正好分布到 5 个红色正圆形上即可），效果如图 9-30 所示。

222

图 9-29　水平居中分布 5 个红色正圆形　　　　图 9-30　输入文字并设置其格式（1）

（11）输入文字"JIE YUE SHI MEIDE""一粒米，千滴汗，粒粒粮食汗珠换""谁知盘中餐，粒粒皆辛苦。""节约无难事，人人皆可为。""珍惜劳动成果，反对浪费粮食，从我做起！"，设置字体为宋体、字号为 12 点、行距为 19 点、文字颜色为黑色，效果如图 9-31 所示。

（12）在文字内容中间绘制一条短竖线，既可以作为装饰，又可以作为分隔线。再输入文字"一粥一饭当思来之不易"，设置字体为宋体、字号为 25 点、文字颜色为深棕色，调整其位置，完成本任务制作，最终效果如图 9-32 所示。

图 9-31　输入文字并设置其格式（2）　　　　图 9-32　最终效果

任务三

设计并制作校园招贴

设计并制作校园招贴"我们是未来的大国工匠"，如图 9-33 所示。

图 9-33　校园招贴"我们是未来的大国工匠"

可以将传统意义上的工匠理解为"手艺人"，即具有技艺特长的手工业劳动者。现在对工

223

匠的理解，还包括技术工人或普通熟练工人。

工匠精神是一种职业精神，它是职业道德、职业能力、职业品质的体现，是从业者的一种职业价值取向和行为表现，其基本内涵包括敬业、精益、专注、创新等。工匠们对细节有很高的要求，追求完美和极致，对精品有执着的坚持和追求，喜欢不断雕琢自己的产品，不断改善自己的工艺，享受产品在双手中升华的过程。优秀的工匠都具有高超的技艺和精湛的技能，严谨细致、专注负责的工作态度，精雕细琢、精益求精的工作理念，以及对职业的认同感、责任感。

任务分析：校园招贴是在校园中张贴的海报，受众以教师和学生为主，通常贴合校园主题活动（如职业院校的技能节、技能竞赛、院校之间的拉练赛等），具有很强的通知性，要以简洁的语句概括出时间、地点、附注等主要内容。本任务以"我们是未来的大国工匠"为主题，运用素材，结合所学技能、技巧，制作一张关于工匠精神的校园招贴，旨在让学生熟练并综合运用所学的专业知识和技能，学以致用，并且理解工匠精神的内涵。

案例解析。

（1）新建一个空白的图像文件，设置其尺寸为550像素×780像素、"分辨率"为90像素/英寸、"颜色模式"为"RGB颜色"、"背景内容"为"淡灰色"。

（2）使用"横排文字工具"输入文字"大国工匠"，设置字体为微软雅黑、字体样式为粗体、字号为50点、文字颜色自定，将文字旋转30度，使背景变透明，使用"矩形选框工具"框选文字，如图9-34所示，执行"编辑"→"定义图案"命令，将选中的文字自定义为图案。

（3）取消选区，新建一个图层，执行"编辑"→"填充"命令，弹出"填充"对话框，找到自定义的图案，填充自定义图案，调整其大小和位置，如图9-35所示。将文字图案填充为白色，在"图层"面板中，设置其不透明度为50%，得到如图9-36所示的水印效果。

图9-34 输入文字并设置其格式　　图9-35 填充自定义图案　　图9-36 水印效果

（4）新建一个图层，使用"矩形选框工具"创建两个矩形选区，给其填充深蓝色，效果如图9-37所示。将本任务中的素材01中的图案分别贴入两个深蓝色矩形，调整其位置，设置其不透明度为25%，效果如图9-38所示。

图9-37　绘制两个深蓝色矩形　　　　　　　　图9-38　贴入图案

（5）输入主题文字"我们是未来的大国工匠"，设置前6个字的字体为隶书、字号为20点、文字颜色为白色，设置后4个字的字体为微软雅黑，字体样式为粗体、字号为50点、文字颜色为深蓝色（与矩形颜色保持一致），给"大国工匠"几个字添加"描边"图层样式，给其描3像素的白色边，效果如图9-39所示。

（6）输入标题文字"第八届'行知杯'联合学院技能大赛"，设置字体为华文中宋、字号为22点、文字颜色为深棕色，给其描2像素的白色边；输入文字"精雕细琢　追求完美"，设置字体为黑体、字号为14点、文字颜色与标题颜色相同，将中间隔开一点距离，效果如图9-40所示。

图9-39　设计主题文字　　　　　　　　图9-40　设计标题文字

（7）新建一个图层，使用"椭圆选框工具"创建一个正圆形选区，给其填充橘红色并将其放置于文字的间隔处，在其上输入文字"8th"，在"文字"面板中将"th"设置为"上标"，调整其大小，使其与下方的圆形相贴合。使用"矩形选框工具"沿文字创建一个矩形选区，给其描3像素的深灰色边，将不需要的部分选取并删除，效果如图9-41所示。

（8）输入附注文字"【感受心灵的自由】"，设置字体为微软雅黑、字号为18点；输入文本文字"来吧，同学！这里有你展示技能的舞台，有你放飞心灵的自由，有你无限遐想的空间。"，设置字体为微软雅黑、字号为13点，在"段落"面板中设置文字对齐方式为居中对齐，效果如图9-42所示。

（9）新建一个图层，设置前景色为白色，选择"铅笔工具"，设置笔尖大小为2像素，在下方蓝色矩形的中间绘制一条竖直短线（可以按住Shift键绘制垂直线），在其两边分别输入直排文字"精益求精""作品至上"，设置字体为微软雅黑、字号为15点；输入段落文本"精雕细琢、精益求精是我们心里的执念"和"追求完美、作品至上是我们的精神支柱"，设置字体为微软雅黑、字号为 13 点，文字布局如图 9-43 所示。

图 9-41　装饰标题文字　　　　　　　图 9-42　设计附注文字和文本文字

图 9-43　设计其他文字

（10）使用"矩形选框工具"在画面中间的空白处创建一个矩形选区，打开本任务中的素材 03，将其中的图像贴入矩形选区，调整其大小，效果如图 9-44 所示。

（11）在画面最下方的白色矩形处输入活动的时间和地点，完成本任务操作，最终效果如图 9-45 所示。

图 9-44　贴入图像　　　　　　　　　图 9-45　最终效果

任务四

设计并制作 DM 广告（邮寄广告）

设计并制作 DM 广告"全民反电诈"，如图 9-46 所示。

DM 广告是一种非常灵活的宣传单，又称为直接广告，可以按照客户要求，对资料进行整理、编辑、设计、制作、印刷，并且通过赠送等形式，将宣传品直接递送（发传单或邮寄）到受众手中。

电诈即电信诈骗，是指犯罪分子通过电话、网络和短信方式，编造虚假信息，设置骗局，对受害人实施远程、非接触式诈骗，诱使受害人给犯罪分子打款或转账。

广告设计 第9章

正面　　　　　　　　　　　　　　　反面

图 9-46　DM 广告"全民反电诈"

电信诈骗已成为世界公害，骗子的手段不断翻新，诈骗陷阱须时刻提防。在接到陌生人电话、收到短信或二维码、上网交易被要求转账或汇款时，应该做到不听、不看、不信、不转账、不汇款、不扫码，如果有疑问，那么多与亲属、朋友进行沟通、商议，或者立即拨打110 报警。

任务分析：本任务会对电信诈骗的相关资料（包括文字和图片）进行整理、编辑，设计并制作成 DM 广告。该 DM 广告包含正、反两面，每面都有两页，共 4 页，便于折叠，旨在让学生熟练并综合运用所学的专业知识和技能，学以致用，并且让学生学习、了解电信诈骗的相关知识，在现实生活中提高警惕，避免上当受骗。

案例解析：正面第 1 页设计。

（1）新建一个空白的图像文件，设置其尺寸为 850 像素×600 像素、"分辨率"为 72 像素/英寸、"颜色模式"为"RGB 颜色"、"背景内容"为"白色"。

（2）按 Ctrl+R 快捷键打开标尺，使用"移动工具"拖曳出一条竖式参考线，将文件一分为二。新建一个图层，使用"矩形选框工具"在左页中绘制背景，效果如图 9-47 所示；使用"椭圆选框工具"绘制 6 个同心圆，如图 9-48 所示；将同心圆移动到背景上，调整其大小，将不需要的部分选中并删除，再给同心圆图形添加图层蒙版，使用"画笔工具"将同心圆图形刷出渐隐效果，形成电波效果，如图 9-49 所示。

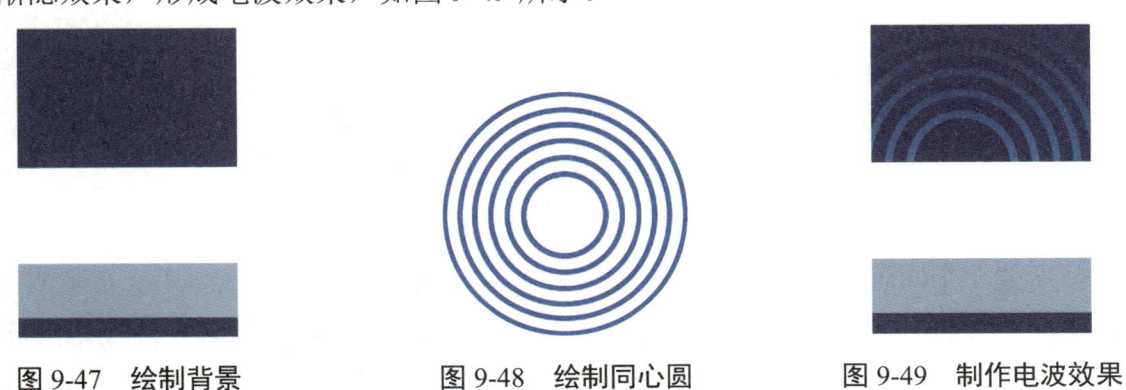

图 9-47　绘制背景　　　　　图 9-48　绘制同心圆　　　　　图 9-49　制作电波效果

（3）使用"矩形选框工具"创建一个矩形选区，给其填充同色系渐变色，将其旋转一定

227

的角度（大约 15 度）；复制一个矩形，对其进行"水平翻转"变换，调整其位置，形成一个 V 形图形，如图 9-50 所示。

（4）合并两个矩形，载入选区，执行"编辑"→"描边"命令，给 V 形图形描 3 像素的白边，将其移动到电波图形的下方，使用"多边形套索工具"将露出的图形部分选取并删除，效果如图 9-51 所示。

图 9-50　绘制 V 形图形　　　　　　　　图 9-51　处理 V 形图形

（5）新建一个图层，绘制一个白色矩形，给其描橙色边，输入文字"如何防范电信诈骗"，设置字体为微软雅黑、字号为 17 点、行距为 23 点、字符间距为 120、文字颜色与背景色保持一致（可以使用"吸管工具"吸取），效果如图 9-52 所示。

（6）打开本任务中的素材 01，使用"魔术棒工具"选取白色背景并反选，然后使用"移动工具"将卡通女警图片拖动到新图像文件中，调整其大小和位置，使用"横排文字工具"以点文字的方法输入本页主题文字"不听 不信 不转账"，设置字体为微软雅黑、字体样式为粗体、字号为 25 点、行距为 44 点、字符间距为 60、文字颜色为大红色，在"图层"面板下方给其添加"描边"图层样式，描 3 像素的白色边，效果如图 9-53 所示。

图 9-52　绘制矩形并设计文字"如何防范 电信诈骗"　　图 9-53　置入卡通女警图片并设计主题文字

（7）选择"圆角矩形工具"，在其属性栏中设置圆角半径为 30 像素，设置前景色为浅蓝色（使用"吸管工具"吸取电波中的颜色），以"像素"模式绘制一个圆角矩形并复制 3 个，然后对其进行排列，如图 9-54 所示。

（8）输入文字"不随意透露、保护隐私""不轻易相信、首先联系""不乱点链接、防范木马""不盲目汇款、注重核实"，设置字体为微软雅黑、字号为 16 点、文字颜色为白色，效果如图 9-55 所示。

（9）新建一个图层，使用"矩形选框工具"创建一个矩形选区，给其填充淡黄色，取消选区，执行"编辑"→"变换"→"斜切"命令，将图形斜切成平行四边形，如图 9-56 所示。

（10）新建一个图层，选择"自定形状工具"，在其属性栏中，将"形状"设置为"电话 3"，绘制一个电话图形，使用"魔术棒工具"将中间空白的电话图形选取出来，新建一个图层，给其填充黑色，效果如图 9-57 所示。删除原电话图层。

图 9-54　绘制、复制和排列圆角矩形

图 9-55　设计文字内容

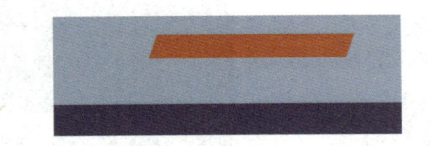

图 9-56　绘制平行四边形

图 9-57　提取电话图形

（11）使用"椭圆选框工具"创建一个正圆形选区，给其描 2 像素的黑色边，然后使用"铅笔工具"绘制横竖两条短直线，如图 9-58 所示。合并图层，使用"椭圆选框工具"，以十字交点为圆心绘制一个正圆形选区，对十字线进行切除，形成时钟刻度，效果如图 9-59 所示。

（12）将电话图形移动至圆形左下方，使用"多边形套索工具"选取圆形不需要的部分并删除，输入数字 24，制作成 24 小时报警电话图形，效果如图 9-60 所示。

图 9-58　绘制十字圆形

图 9-59　制作时钟刻度

图 9-60　制作 24 小时报警电话图形

（13）将 24 小时报警电话图形移动至合适的位置，使用"文字工具"输入文字"市民如遇疑似网络诈骗""请及时拨打""110""警方就在您身边"，并且设置文字格式，效果如图 9-61 所示。

（14）在画面的下边沿输入文字"遇事莫慌多求证""一旦涉钱需谨慎"，并且设置文字格式，在两句话的中间绘制一条短竖线，既可以作为装饰，又可以代替标点符号，如图 9-62 所示。至此，完成正面第 1 页的设计。

图 9-61　设计文字（1）

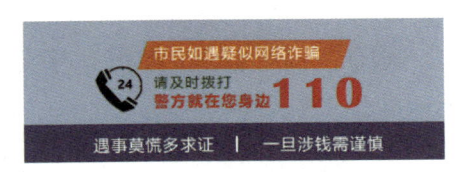

图 9-62　设计文字（2）

（15）将以上图层合并成一个图层组，并且将其命名为"第1页"，降低图层的高度，以便进行后续操作。

案例解析：正面第2页设计。

（1）新建一个图层，参照正面第1页的背景绘制正面第2页的背景，效果如图9-63所示。

（2）复制正面第1页中的V形图形，将其放置于背景上方，使用"多边形套索工具"将下方露出的背景部分选取并删除，效果如图9-64所示。

图9-63　绘制正面第2页的背景　　　　　图9-64　复制V形图形

（3）输入本页主题文字"任凭骗术千万变 我不掏钱应万变"，设置字体为微软雅黑、字体样式为粗体、字号为42点、行距为51点、字符间距为20、文字颜色与背景色保持一致，效果如图9-65所示。

（4）按住Ctrl键，单击文字图层的缩略图，载入文字的选区；新建一个图层，给文字选区描3像素的白色边并添加"投影"图层样式，设置"投影"图层样式的"不透明度"为50%、"角度"为60度、"距离"为1像素、"扩展"为0、"大小"为1像素，效果如图9-66所示。

图9-65　设计主题文字　　　　　图9-66　编辑主题文字

（5）打开本任务中的素材02，抠取警灯图形并将其拖动到新图像文件中，调整其大小和位置，效果如图9-67所示。

（6）输入文字"陌生来电多防范 亲友求助先联系 不明链接不理它 客服退款要警惕 转账核实要牢记 网络投资要理智 安全账户不靠谱 刷单钱袋被骗走 网上交友需谨慎 全民反诈成共识"，设置字体为微软雅黑、字号为20点、行距为28点、文字颜色为白色，效果如图9-68所示。

（7）选择"圆角矩形工具"，在其属性栏中设置圆角半径为25像素，使用"吸管工具"吸取背景色，以"像素"模式绘制一个圆角矩形，如图9-69所示；新建一个图层，绘制一个白色正圆形，如图 9-70 所示；选择"自定形状工具"，在其属性栏中，将"形状"设置为"复选标记"，绘制一个钩形，如图 9-71 所示。

图 9-67　置入警灯图形

图 9-68　设计文字内容

图 9-69　绘制圆角矩形

图 9-70　绘制正圆形

图 9-71　绘制钩形

（8）合并 3 个图层，完成复选框图形的制作。按 Ctrl+J 快捷键，复制 3 个复选框图形，对 4 个复选框图形进行排列，如图 9-72 所示。在 4 个复制框图形中输入文字"不汇款""不轻信""不泄露""不链接"，并且设置文字格式；在画面的下边沿输入文字"紧绷防范思想弦""远离电诈日子稳"，并且设置文字格式，在两句话的中间绘制一条短竖线，既可以作为装饰，又可以代替标点符号，效果如图 9-73 所示。至此，完成正面第 2 页的设计。

图 9-72　复制并排列复制框图形

图 9-73　设计文字

（9）将以上图层合并成一个图层组，并且将其命名为"第 2 页"，降低图层的高度，以便进行后续操作。将图像以 JPG 格式保存，并且设置文件名为"DM 广告正面"，效果如图 9-74 所示。

图 9-74　"DM 广告正面"图像文件的效果

案例解析：反面第 1 页设计。

（1）隐藏正面第 1 页和正面第 2 页的组文件夹。

（2）打开本任务中的素材 03，对素材进行处理，完成反面第 1 页的背景制作（可以利用素材背景补充图形，也可以利用"云彩"滤镜完成，方法不限），效果如图 9-75 所示。

（3）输入本页主题文字"幸福生活双手造 馅饼不会天上掉"，设置字体为微软雅黑、字体样式为粗体、字号为 45 点、行距为 28 点、文字颜色为橘红色，效果如图 9-76 所示。

图 9-75　制作背景　　　　　　　　图 9-76　设计主题文字

（4）按住 Ctrl 键，单击文字图层的缩略图，载入文字的选区；新建一个图层，给文字选区描 3 像素的白色边并添加"投影"图层样式，设置"投影"图层样式的"不透明度"为 75%、"角度"为 60 度、"距离"为 2 像素、"扩展"为 0、"大小"为 1 像素，效果如图 9-77 所示。

（5）使用"横排文字工具"以段落文本的方式创建一个文本框，然后输入文字"动动手指就能赚钱的工作　无抵押还免息的网贷　微信'好友'发账号借钱　陌生短信要求点链接　陌生电话谈到中奖要交税　陌生电话谈到银行卡转账"，设置字体为黑体、字号为 16 点、行距为 40 点、文字颜色为黑色，调整文字排版，效果如图 9-78 所示。

图 9-77　编辑主题文字　　　　　　图 9-78　设计文字内容

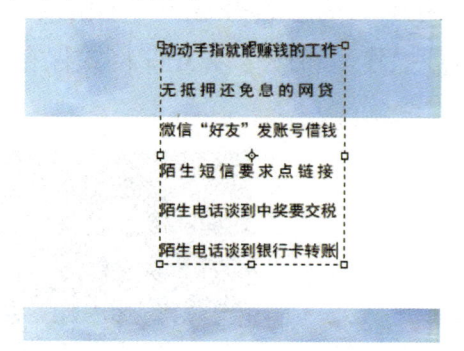

（6）选择"圆角矩形工具"，设置圆角半径为 6 像素，创建一个圆角路径并将其转换为选区，给其填充白色并描 3 像素的橘红色边（可以吸取上方文字的颜色），收缩选区并描 1 像素的橘红色边，形成标签贴，效果如图 9-79 所示。

（7）合并标签贴的相关图层。复制 5 个标签贴，然后对 6 个标签贴进行排列，效果如图 9-80 所示。

图 9-79　绘制标签贴　　　　　　　　　　　图 9-80　复制并排列标签贴

（8）使用"横排文字工具"输入 4 个"一律不信"和 2 个"一律挂掉"，其分别放置于 6 个标签贴上，效果如图 9-81 所示。

（9）使用"圆角矩形工具"绘制一个蓝色的圆角矩形，以"居外"的方式给其描 6 像素的白色边，将其移动至文字左侧，效果如图 9-82 所示。

图 9-81　输入并调整 4 个"一律不信"和 2 个"一律挂掉"　　　图 9-82　绘制圆角矩形

（10）输入文字内容的标题文字"反诈骗 6 个一律"，设置其文字格式，调整其位置，效果如图 9-83 所示。

（11）在画面的下边沿输入宣传语"打击电信网络诈骗"，设置其文字格式，效果如图 9-84 所示。至此，完成反面第 1 页的设计。

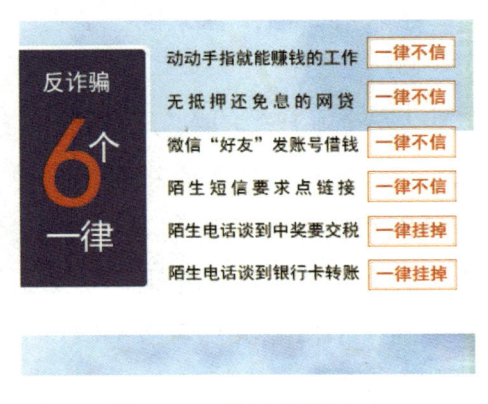

图 9-83　设计标题文字　　　　　　　　　　图 9-84　设计宣传语

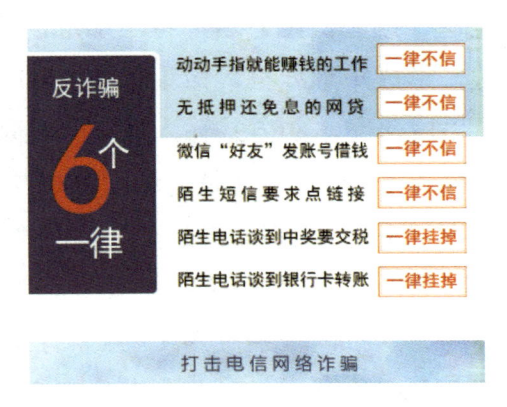

（12）将以上图层合并成一个图层组，并且将其命名为"第3页"，降低图层的高度，以便进行后续操作。

案例解析：反面第2页设计。

（1）新建一个图层，使用"矩形选框工具"绘制3个矩形，完成本页的背景制作，效果如图9-85所示。

（2）新建一个图层，使用"椭圆选框工具"绘制4个同心正圆形，使用"多边形套索工具"将同心圆裁剪成Wi-Fi图标，效果如图9-86所示。绘制一个矩形，给其描2像素的白色边，输入本页主题文字"电信防诈攻略"，设置字体为微软雅黑、字体样式为粗体、字号为34点、字符间距为180、文字颜色为白色，效果如图9-87所示。

图9-85　绘制背景

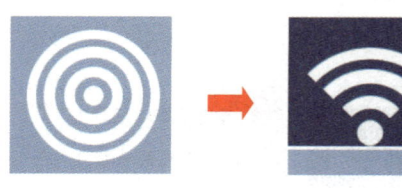

图9-86　绘制Wi-Fi图标

图9-87　设计主题文字

（3）绘制一条白色竖线并复制两条，将其排列并合并，执行"编辑"→"变换"→"斜切"命令，对图形进行"斜切"变换，形成一个斜线图形，效果如图9-88所示。复制一个斜线图形，调整其位置，将不需要的部分选取并删除，效果如图9-89所示。

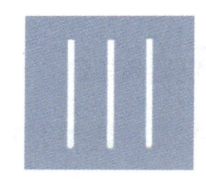

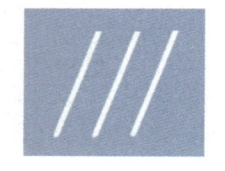

图9-88　制作斜线图形

图9-89　复制并调整斜线图形

（4）新建一个图层，使用"矩形选框工具"创建一个大小合适的矩形选区，给其描3像素的浅蓝色（接近白色）边，将矩形选区等比例缩小，然后给其描1像素的浅蓝色（稍微深一些）边，形成矩形线框，效果如图9-90所示。

（5）以段落文本的方式输入文字"凡是叫你汇款到'安全账户'的""凡是通知中奖、领取补贴要你先交钱的""凡是通知'家属'出事要汇款的""凡是索要个人银行卡信息及短信验证码的""凡是自称公检法要求汇款的""凡是让你开通网银接受检查的""凡是自称领导（老板）要求打款的""凡是陌生链接要登记银行卡的""以上情况高度疑似诈骗，切勿上当！"，设置字体为微软雅黑、字号为13点、行距为24点。绘制一个白色圆点，按Ctrl+J快捷键7次，复制7个白色圆点，对8个白色圆点进行排列，效果如图9-91所示。

图 9-90　绘制矩形线框　　　　　　　　图 9-91　设计文字内容并添加白色圆点

（6）选择"自定形状工具"，在其属性栏中，将"形状"设置为"闪电"，设置前景色为橙色，以"像素"模式在画面中绘制一个闪电图形，将其放置于矩形线框的左上方；打开本任务中的素材 04，使用"魔术棒工具"和"多边形套索工具"，将素材中的图像抠取出来并拖动到新图像文件中，调整其大小并对其进行"水平翻转"变换，然后将其放置于矩形线框的右下角，效果如图 9-92 所示。

（7）使用"矩形选框工具"选取矩形线框中不需要的部分并删除，效果如图 9-93 所示。

图 9-92　置入素材　　　　　　　　　　图 9-93　处理矩形线框

（8）输入标题文字"全民一起防诈骗"，设置字体为微软雅黑、字号为 31 点、文字颜色为深蓝色（使用"吸管工具"从背景中吸取），将文字的一半放置于背景中的浅蓝色与白色交接处，效果如图 9-94 所示。

（9）执行"图层"→"栅格化"→"文字"命令，将文字图层转换成图像图层，在"图层"面板中单击"锁定透明像素"按钮，使用"矩形选框工具"选取文字的上半部分，给其填充白色，形成反相文字效果，效果如图 9-95 所示。

图 9-94　设计标题文字　　　　　　　　图 9-95　制作反相文字效果

（10）在画面的下边沿输入文字"事关你我切身利益"，并且设置其文字格式。至此，完成反面第 2 页的设计。

（11）将以上图层合并成一个图层组，将其命名为"第 4 页"，降低图层的高度，以便进行后续操作。将图像以 JPG 格式保存，并且设置文件名为"DM 广告反面"，效果如图 9-96 所示。

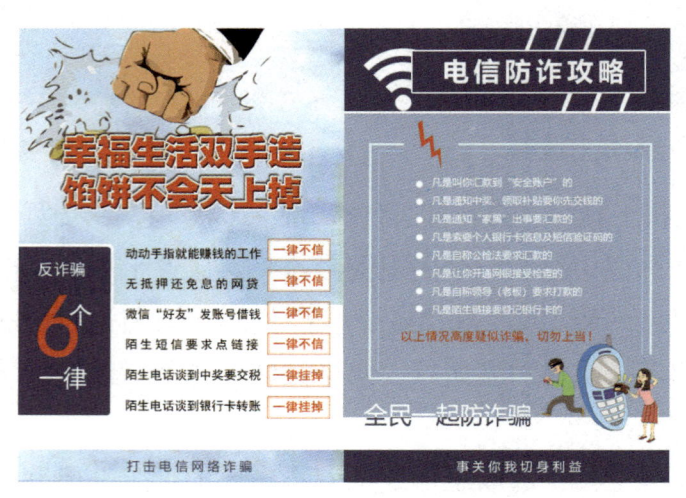

图 9-96　"DM 广告反面"图像文件的效果

广告与现代生活息息相关，招贴广告作为广告的一种，是宣传企业、商品的有效途径，并且越来越多地应用于各种公共场合。要更好地帮助企业传达广告信息，不仅要求设计创意新颖、准确，印前设计也起了相当重要的作用。只有做好创意设计和印前设计，才能使招贴广告发挥其优势，为企业节约成本，为城市面貌增添光彩。

课外练习：各组分工合作，根据提供的素材资料，设计反电诈折页（2～3 折，4～6 页）。

反侵权盗版声明

　　电子工业出版社依法对本作品享有专有出版权。任何未经权利人书面许可，复制、销售或通过信息网络传播本作品的行为；歪曲、篡改、剽窃本作品的行为，均违反《中华人民共和国著作权法》，其行为人应承担相应的民事责任和行政责任，构成犯罪的，将被依法追究刑事责任。

　　为了维护市场秩序，保护权利人的合法权益，我社将依法查处和打击侵权盗版的单位和个人。欢迎社会各界人士积极举报侵权盗版行为，本社将奖励举报有功人员，并保证举报人的信息不被泄露。

举报电话：（010）88254396；（010）88258888
传　　真：（010）88254397
E-mail：　dbqq@phei.com.cn
通信地址：北京市万寿路173信箱
　　　　　电子工业出版社总编办公室
邮　　编：100036